elemente chemie 9

Edgar Brückl
Heike Große
Horst Schaschke
Andrea Schuck
Peter Zehentmeier

Ernst Klett Verlag
Stuttgart · Leipzig

Hinweise zu den Versuchen
Vor der Durchführung eines Versuchs müssen mögliche Gefahrenquellen besprochen werden. Die geltenden Richtlinien zur Vermeidung von Unfällen beim Experimentieren sind zu beachten.

Da Experimentieren grundsätzlich umsichtig erfolgen muss, wird auf die üblichen Verhaltensregeln und die Regeln für Sicherheit und Gesundheitsschutz beim Umgang mit Gefahrstoffen im Unterricht nicht bei jedem Versuch gesondert hingewiesen.

1. Auflage

1 5 4 3 2 1 | 2011 10 09 08 07

Alle Drucke dieser Auflage sind unverändert und können im Unterricht nebeneinander verwendet werden. Die letzte Zahl bezeichnet das Jahr des Druckes.

Autoren: Edgar Brückl, Heike Große, Horst Schaschke, Andrea Schuck, Peter Zehentmeier
Redaktion: Bettina Sommer
DTP/Satz: Elfriede König
Illustrationen: Matthias Balonier, Lützelbach; Karin Mall, Berlin; Alfred Marzell, Schwäbisch Gmünd; Otto Nehren, Achern
Grundkonzeption des Layouts: KomaAmok, Stuttgart
Umschlaggestaltung: Susanne Hamatzek, Martin Raubenheimer
Reproduktion: Meyle + Müller, Medien-Management, Pforzheim
Druck: J. P. Himmer, Augsburg
Printed in Germany
ISBN: 978-3-12-756033-6

9 783127 560336

elemente chemie ist ein Lern- und Arbeitsbuch. Es dient sowohl der unterrichtlichen Arbeit als auch dem Nachbereiten und Wiederholen von Lerneinheiten. Das Buch kann jedoch den Unterricht nicht ersetzen.
Das Erleben von Experimenten und die eigene Auseinandersetzung mit deren Ergebnissen sind unerlässlich. Wissen muss erarbeitet werden.

Eine geeignete Aufbereitung soll den Umgang mit dem Buch erleichtern. Zu diesem Zwecke sind verschiedene Symbole und Kennzeichnungen verwendet worden, die überall im Buch die gleiche Bedeutung haben:

Praktikum. Ausführlich beschriebene, leicht durchführbare Schülerexperimente, welche die Schüler in Chemieübungen eigenständig durchführen könnten.

Exkurs. Zu den Themen des Lehrplans passende, aber teilweise darüber hinausgehende, interessante Inhalte.

Impulse. Fächerverbindende Inhalte oder Inhalte, die besondere Unterrichtsmethoden erfordern.

Durchblick Zusammenfassung und Übung. Zusammenfassung, inhaltliche Vertiefungen und Aufgaben unterschiedlicher Schwierigkeit zur Überprüfung des Gelernten eines Kapitels.

Arbeitsteil (Aufgaben und Versuche). Einige Substanzen, mit denen im Chemieunterricht umgegangen wird, sind als Gefahrstoffe eingestuft. Die Bedeutung der Gefahrensymbole ist im Anhang dargestellt. Das Tragen einer Schutzbrille beim Experimentieren ist unerlässlich, weitere notwendige Schutzmaßnahmen sind beim Versuch vermerkt.
Die Versuchsanleitungen sind nach Schüler- und Lehrerversuch unterschieden und enthalten in besonderen Fällen Hinweise auf mögliche Gefahren.

V1 **Schülerversuch**. Die allgemeinen Hinweise zur Vermeidung von Unfällen beim Experimentieren müssen bekannt sein.
Auch Schülerversuche sind nur auf Anweisung des Lehrers auszuführen.

V1 **Lehrerversuch**

⚠ **Gefahrensymbol**. Bei Versuchen, die mit diesem Zeichen versehen sind, müssen vom Lehrer besondere Vorsichtsmaßnahmen getroffen werden.

A1 **Problem oder Arbeitsaufgabe**

Die Aufgaben beziehen sich nicht auf den Ort, an dem sie in der Textspalte erscheinen, sondern gehören zu dem jeweiligen Unterkapitel als Ganzem.
Die Versuche werden meistens durch Verweise der jeweiligen Textstelle zugeordnet.

[ ] Verweis auf Bild, Versuch oder Aufgabe innerhalb eines Unterkapitels.
Die Nummerierung der Aufgaben, Versuche und Bilder erfolgt unterkapitelweise.

Fettdruck (schwarz) im Text – wichtiger neuer Begriff

Texthinterlegung – Ergebnis vorangegangener Überlegungen, Definition, kurz. **Merksatz**

Chemie – eine den Alltag prägende Wissenschaft

Du stehst am Strand, beobachtest, wie deine Füße vom Meerwasser umspült werden und atmest die gute Luft ein – all das hat mit Chemie zu tun. Du fragst weshalb? Was ist denn Sand? Woraus ist er entstanden? Was ist der Unterschied zwischen Meerwasser und Seewasser?

All diese Fragen haben mit Chemie zu tun. Du selbst bist auch ein kleines chemisches „Kraftwerk". Alle Stoffwechselvorgänge sind chemische Vorgänge. Es gäbe also kein Leben ohne die Chemie.

Was ist Chemie?

Es ist schwierig, eine Definition für Chemie zu geben. Daher sollen hier eher einige Fragen, denen mithilfe der Chemie nachgegangen wird, dargestellt werden:
- Aus welchen Bausteinen bestehen Stoffe? (Stoffe sind sowohl die Materialien, aus denen die Gegenstände bestehen als auch Flüssigkeiten und Gase.)
- Was geschieht mit den Stoffen, wenn sich die Bausteine umgruppieren?
- Welche Rolle spielt die Energie dabei?

In welchem Zusammenhang steht die Chemie mit der Mathematik und den beiden anderen Naturwissenschaften?

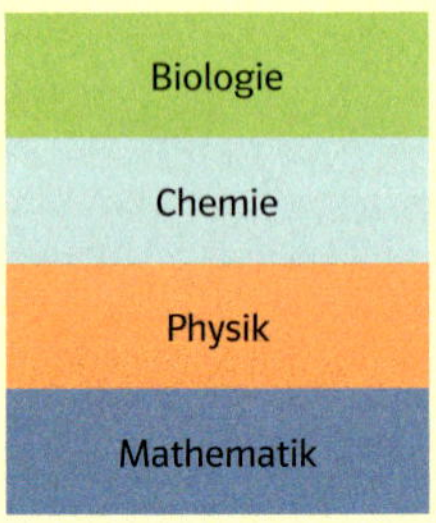

Die Mathematik bildet die Basis. Kenntnisse in der Mathematik sind Grundvoraussetzung für die drei Naturwissenschaften Physik, Chemie und Biologie. Es gibt keine Physik ohne die Mathematik. Genauso kommt man in der Chemie nicht ohne die Physik und Mathematik aus. Um die Inhalte der Biologie verstehen zu können, sind Kenntnisse der anderen beiden Naturwissenschaften und der der Mathematik wichtig.

Was bringt mir die Beschäftigung mit der Chemie?

- *Interessante Phänomene erklären*
  Beispiel: Weshalb zeigen sich in einem Feuerwerk unterschiedliche Farben?
- *Bewusste Entscheidungen treffen – erlerntes Wissen als Entscheidungshilfe*
  Beispiel: Mit welcher Farbe soll das neue Zimmer gestrichen werden? Mit der Farbe, die organische Lösungsmittel enthält oder der anderen Farbe, die auf Wasserbasis hergestellt ist?
- *Meinungsbildung in Bezug auf politische Entscheidungen*
  Beispiel: Welcher Anteil des Energiebedarfs in Deutschland sollte jeweils mithilfe von Kernkraft, regenerativen Energien und fossilen Brennstoffen gedeckt werden?

Erst dadurch, dass du dir neben biologischem und physikalischem auch chemisches Wissen aneignest, kannst du Sachverhalte beurteilen und dementsprechend auch verantwortlich handeln.

Fünf Bereiche, die durch die angewandte Chemie hauptsächlich beeinflusst werden:

Umwelt

+ Fotosynthese, Bildung der Ozonschutzschicht in der äußeren Lufthülle der Erde
– Ozonproblematik, saurer Regen, Treibhauseffekt

Materialwirtschaft

z. B. Entwicklung von Verpackungsmaterialien:

+ Lebensmittel können länger gelagert werden; Recycling zur Rückgewinnung wichtiger Rohstoffe, zur Schonung der Ressourcen und Einsparung von Energie
– Müllberge

Medizin

z. B. Entwicklung von neuen Medikamenten:

+ Steigerung der Lebenserwartung
– Nebenwirkungen von Medikamenten

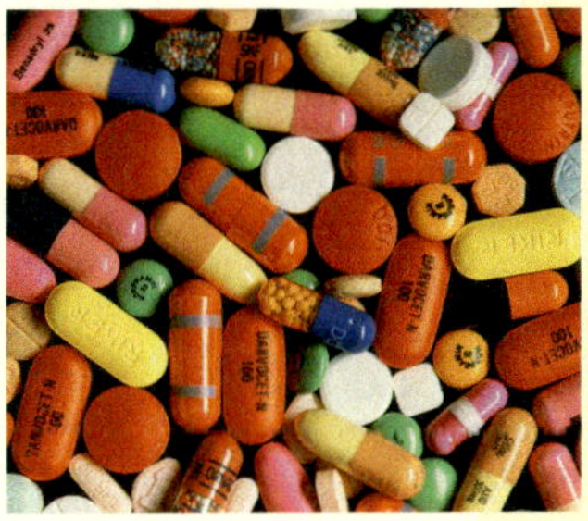

Energiewirtschaft

z. B. Verbrennung von fossilen Brennstoffen, also Kohle, Erdöl und Erdgas:

+ Antrieb von Fahrzeugen, Betrieb von Gebäudeheizungen
– Steigender Kohlenstoffdioxidgehalt der Luft

Landwirtschaft

z. B. Dünger:

+ Steigerung des Ertrags pro Fläche
– Überdüngung führt zur Belastung von Gewässern

Von der Beobachtung zur Theorie

B1 Brennendes Teelicht

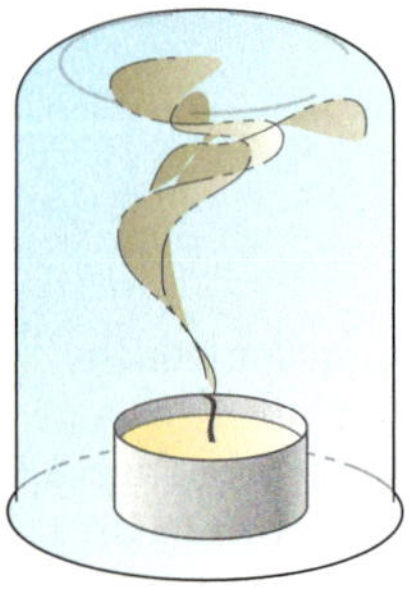

B2 Teelicht erlischt unter dem Glas

Falsifizieren Eine Hypothese durch eine ihr widersprechende Beobachtung widerlegen

Durch das verstärkte Interesse an naturwissenschaftlichen Fragestellungen und die verbesserten Möglichkeiten zu forschen, hat das naturwissenschaftliche Wissen in den letzten Jahrzehnten stark zugenommen. Die Forscher der letzten 20 Jahre machen neunzig Prozent von allen in der Menschheitsgeschichte je aktiv tätig gewesenen Wissenschaftlern aus. Über 5000 Schriften werden täglich veröffentlicht.

Die Vorgehensweise, wie eine Vermutung zu einem naturwissenschaftlichen Gesetz werden kann, ist immer die gleiche.

Zunächst wird ein **Phänomen** beobachtet und eine **Fragestellung** formuliert. Nach weiterführenden Überlegungen kommt der Naturwissenschaftler zu einem Lösungsvorschlag und überprüft seine **Vermutung** mit gezielten **Experimenten**. Nach der Auswertung seiner Versuche stellt er eine **Hypothese** auf. Hypothesen sind unbewiesene Annahmen. In nun weiter folgenden **Versuchsreihen** untermauert oder falsifiziert er seine Hypothese und korrigiert seinen Lösungsvorschlag. Stützen schließlich ausreichend viele Befunde seine Hypothese, so wird eine **Theorie** entwickelt. Meist wirft eine gefundene Theorie weitere Fragestellungen auf, sodass viele neue Theorien erarbeitet werden.

B3 Schülerinnen beim Protokollieren im Chemielabor

Hier ist ein Beispiel für die allgemeine Vorgehensweise gegeben:

Ein Naturwissenschaftler beobachtet, dass eine brennende Kerze erlischt, wenn ein Glas luftdicht über die Kerze gestülpt wird [B2]. Er untersucht schrittweise dieses Phänomen:

Beobachtung:
Die Kerzenflamme erlischt, wenn ein Glas luftdicht über die Kerze gestülpt wird.

Fragestellung:
Ist Sauerstoff für die Verbrennung nötig?

Experimente:
Der Forscher testet die Wirkung von verschiedenen Gasen, wie z. B. Sauerstoff, Kohlenstoffdioxid oder Stickstoff, auf das Brennverhalten der Kerze, indem er die verschiedenen Gase nacheinander in das Glas füllt und die Brenndauer misst. Er beobachtet, dass die Kerze in Sauerstoff brennt, in Stickstoff und Kohlenstoffdioxid erlischt die Kerzenflamme sofort.

Hypothese:
Die Kerze benötigt zum Brennen Sauerstoff.

Theorie:
Nachdem in Versuchsreihen noch weitere brennbare Stoffe getestet wurden, kann die Theorie aufgestellt werden: Für die Verbrennung ist Sauerstoff nötig.

Sicherheit beim Experimentieren

Welche Sicherheitseinrichtungen kannst du in einem Chemiesaal finden?

Ein richtiger Umgang mit „Chemie" verhindert Schlagzeilen folgender Art:

Selbstgebauter Böller führte ins Flammeninferno

Jugendlicher verliert sein Augenlicht

Statt Cola war es Lauge

Wie konnte es zu solchen Unglücken kommen?
- Zu wenige Vorkenntnisse?
- Sicherheitsvorkehrungen nicht getroffen?
- Versuchsbeschreibung nicht vollständig gelesen?
- Unkonzentriertheit oder Leichtsinn?

Was auch immer die Ursachen waren, so wie in der Grafik soll es dir nicht ergehen. Lies daher das folgende Kapitel aufmerksam durch, bevor du dich auf experimentelle Entdeckungsreisen begibst.

Beachte beim Experimentieren

Siedeverzug Beginnt eine Flüssigkeit nicht zu sieden, obwohl sie ihre Siedetemperatur erreicht hat, so kommt es zur Überhitzung der Flüssigkeit, dem Siedeverzug. Das Sieden kann aber plötzlich einsetzen. Dadurch wird die Flüssigkeit aus dem Gefäß geschleudert [B2]

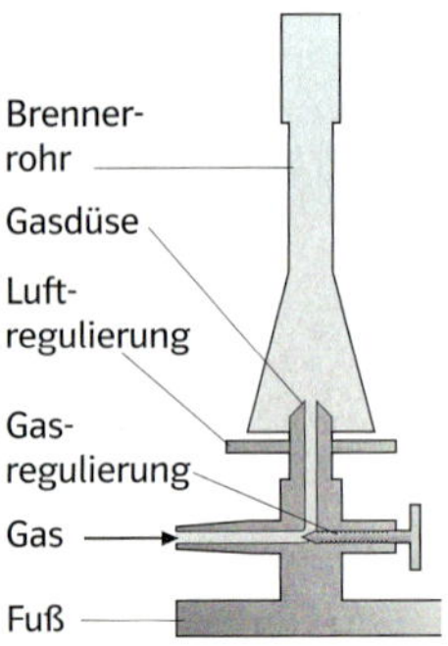

B1 Aufbau eines Gasbrenners

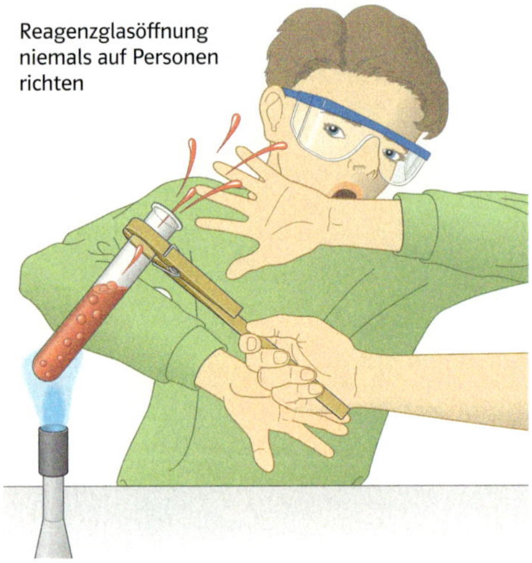

B2 Gefahren eines Siedeverzuges

Um Unfälle beim Experimentieren zu vermeiden, beachte folgende Sicherheitshinweise:

1. Schutzbrille
Trage immer eine Schutzbrille! Es können auch Gefahren von experimentierenden Banknachbarn ausgehen.

2. Gasbrenner
- Lass den Gasbrenner oder andere Feuerquellen nie aus den Augen!
- Schüttle ein Reagenzglas beim Erhitzen immer leicht, um Siedeverzug bzw. Überhitzung zu vermeiden [B2].

B3 Geruchsprobe durch Zufächeln mit der Hand

3. Chemikalien
- Fass Chemikalien nie mit bloßen Händen an. Bei Kontakt sofort mit viel Wasser spülen.
- Nimm nie Geschmacksproben.
- Führe Geruchsproben nur durch Zufächeln mit der Hand aus [B3].
- Beachte die Sicherheitshinweise auf dem Chemikalienetikett [B2, S.12].
- Benutze immer für jedes Chemikalienvorratsgefäß einen eigenen Spatel, um Verunreinigungen zu vermeiden, und verschließe jedes Gefäß nach der Chemikalienentnahme. Einmal entnommene Chemikalien werden nicht mehr ins Vorratsgefäß zurückgeschüttet.
- Zum Öffnen von Chemikalienflaschen wird das Etikett zur Hand und die Flaschenöffnung vom Gesicht weggehalten. Der Stopfen wird umgekehrt auf den Tisch gelegt.
- Bewahre Chemikalien nie in Lebensmittelbehältern auf.
- Chemikalienbehälter müssen immer ausführlich beschriftet sein.

4. Entsorgung von Chemikalienresten und Abfällen
Damit die schulischen oder auch häuslichen Chemieversuche nicht die Umwelt belasten, müssen Chemikalienreste richtig entsorgt werden. Informiere dich bei deiner Lehrkraft immer, bevor du einen Chemieversuch durchführst, wie die einzelnen Chemikalien entsorgt werden müssen.

Eine korrekte Entsorgung der Chemikalienreste befreit den Chemiker nicht von dem Grundsatz, dass man immer mit kleinstmöglichen Mengen arbeiten soll!

A1 Betrachte das Bild B1 und präge dir die Begriffe ein. Nimm einen Brenner zur Hand und versuche, die zuvor gelernten Begriffe auf ihn anzuwenden.

A2 Erkläre, wodurch sich eine Schutzbrille von einer normalen Sehbrille unterscheidet.

5. Versuchsdurchführung
- Lies die Versuchsbeschreibung immer komplett durch, bevor du mit dem Experimentieren beginnst.
- Halte dich immer genau an die Angaben und führe mit den Chemikalien nur das aus, was in der Versuchsbeschreibung vorgegeben ist.
- Beuge dich nie über das Reaktionsgefäß und binde ggf. lange Haare zusammen.
- Halte die Öffnung des Reaktionsgefäßes nie auf Personen [vgl. B2].
- Halte Ordnung auf dem Experimentiertisch.
- Achte auf einen stabilen Versuchsaufbau und verlege Schläuche sicher (Brenner!).
- Glasrohre und Thermometer werden *unter Drehen* in Stopfen eingeführt, wobei evtl. Glycerin als Gleitmittel verwendet werden kann [B4].
- Fülle Chemikalien maximal bis zur Hälfte ins Gefäß.
- Iss oder trink nie im Experimentiersaal, um Vergiftungen zu vermeiden.
- Pipettiere nie mit dem Mund, sondern nimm eine Pipettierhilfe.
- Leg deine Schultasche, Jacke o.Ä. nicht in die Gänge des Experimentiersaales, denn sie werden sonst zu Stolperfallen.

6. Sauberkeit und Ordnung
- Reinige nach dem Experimentieren alle deine Geräte und deinen Experimentierplatz. Stell alle Geräte und Chemikalien auf ihren Platz zurück und wasch dir zuletzt sorgfältig die Hände.

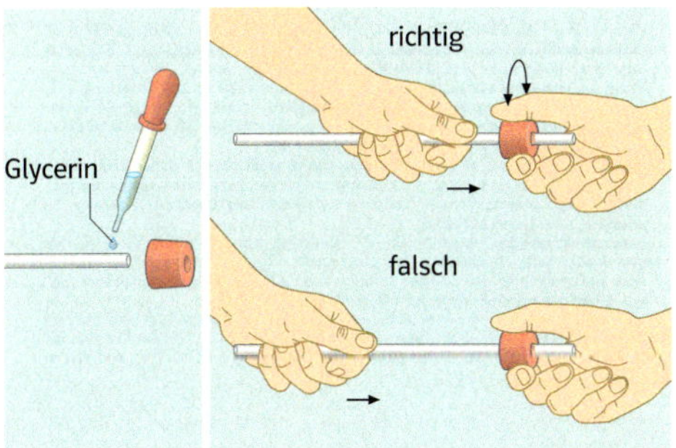

B4 Durchstecken von Glasrohr durch Lochstopfen

B5 Sicherheitseinrichtungen im Chemieraum

- Überprüfe, ob alle Gas- und Wasserhähne geschlossen sind, bevor du den Übungssaal verlässt.

Achtung!
Informiere sofort deine Lehrkraft, wenn dir oder mit den Geräten etwas passiert ist!

Beginne erst mit dem Experimentieren, wenn es deine Lehrkraft erlaubt!

Die Sicherheitseinrichtungen [B5] müssen im Experimentiersaal oder in dessen unmittelbarer Nähe vorhanden sein.

B6 Schüler beim Experimentieren

Gefahrensymbole und Gefahrenhinweise

Symbol	Kennbuchstabe	Gefahrenbezeichnung	Gefährlichkeitsmerkmale	Symbol	Kennbuchstabe	Gefahrenbezeichnung	Gefährlichkeitsmerkmale
	T	Giftig	Giftige Stoffe können in geringen Mengen zu schweren Gesundheitsschäden führen.		E	Explosionsgefährlich	Dieser Stoff kann unter bestimmten Bedingungen explodieren.
	Xn	Gesundheitsschädlich	Gesundheitsschädliche Stoffe führen in größeren Mengen zu Gesundheitsschäden.		F+	Hochentzündlich	Hochentzündliche Stoffe können schon bei Temperaturen unter 0 °C entzündet werden.

B1 Eine Auswahl an Gefahrensymbolen und ihre Bedeutung

Gehen von Chemikalien Gefahren aus, so müssen sie mit den entsprechenden Gefahrensymbolen [B1] gekennzeichnet werden. Im Anhang sind zum Nachschlagen alle Gefahrensymbole mit ihren Bedeutungen aufgelistet. Auf Chemikalienetiketten [B2] stehen noch zusätzlich so genannte R- und S-Sätze. Diese weisen präziser auf die Gefahren hin, welche von der entsprechenden Chemikalie ausgehen (R-Sätze) und geben Sicherheitshinweise für den Umgang mit der Chemikalie (S-Sätze).

Zur Handhabung:
R-Sätze (von engl. risk, Gefahr) werden mit dem Buchstaben R und einer Zahl abgekürzt. Beispielsweise bedeutet R 29: „Entwickelt bei Berührung mit Wasser giftige Gase.“
S-Sätze (von engl. security, Sicherheit) kürzt man mit dem Buchstaben S und einer Zahl ab. So bedeutet S 17: „Von brennbaren Stoffen fernhalten.“
Die Gefahrensymbole und die R- und S-Sätze besitzen internationale Gültigkeit.

Achtung!
Chemikalien können durch Einatmen, Verschlucken oder auch durch die Haut in deinen Körper gelangen!

A1 Auch Haushaltschemikalien, wie Putzmittel und Spiritus, sind mit Gefahrensymbolen gekennzeichnet. Überprüfe dies und notiere dir, welche Gefahren von den verschiedenen Haushaltschemikalien ausgehen.

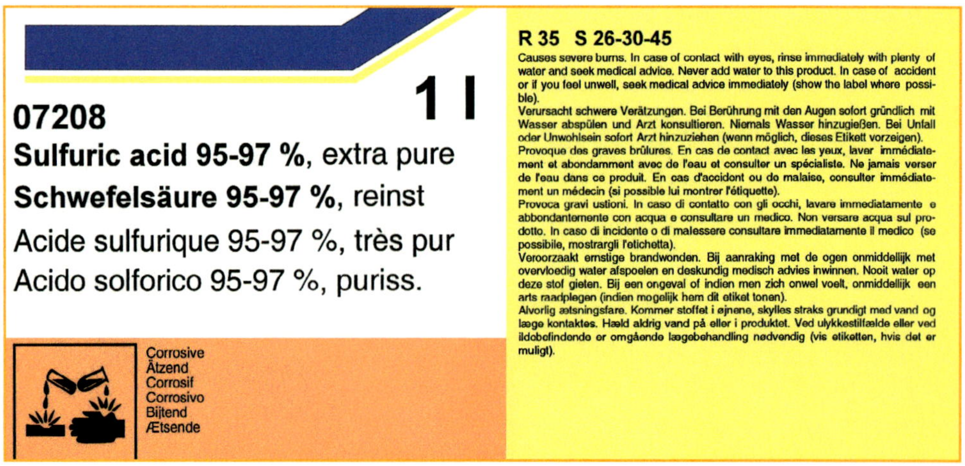

07208 1 l

Sulfuric acid 95-97 %, extra pure
Schwefelsäure 95-97 %, reinst
Acide sulfurique 95-97 %, très pur
Acido solforico 95-97 %, puriss.

Corrosive
Ätzend
Corrosif
Corrosivo
Bijtend
Ætsende

R 35 S 26-30-45
Causes severe burns. In case of contact with eyes, rinse immediately with plenty of water and seek medical advice. Never add water to this product. In case of accident or if you feel unwell, seek medical advice immediately (show the label where possible).
Verursacht schwere Verätzungen. Bei Berührung mit den Augen sofort gründlich mit Wasser abspülen und Arzt konsultieren. Niemals Wasser hinzugießen. Bei Unfall oder Unwohlsein sofort Arzt hinzuziehen (wenn möglich, dieses Etikett vorzeigen).
Provoque des graves brûlures. En cas de contact avec les yeux, laver immédiatement et abondamment avec de l'eau et consulter un spécialiste. Ne jamais verser de l'eau dans ce produit. En cas d'accident ou de malaise, consulter immédiatement un médecin (si possible lui montrer l'étiquette).
Provoca gravi ustioni. In caso di contatto con gli occhi, lavare immediatamente e abbondantemente con acqua e consultare un medico. Non versare acqua sul prodotto. In caso di incidente o di malessere consultare immediatamente il medico (se possibile, mostrargli l'etichetta).
Veroorzaakt ernstige brandwonden. Bij aanraking met de ogen onmiddellijk met overvloedig water afspoelen en deskundig medisch advies inwinnen. Nooit water op deze stof gieten. Bij een ongeval of indien men zich onwel voelt, onmiddellijk een arts raadplegen (indien mogelijk hem dit etiket tonen).
Alvorlig ætsningsfare. Kommer stoffet i øjnene, skylles straks grundigt med vand og læge kontaktes. Hæld aldrig vand på eller i produktet. Ved ulykkestilfælde eller ved ildebefindende er omgående lægebehandling nødvendig (vis etiketten, hvis det er muligt).

B2 Etiketten von Reinigungsbenzin (links) und Schwefelsäure (rechts)

Das Versuchsprotokoll

Damit Experimente ausgewertet und ggf. wiederholt werden können, sind eine strukturierte Vorgehensweise und das Protokollieren aller wichtiger Daten, Arbeitsschritte und Beobachtungen nötig. Durch das Anlegen eines Versuchsprotokolls [B1] wird dies gewährleistet. Ein Versuchsprotokoll umfasst folgende Punkte:

1. **Thema und Fragestellung** des Versuchs
2. Auflistung benötigter **Geräte und Chemikalien mit Mengenangaben**, evtl. auch Zeitangaben
3. Hinweis auf **Gefahren und Schutzvorkehrungen**
4. **Versuchsanleitung**, evtl. mit Versuchsskizze
5. Notizen von **Beobachtungen** während des Versuchs
6. **Auswertung** des Versuchs, durch Findung und Formulierung von Erklärungen
7. **Entsorgung** der Chemikalien

Beim Anfertigen eines Protokolls ist auf eine übersichtliche Gliederung und auf eine klare Unterscheidung zwischen Beobachtung und Auswertung zu achten.

A1 Das Backen von Kuchen und das Durchführen von chemischen Experimenten haben einiges gemeinsam. Erstelle ein Versuchsprotokoll für die Herstellung eines Kuchens.

A2 Im Haushalt führen wir oft chemische Vorgänge durch, ohne uns dessen bewusst zu sein. Erstelle ein Versuchsprotokoll zum Entkalken eines Wasserkessels mit Essigsäure. Führe das Entkalken ggf. selber durch, um genaue Angaben machen zu können.

Versuchsprotokoll

Datum: Name:

Thema: Was passiert beim Annähern eines brennenden Holzspans an eine Porzellanschale mit Benzin?

Geräte und Chemikalien:
Schutzbrille
Porzellanschale
Holzspan
Metallplatte
Gasbrenner
Wundbenzin

Aufbau:

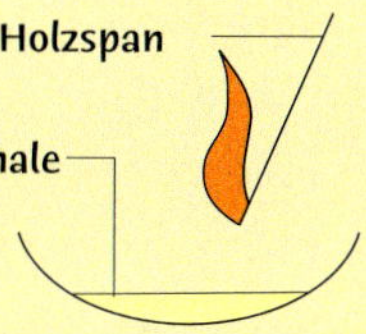

Sicherheitsmaßnahmen:
- Schutzbrille
- heiße Porzellanschale nicht mit bloßen Händen berühren
- Benzindämpfe nicht direkt einatmen
- alle brennbaren Materialien wegstellen

Versuchsanleitung: Gib einige Tropfen Wundbenzin in eine Prozellanschale. Nähere der Schale langsam einen brennenden Holzspan. Lösche das brennende Benzin durch Abdecken mit einer Metallplatte.

Beobachtungen: Die Flamme springt bereits über, bevor der brennende Holzspan das Benzin berührt hat. Benzin verbrennt mit gelber rußender Flamme.

Auswertung: Benzin ist eine brennbare Flüssigkeit. Benzin bildet Dämpfe, die leicht entzündlich sind. Benzin ist deshalb ein feuergefährlicher Stoff.

Entsorgung: Benzinreste in den entsprechenden Sammelbehälter geben.

B1 Beispiel für ein Versuchsprotokoll

Impulse Laborschein

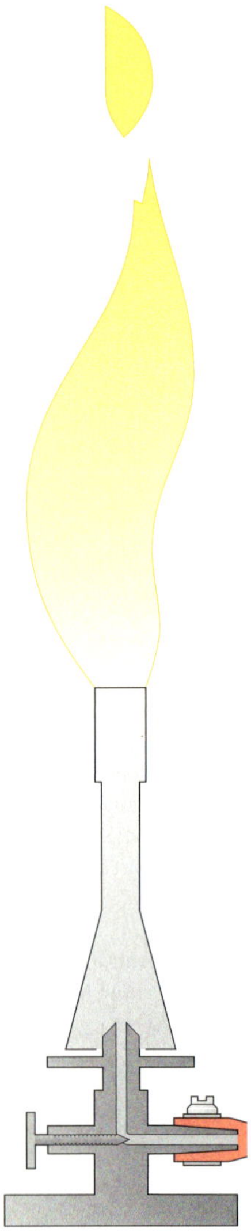

Bist du ein Profi im Labor und darfst stolzer Träger des Laborscheins sein?
Im vorangegangenen Kapitel hast du einiges über die Sicherheit im Labor und beim Experimentieren gelernt. Ob dir tatsächlich der sachgerechte Umgang mit Chemikalien und Geräten vertraut ist, kannst du an den folgenden Stationen testen.

Station 1: Chemiesaal
Wie gut kennst du deinen Chemiesaal? Fertige eine Skizze des Grundrisses deines Chemiesaals an und zeichne alle Sicherheitseinrichtungen an der richtigen Stelle in deinen Plan ein. Falls bestimmte Sicherheitseinrichtungen fehlen, notiere diese unter deine Skizze.

Station 2: Gefahrensymbole
Damit unliebsame Begegnungen und Überraschungen ausbleiben, muss man die Gefahrensymbole kennen. Ordne folgenden Gefahrensymbolen die jeweils richtige Erklärung zu.

Station 3: Gasbrenner
Viele chemische Reaktionen laufen nicht bei Zimmertemperatur ab, sondern erst, wenn man mit dem Gasbrenner erwärmt. Zeige in Anwesenheit deines Lehrers, dass du sicher einen Gasbrenner anzünden und löschen kannst.

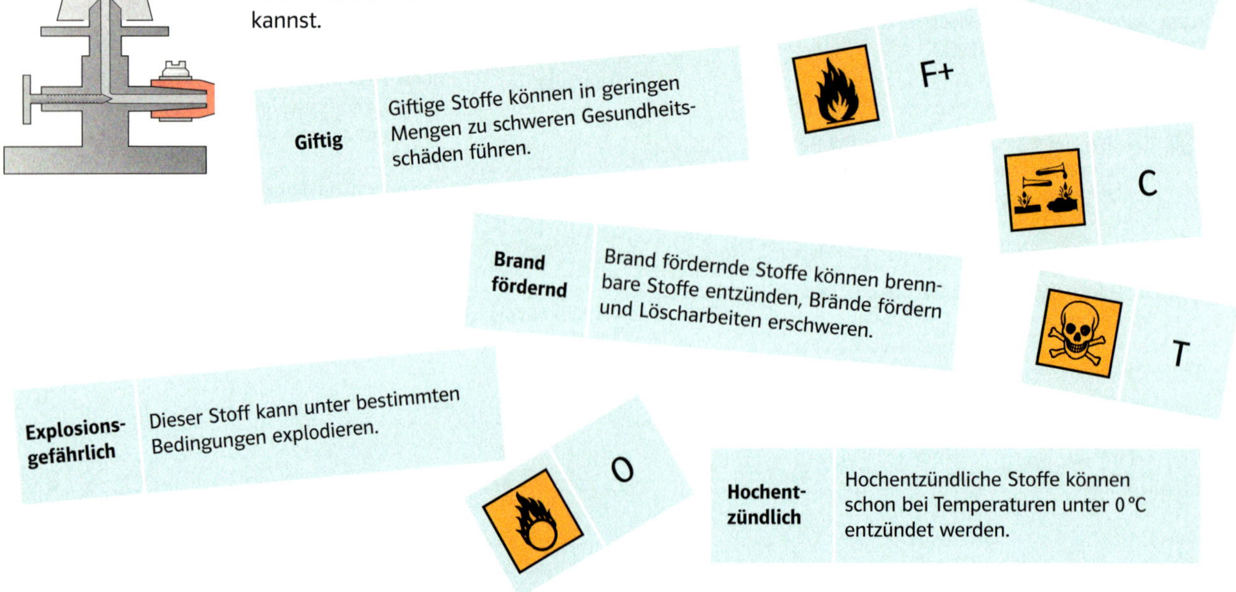

Station 4: Suchbild
Achtung, hier lauern Gefahren beim Experimentieren! Im Bild siehst du einige Schüler beim Experimentieren. Versuche alle Gefahren zu erkennen und notiere diese. Schreibe auf, wie sich die Schüler sicherer verhalten können.

Station 5: Versuchsprotokoll
Notiere die Punkte, die ein Versuchsprotokoll enthalten muss. Fertige dann ein Versuchsprotokoll für folgenden Versuch an:
Eine brennende Kerze erlischt, wenn ein Glas luftdicht über sie gestülpt wird. Wie lange brennt die Kerze, bis sie erlischt?

Wenn du alle Stationen bearbeitet hast, überprüfe deine Antworten!

Alles richtig? Gratulation! Dann kopiere den Vordruck und lass die Gültigkeit deines Laborscheins von deiner Chemielehrkraft bestätigen. Alles Gute!

Laborgeräte

So zeichnet man z. B.
in einem Versuchsprotokoll:

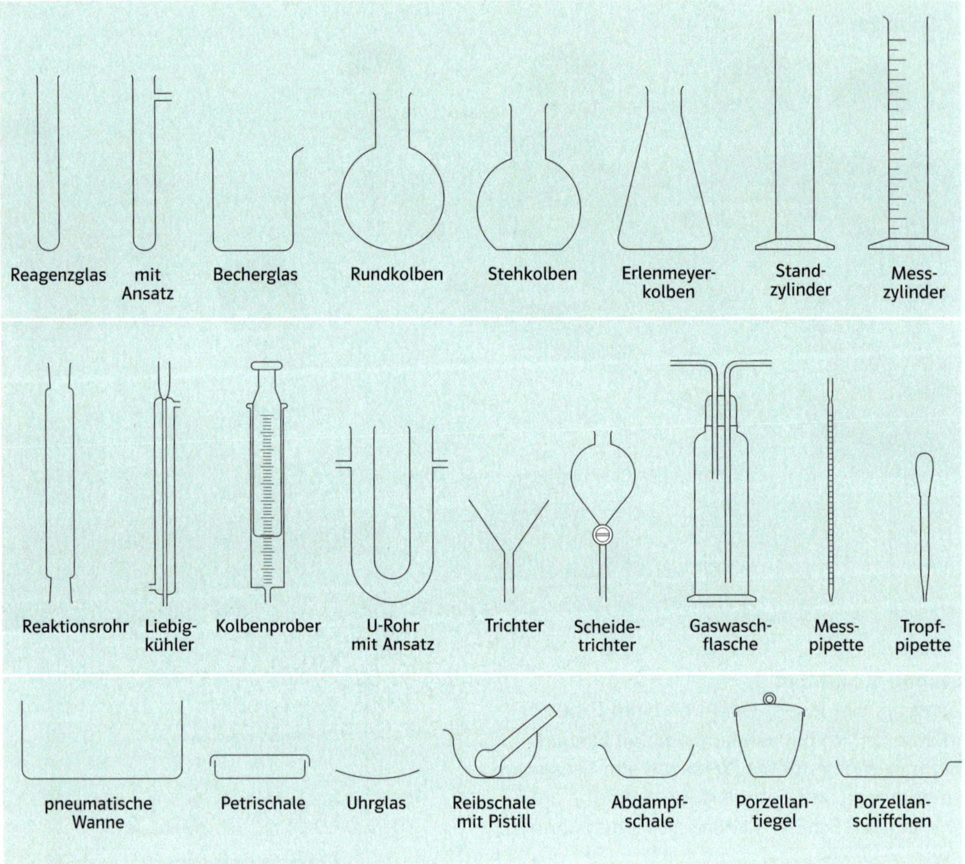

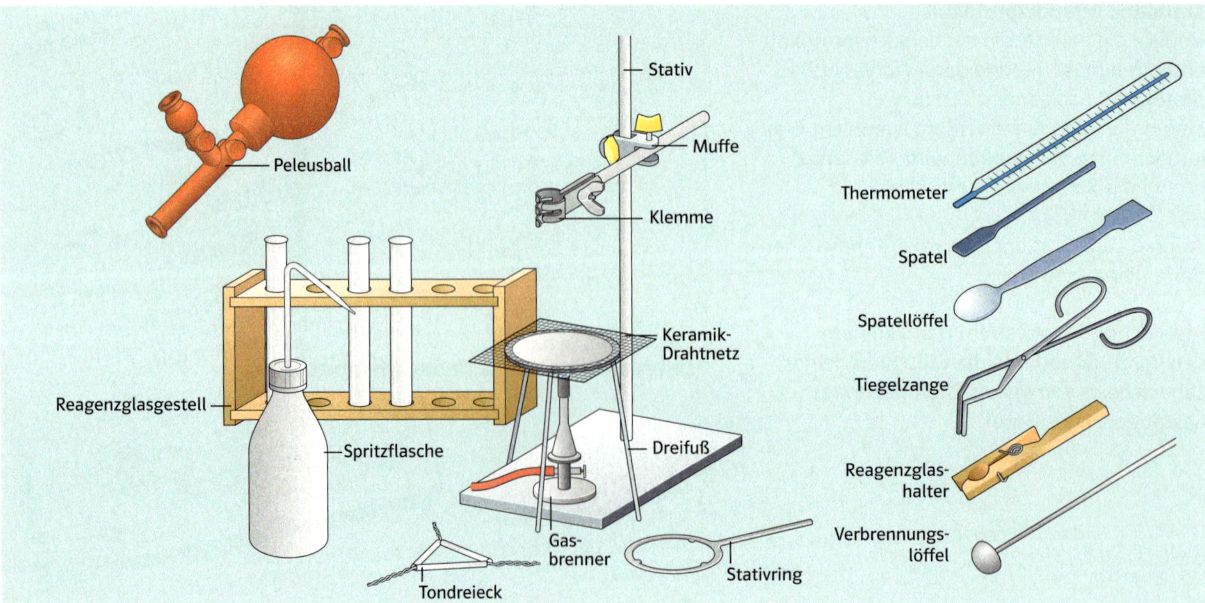

1 Stoffe und ihre Eigenschaften

In chemischen Labors werden zahlreiche Stoffe untersucht. Eine wichtige Aufgabe der dort arbeitenden Chemiker und Chemikerinnen ist es, durch Anwendung geeigneter Verfahren aus Stoffgemischen reine Stoffe zu gewinnen oder neue Stoffe mit gewünschten Eigenschaften herzustellen.

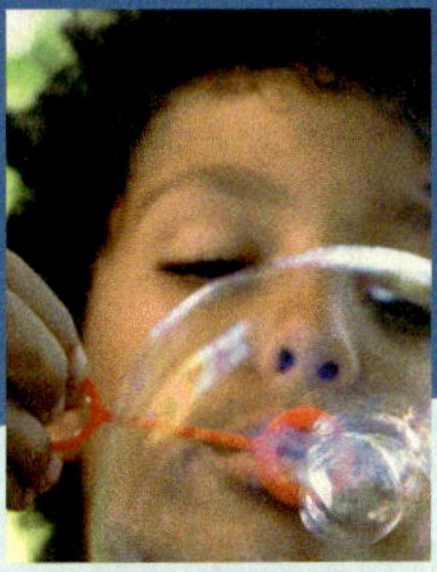

Um die Stoffe zu untersuchen, reichen unsere Sinne alleine nicht aus. Es müssen hierzu technische Geräte eingesetzt werden.

Kaffee ist das Getränk mit den meisten Aromastoffen. Sitzen wir vor einer Tasse mit duftendem Kaffee, so entsteht durch die Zusammenarbeit von Nase und Gehirn die Information „In der Tasse ist heißer Kaffee." Lässt man jedoch einen Gaschromatografen – ein Gerät, das gasförmige Stoffe erkennt – an der Tasse „schnüffeln", so findet dieser über 2000 Inhaltsstoffe.

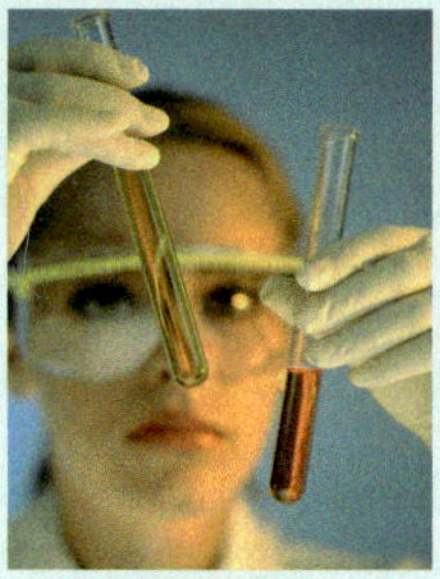

1.1 Stoffgemische und Reinstoffe

B1 Blech aus Kupfer – einem Reinstoff

B3 Granit, ein natürliches Stoffgemisch

Betrachtet man ein Stück Granit [B3], so erkennt man unterschiedliche Farben. Dreht man den Stein etwas im Licht, so fallen glänzende und matte Stellen auf. Offensichtlich besteht Granit aus mehreren **Stoffen**. Stoffe sind sowohl die Materialien, aus denen die Gegenstände bestehen, als auch Flüssigkeiten und Gase. Nachdem nun im Granit mehrere feste Stoffe gemischt vorliegen, sagt man: Granit ist ein Stoffgemisch, oder kurz ein **Gemisch**.

Prüft man nun zum Vergleich ein Stück Kupferblech [B1], so kann man keine unterschiedlichen Bereiche erkennen. Die Farbe, der Glanz und die Biegsamkeit sind an allen Stellen des Bleches gleich. Es besteht nur aus einem Stoff. Der Chemiker bezeichnet derartige Stoffe, die ohne Beimengungen vorliegen, als **Reinstoffe**.

Die Eigenschaften von Reinstoffen sind eindeutig bestimmt. In Gemischen, bei denen die Reinstoffe sich nicht ineinander lösen, behalten sie ihre Eigenschaften bei. Weitere Reinstoffe sind beispielsweise Wasser, Kochsalz oder Sauerstoff.
Einen absoluten Reinstoff zu gewinnen, ist sehr schwer. Selbst die als „reinst" geltenden Laborchemikalien enthalten noch geringe Mengen von Verunreinigungen, welche auf dem Etikett der Chemikaliengefäße [B2] angegeben werden müssen.

Die Mehrzahl der Stoffe, die uns täglich begegnen, liegen in Stoffgemischen vor.

Art. 2715

KUPFER

fein gepulvert
reinst
Korngröße kleiner als 63 µm

Cu

Atommasse 63,55 u

Typanalyse	
Gehalt (Cu)	99,5 %
In Salpetersäure unlösl. Anteile	0,05 %
Silber (Ag)	0,005 %
Blei (Pb)	0,05 %
Zinn (Sn)	0,005%
Eisen (Fe)	0,005 %
Mangan (Mn)	0,005 %
Antimon (Sb)	0,005 %
Arsen (As)	0,0002 %

B2 Etikett für den „Reinstoff" Kupfer

Granit kann mechanisch in seine Bestandteile zerlegt werden. Man erhält dann die Stoffe Feldspat (rötlicher Bestandteil), Quarz (weiß) und Glimmer (schwarz). Zuckerwasser und Luft sind ebenfalls Gemische. Die Eigenschaften von Gemischen hängen von der Zusammensetzung des Gemisches ab.

Lösen sich Reinstoffe beim Vermischen, wie z. B. Zucker in Wasser, so können wir durch bloßes Betrachten nicht erkennen, ob ein Reinstoff oder ein Gemisch vorliegt. Zur Aufklärung müssen Analysen durchgeführt werden.

Im Alltag werden für viele Zwecke Gemische, wie z. B. Beton, Farben oder Medikamente, hergestellt. Je nach Zusammensetzung erhält man die gewünschten Eigenschaften.

Reinstoffe bestehen aus nur einem Stoff. Stoffgemische setzen sich aus mehreren Reinstoffen zusammen.

V1 Betrachte mithilfe einer Lupe etwas Brausepulver. Versuche dieses Stoffgemisch mit einer Pinzette zu trennen. Beobachte, wie sich das Brausepulver und seine einzelnen Bestandteile jeweils in Wasser verhalten.

A1 Entscheide, welche der folgenden Stoffe Reinstoffe sind: Gartenerde, Eisen, Gold, Apfelsaft, Schokolade, Stickstoff, Meerwasser.

1.2 Heterogene und homogene Stoffgemische

***Aggregatzustände der Komponenten vor dem Mischen,* Beispiele**		**Bezeichnung des Stoffgemischs**	**Beispiele**
fest Feldspat, Quarz	*fest* Glimmer	**Feststoffgemisch**	Granit
fest Farbstoffpartikel	*flüssig* Wasser oder ein anderes Lösungsmittel	**Suspension**	Wandfarbe
fest Ruß	*gasförmig* Luft	**Rauch**	Ruß in der Luft
flüssig Fett	*flüssig* Wasser	**Emulsion**	Milch
flüssig flüssige Seife, Wasser	*gasförmig* Luft	**Schaum**	Seifenblasen
flüssig Wasser	*gasförmig* Luft	**Nebel**	Wasser in Luft
gasförmig	*gasförmig*	**(gibt es nicht)**	–

B1 Heterogene Stoffgemische

B3 Mineralwasser

***Aggregatzustände der Komponenten vor dem Mischen,* Beispiele**		**Bezeichnung des Stoffgemischs**	**Beispiele**
fest Zinn	*fest* Kupfer	**Legierung**	Bronze
fest Salz	*flüssig* Wasser	**Lösung**	Salzwasser
fest	*gasförmig*	**(gibt es nicht)**	–
flüssig Wasser	*flüssig* Trinkalkohol	**Lösung**	Wein
flüssig Wasser	*gasförmig* Kohlenstoffdioxid	**Lösung**	Mineralwasser in geschlossener Flasche
gasförmig Stickstoff	*gasförmig* Sauerstoff	**Gasgemisch**	Luft

B2 Homogene Stoffgemische

B4 Milch, ein heterogenes Stoffgemisch

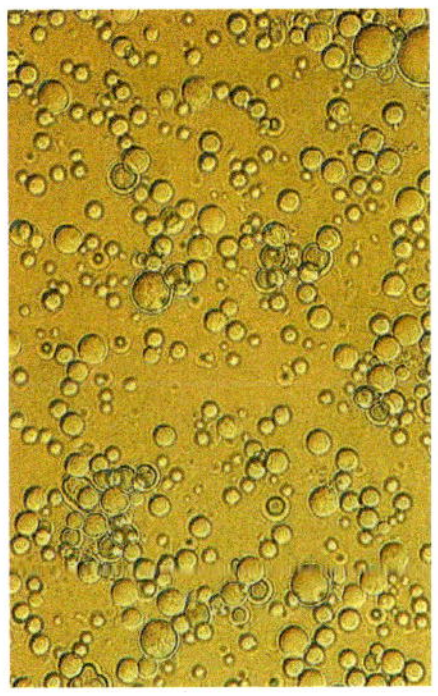

B5 Milch unter dem Mikroskop

Vergleicht man die beiden Gemische Luft und Granit, so wird klar, dass man die Gemische nach ihrem Aussehen in weitere zwei Gruppen einteilen kann. Gegebenenfalls muss man eine Lupe oder ein Mikroskop zu Hilfe nehmen.

Gemische wie Granit, bei denen die verschiedenen Bestandteile zu erkennen sind, nennt man **heterogene Gemische** (von griech. heteros, ungleichartig). Gemische, bei denen sich die verschiedenen Bestandteile nicht erkennen lassen, wie zum Beispiel bei Luft, nennt man **homogene Gemische** (von griech. homos, gleichartig).

Die eingesetzten Komponenten eines Stoffgemisches können in unterschiedlichen **Aggregatzuständen**, d.h. im festen, flüssigen oder gasförmigen Zustand vorliegen.

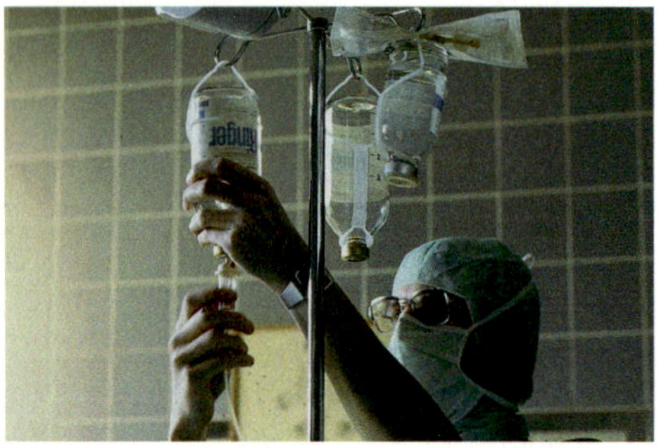

B7 Kochsalzlösung

B9 Nebel

B10 Rauchwolke

In *heterogenen Gemischen* bleiben die *Stoffeigenschaften der Komponenten erhalten*, in *homogenen Gemischen nicht oder nur teilweise*. Betrachtet man beispielsweise die Siedetemperaturen von Wasser, Trinkalkohol und einem Wasser-Trinkalkohol-Gemisch, so findet man drei gänzlich verschiedene Werte.

Je nach Aggregatzustand und Löslichkeit der einzelnen Bestandteile gibt es für die jeweiligen homogenen und heterogenen Gemische unterschiedliche Bezeichnungen [B1, B2].

Eine Bodylotion ist beispielsweise eine **Emulsion**, da die Hauptbestandteile zwei flüssige Stoffe sind. Es handelt sich um ein Öl-Wasser-Gemisch. Durch Zugabe eines **Emulgators** wird eine Verzögerung der Entmischung einer Emulsion bewirkt, so z. B. bei Margarine oder Sauce hollandaise. Lecithin, das aus Sojabohnen, Raps oder Hühnereiern gewonnen werden kann, ist ein natürlicher Emulgator.

V1 Stelle aus zwei kleinen Portionen der Stoffe Wasser, Zucker, Sand, Kreidepulver, Speiseöl, Kochsalz, Benzin und Alkohol fünf Gemische her und nenne die Bezeichnung des jeweils entstandenen Stoffgemischs.

V2 Rühre zwei Salatdressings [B11] an: Gib in jeweils ein kleines Gefäß einen Esslöffel Essig, Öl, Salz, Pfeffer, Fleischbrühgewürz und eine Prise Zucker. Zu einem der beiden Dressings fügst du etwas Senf hinzu. Welchen Unterschied beobachtest du? Welche Funktion hat der Senf?

A1 Entscheide, ob es sich bei folgenden Gemischen um ein homogenes oder heterogenes Gemisch handelt und wie das Stoffgemisch bezeichnet wird: **a)** Benzin und Wasser, **b)** Sand und Wasser, **c)** Alkohol und Wasser, **d)** Zucker und Mehl.

A2 Inwiefern kann Mineralwasser (oder Cola [B6]) sowohl als homogenes wie auch als heterogenes Gemisch vorliegen?

B6 Cola-Getränk

B8 Seifenblasen

B11 Salatdressing

1.3 Stoff oder Stoffportion

Die **Siedetemperatur** ist eine Kenneigenschaft von Reinstoffen. Wasser siedet bei **Normdruck** bei 100 °C [B3]. Diese Siedetemperatur ist nicht von der Größe der Stoffportion abhängig. Ein Liter Wasser siedet ebenso bei 100 °C wie ein Milliliter oder 1000 Liter Wasser. Für die Schmelztemperatur gilt das Gleiche.

Analog verhält es sich mit der Dichte. Für jeden Stoff kann die Dichte bestimmt werden, welche nicht von der Größe der **Stoffportion** abhängt. Ein Gegenstand aus PE-Schaum wird immer auf dem Wasser schwimmen, egal wie groß er ist, da PE-Schaum eine geringere Dichte besitzt als Wasser. Die Wassermenge, auf der der Gegenstand aus PE-Schaum schwimmt, hat ebenfalls keinen Einfluss auf das Schwimmverhalten des Gegenstands.

Die Siedetemperatur, Schmelztemperatur und die Dichte sind Eigenschaften, die sich nur auf Stoffe beziehen. Sie sind für die jeweiligen Stoffe charakteristisch, ihre Zahlenwerte hängen nicht von der Größe der Stoffportionen ab. Man spricht von intensiven Größen.

Anders verhalten sich die Größen Masse und Volumen. Die Masse und das Volumen hängen von der Portionsgröße eines Stoffes ab, sie sind nicht schon durch den Stoff selbst festgelegt. Im Gegensatz zur Siede- und Schmelztemperatur oder der Dichte charakterisieren die Masse, das Volumen und die Form keine Stoffe.

Betrachtet man bestimmte Körper, wie z. B. einen Gummiball [B4] und eine Bronzefigur [B2], so sind für diese Körper die Masse und das Volumen von Bedeutung, denn sie lassen beispielsweise auf die Größe des Balles oder der Bronzefigur schließen. Bei Körpern ist weiter noch die Form charakterisierend. Sie bestimmt, ob z. B. ein Ball oder ein Haus vorliegt. Eine charakteristische Form eines Körpers lässt jedoch nicht auf den Stoff rückschließen, aus dem der Körper aufgebaut ist.

Die Eigenschaften Masse und Volumen charakterisieren eine Stoffportion. Neben der Masse und dem Volumen ist zusätzlich die Form für Körper bestimmend.
Da es für die beiden Größen Masse und Volumen entscheidend ist, wie ausgedehnt die Stoffportion ist, spricht man von extensiven Größen.

Intensive Größen beziehen sich auf Stoffe	Extensive Größen beziehen sich auf Stoffportionen/Körper
Siedetemperatur	Masse
Gasdruck	Volumen
Dichte	Anzahl

B3 Siedendes Wasser

Normdruck p_n = 1013,25 hPa

Stoffportion ein bestimmter, abgegrenzter Stoffbereich, dessen Form keine Rolle spielt.
Beispiele sind: eine Stoffportion Zucker mit der Masse m(Zucker) = 100 g, eine Stoffportion Wasser mit dem Volumen V(Wasser) = 100 ml usw.

„Messbare Eigenschaft" wird in den Naturwissenschaften oft durch den Begriff „Größe" ersetzt

PE-Schaum ist aufgeschäumtes Polyethen (PE)

B1 Schwimmhilfe aus PE-Schaum

B2 Meerjungfrau in Kopenhagen

B4 Gummibälle

1.4 Exkurs Luft – ein Stoffgemisch

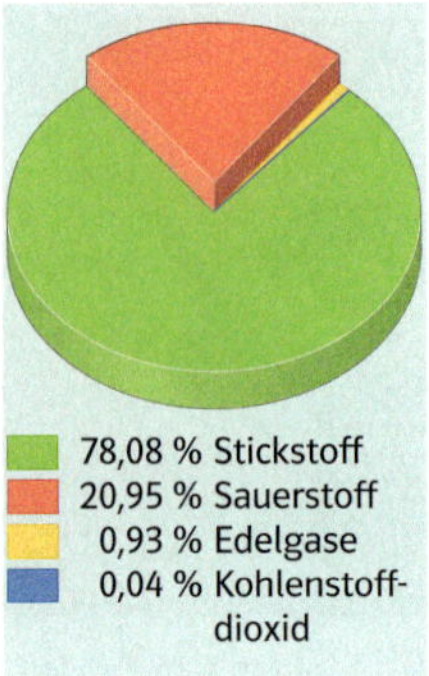

B1 Zusammensetzung der Luft (Volumenanteile)

Gase, aus denen die Luft besteht. Luft ist kein Reinstoff, sondern ein *Stoffgemisch* aus den Gasen *Stickstoff, Sauerstoff, Kohlenstoffdioxid* und den *Edelgasen*. Zu den Edelgasen gehören die Reinstoffe Helium, Neon, Argon, Krypton und Xenon.

Die Teilchen der Luft. Jedes der in der Luft enthaltenen Gase besteht aus Teilchen, die sich in ständiger Bewegung befinden und ganz bestimmte Eigenschaften besitzen. Weil sie sich frei und unabhängig voneinander im Raum bewegen, können sie sich untereinander gut verteilen und bilden so in ihrer Gesamtheit das Stoffgemisch Luft.

Die Zusammensetzung der Luft. Luft kann verflüssigt [B2] und in ihre Bestandteile zerlegt werden. Dabei stellt man fest, dass *Stickstoff der Hauptbestandteil* der Luft ist. In 100 Litern reiner Luft, die zuvor von Wasserdampf, Schmutzteilchen und Abgasen befreit wurde, sind etwa 78,08 Liter Stickstoff enthalten. Sauerstoff nimmt dagegen nur ein Volumen von etwa 20,95 Litern ein, Argon und andere Edelgase 0,93 Liter und Kohlenstoffdioxid 0,04 Liter.

Fraktion Beim Destillieren abgetrennter Teil eines Stoffgemischs

fraktionieren In mehreren Schritten in Fraktionen trennen

B2 Flüssige Luft

Die Zusammensetzung der Luft kann in geringem Umfang von Ort zu Ort schwanken. So ist der Volumenanteil von Kohlenstoffdioxid über Industriegebieten höher als über einem Waldgebiet. Dagegen ist der Sauerstoffgehalt über Wäldern geringfügig höher als über einer Großstadt, deren Luft durch Abgase belastet ist. Durch Windbewegung wird die Lufthülle der Erde aber ständig durchmischt, sodass sich weltweit die bereits genannten Mittelwerte ergeben.

Schadwirkung von bestimmten Gasen. Durch die Verbrennung von Kohle, Heizöl und Benzin gelangen zudem Gase in die Luft, welche für den Menschen gesundheitsschädigend sind. In Wasser gelöst ergeben sie den **sauren Regen** und sind damit für die Waldschäden verantwortlich. Außerdem greift saurer Regen Bauwerke und Metallteile an. Schon seit Jahren nimmt auch der Anteil von **Methan (Biogas)** in der Erdatmosphäre zu, das zur Veränderung des Klimas beiträgt (Treibhauseffekt). Dieses Gas entsteht über Sumpfgebieten, auf Mülldeponien, auf Reisfeldern und durch die Rinderhaltung. Auch das giftige **Ammoniak** kann aus Düngemitteln und die im Erdboden ablaufenden chemischen Prozesse in die Luft entweichen.

Das Linde-Verfahren. In einer technischen Anlage in München gelang CARL VON LINDE (1842–1934) im Jahr 1895 die Verflüssigung von Luft und 1902 die Zerlegung von Luft in Sauerstoff und Stickstoff durch **fraktionierte Destillation**. Heute werden nach diesem Verfahren alle in der Luft enthaltenen Bestandteile gewonnen.

Nach der Reinigung der Luft wird diese in dickwandigen Behältern kondensiert. Flüssige Luft siedet bei –194 °C. Der beim Sieden entstehende Dampf hat einen höheren Anteil an Stickstoff als die zurückbleibende Flüssigkeit. Umgekehrt befindet sich in der Flüssigkeit mehr Sauerstoff als im entstehenden Dampf. Durch mehrmaliges Wiederholen der Destillation lassen sich schließlich reiner Stickstoff und Sauerstoff darstellen.

1.5 Exkurs Luftbestandteile und ihre Eigenschaften

Stickstoff ist ein farbloses Gas, das keinen Geruch besitzt. Es ist sehr reaktionsträge, brennt nicht und ist ungiftig. Flüssiger Stickstoff ist ein unentbehrlicher Stoff in der Kältetechnik. Lebensmittel werden dabei in kürzester Zeit tiefgefroren und haltbar gemacht. In der Medizin verwendet man ihn zum Schockgefrieren von Organen und Gewebeteilen, Embryonen, Blut oder Impfstoffen [B1].

Kohlenstoffdioxid ist ein farbloses und geruchloses Gas. Es ist nicht brennbar. Das Gas entsteht bei der Verbrennung von Holz, Kohle, Erdgas oder Heizöl. Während der Mensch Sauerstoff verbraucht und Kohlenstoffdioxid ausatmet, nehmen Pflanzen bei Licht Kohlenstoffdioxid und Wasser auf und wandeln diese Stoffe in Kohlenhydrate und Sauerstoff um [B2]. Der zuletzt genannte Vorgang heißt Fotosynthese. Kohlenstoffdioxid verleiht vielen Getränken den erfrischenden Geschmack und wird deshalb dem Bier und Mineralwasser zugesetzt. Im festen Zustand nennt man Kohlenstoffdioxid **Trockeneis**. Weil dieses nicht schmilzt, sondern bei −78 °C sublimiert und dadurch ein weißer Nebel aus Wassertröpfchen entsteht, wird es oft für Effekte bei Bühnenshows eingesetzt.

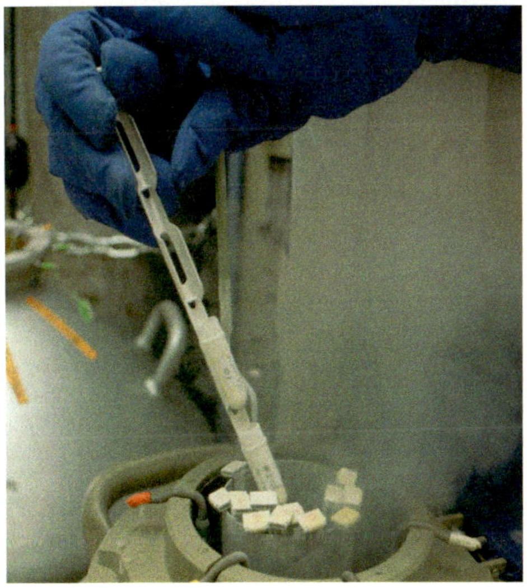

B1 Tiefkühlung unter flüssigem Stickstoff

Die **Edelgase** sind sehr reaktionsträge und auch nicht brennbar. Sie sind alle geruchlos. Helium wird wegen seiner geringen Dichte als Füllgas für Luftschiffe und Ballons verwendet. Leuchtstoffröhren werden mit Edelgasen gefüllt, weil sie mithilfe des elektrischen Stroms farbiges Licht aussenden. Wird eine Glühlampe mit Argon gefüllt, so kann dadurch nicht nur die Lichtausbeute, sondern gleichzeitig auch die Lebensdauer des Glühdrahtes erhöht werden. Argon verwendet man außerdem als Schutzgas beim Schweißen. Das Argon verdrängt die Luft von der Schweißstelle, sodass der Sauerstoff nicht mit dem schmelzenden Metall reagieren kann.

Sauerstoff ist ebenfalls ein farb- und geruchloses Gas, das eine höhere Dichte als Luft besitzt. Er unterhält die Verbrennung. Ohne die Anwesenheit von Sauerstoff können Stoffe wie Kohle, Benzin oder eine Kerze nicht entzündet werden. Der Sauerstoff wird von Menschen und Tieren zum Atmen benötigt. In Wasser löst sich Sauerstoff, weshalb er Fischen und anderen unter Wasser lebenden Organismen für die Atmung zur Verfügung steht. In Krankenhäusern wird Luft, die mit Sauerstoff angereichert ist, zum Inhalieren und für die künstliche Beatmung auf der Intensivstation verwendet (Sauerstoffzelt, Brutkasten).

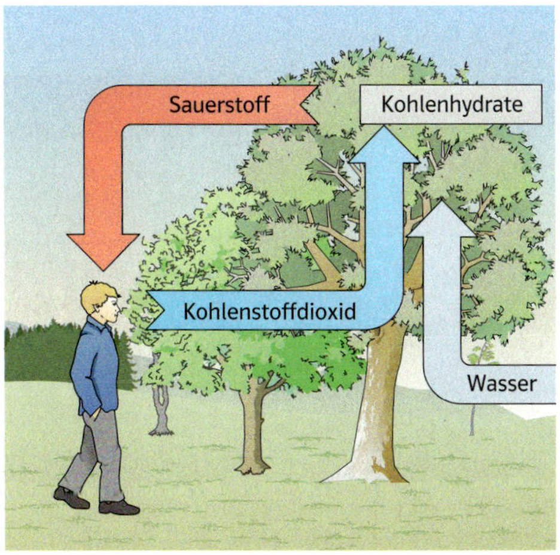

B2 Vereinfachte Darstellung der Atmung und der Fotosynthese

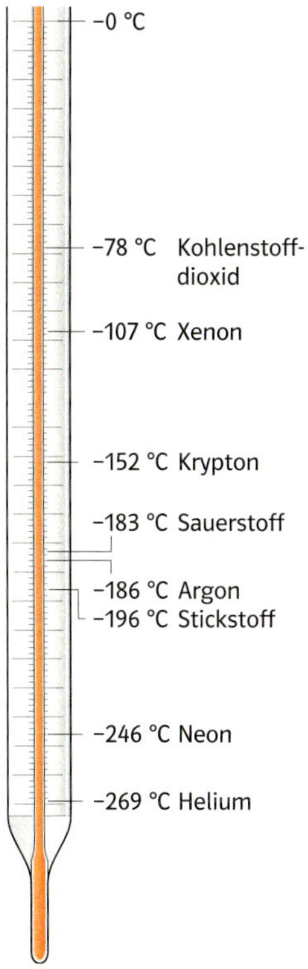

B3 Siedetemperaturen einiger Luftbestandteile

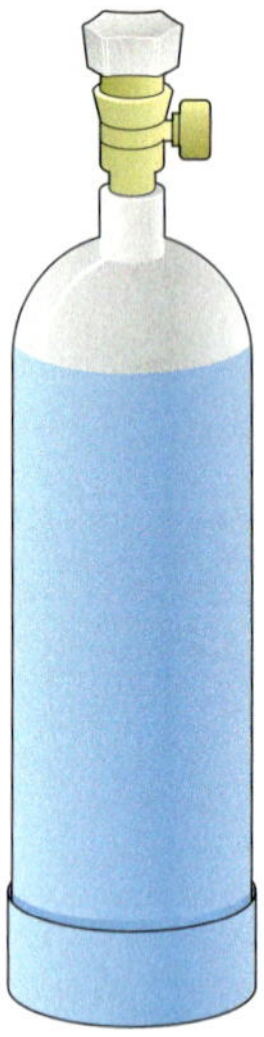

B4 Sauerstoff kommt in hellblauen Stahlflaschen in den Handel

Auch bei der Stahlgewinnung, beim Schweißen, beim Antrieb von Raketen und in der Medizin wird Sauerstoff benötigt. Er kommt in hellblauen Stahlflaschen in den Handel [B4], die oben weiß gestrichen sind. In diesen Behältern steht Sauerstoff unter hohem Druck.

In einem mit Sauerstoff gefüllten Standzylinder brennt eine Kerze mit einer Flamme, die heller und heißer ist als bei einer Kerze, die nur von Luft umgeben ist [V1, B5].
Die Kerze im Standzylinder brennt schneller ab. Die Verbrennung verläuft deshalb mit höherer Geschwindigkeit, weil die Anzahl der vorhandenen Sauerstoffteilchen im Zylinder größer ist.

Das gleiche Phänomen ist zu beobachten, wenn man jeweils die gleiche Portion Eisenwolle an der Luft und in Sauerstoff verbrennt [V2]. An der Luft verglüht die Eisenwolle [B7, links], während sie in reinem Sauerstoff unter lebhaftem Funkensprühen mit diesem reagiert [B7, rechts]. Die Verbrennung in Sauerstoff verläuft stürmischer und schneller. Mit Sauerstoff kann das Verbrennungsprodukt also in kürzerer Zeit erhalten werden.

Luft unterhält die Verbrennung. Reiner Sauerstoff fördert sie zusätzlich. In ihm laufen Verbrennungen schneller ab.

V1 Es werden zwei gleiche Kerzen benötigt. Beide werden zur selben Zeit entzündet. Die eine befindet sich an der Luft, die andere in einem Standzylinder, dem laufend reiner Sauerstoff zugeführt wird [B5]. Der Sauerstoff wird mit einem langen Glasrohr von unten an die Kerze im Standzylinder herangeführt. Beobachte beide Vorgänge.

V2 Zwei gleiche Portionen Eisenwolle werden an der Luft und in Sauerstoff verbrannt [B7]. Beobachte jeweils die Verbrennung und miss in beiden Fällen die Brenndauer.

Farbe	farblos
Geruch	geruchlos
Aggregatzustand bei Zimmertemperatur	gasförmig
Dichte (20 °C)	1,33 g/l
Schmelztemperatur	−219 °C
Siedetemperatur	−183 °C
Löslichkeit in Wasser (20 °C)	geringfügig (31 cm³/l)

B6 Eigenschaften des Sauerstoffs (Normdruck)

B5 Eine Kerze in einem Zylinder mit reinem Sauerstoff brennt lebhafter

B7 Eisenwolle verglüht an der Luft (links) Eisenwolle verbrennt in reinem Sauerstoff (rechts)

1.6 Exkurs Sauerstoff- und Kohlenstoffdioxidnachweis

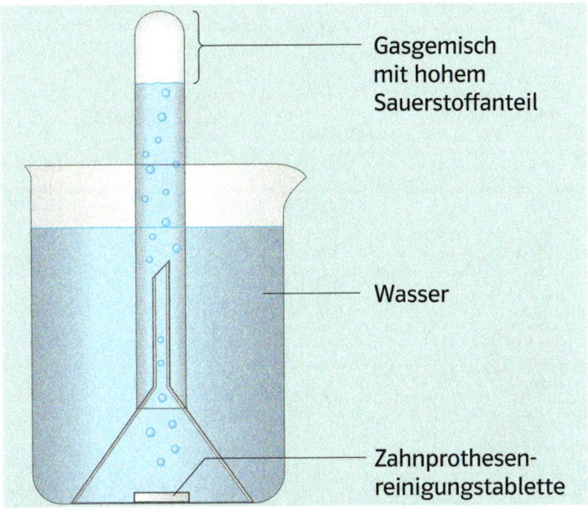

B1 Eine Zahnprothesenreinigungstablette wird untersucht

Nachweis von Sauerstoff. Die Eigenschaft, dass Sauerstoff die Verbrennung fördert, nutzt man, um ihn nachzuweisen. Hält man nämlich einen an der Luft glimmenden Holzspan in Sauerstoff [V1], so flammt der Span auf und brennt mit heller Flamme [B2].

Mit der Glimmspanprobe kann Sauerstoff nachgewiesen werden.

Wenn Sauerstoff vorliegt, so flammt ein glimmender Holzspan auf. Die Umkehrung, dass beim Aufflammen des Holzspans immer auch Sauerstoff vorliegen muss, gilt nicht.
Es gibt nämlich auch Gase, wie z. B. Ozon, die ebenfalls bewirken, dass die Glimmspanprobe positiv ausfällt. Es darf immer nur dann beim Aufflammen des glimmenden Holzspans auf die Anwesenheit von Sauerstoff geschlossen werden, wenn im Vorfeld klar ist, dass für diese Erscheinung nur Sauerstoff infrage kommen kann. Deshalb müssen letztendlich immer auch noch andere Informationen bei der Analyse chemischer Substanzen vorliegen und berücksichtigt werden.
Zersetzt man Kaliumpermanganat [V2], so zerfällt diese Substanz u.a. in Braunstein und Sauerstoff. Letzterer kann mit der Glimmspanprobe nachgewiesen werden.

Löst man eine Zahnprothesenreinigungstablette in Wasser [V3, B1], so lassen sich Blasen beobachten. Es entsteht ein Gas, das im Reagenzglas aufgefangen wird. In den Reinigungstabletten sind u.a. Peroxide enthalten, die sich bei Einwirkung von Wasser zersetzen und dabei Sauerstoff liefern.

V1 Entzünde einen Holzspan an einem Ende, blase die Flamme aus und halte den nur noch glimmenden Holzspan in ein mit Sauerstoff gefülltes Reagenzglas. Was beobachtest du?

V2 Gib in ein schwer schmelzbares Reagenzglas eine Spatelspitze Kaliumpermanganat. Halte das Reagenzglas mithilfe eines Reagenzglashalters in die Brennerflamme. Erhitze die Substanz zuerst vorsichtig, dann kräftig. Das Kaliumpermanganat wird zersetzt, wobei Sauerstoff entsteht. Weise diesen mit der Glimmspanprobe nach.

V3 Gib in ein großes Becherglas eine Zahnprothesenreinigungstablette und stülpe über diese einen Glastrichter. Fülle das Becherglas dann mit Wasser [B1]. Die Tablette fängt im Wasser an zu sprudeln. Fange mit einem mit Wasser gefüllten Reagenzglas das Gas auf, das die Tablette freisetzt. Führe die Glimmspanprobe durch. Was stellst du fest?

V4 Man füllt etwas so genannten Oxireiniger in ein Reagenzglas und erhitzt es mit einem Teelicht. Führe anschließend die Glimmspanprobe durch.

V5 Gib in ein Reagenzglas ein Stückchen Marmor und etwas verdünnte Essigsäure. Verschließe das Reagenzglas mit einem durchbohrten Stopfen, in dem ein gewinkeltes Glasrohr steckt. Das andere Ende des Glasrohrs taucht in etwas Kalkwasser, das sich in einem zweiten Reagenzglas befindet.

A1 Zu welchem Gemischtyp gehört Kalkwasser, das durch einen Niederschlag getrübt ist?

B2 Glühender Glimmspan (oben); brennender Glimmspan (unten)

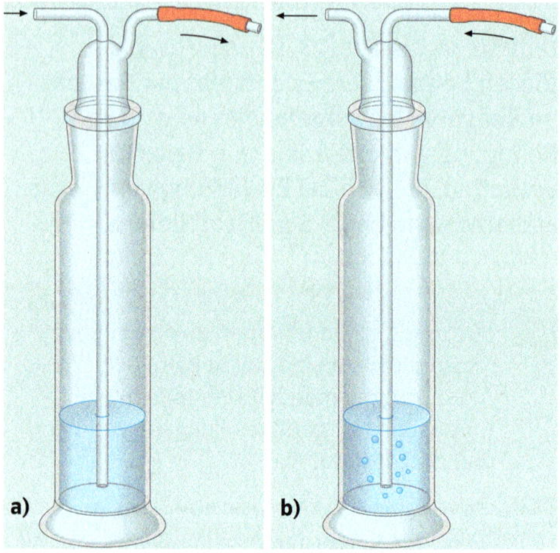

B4 Nachweis von Kohlenstoffdioxid

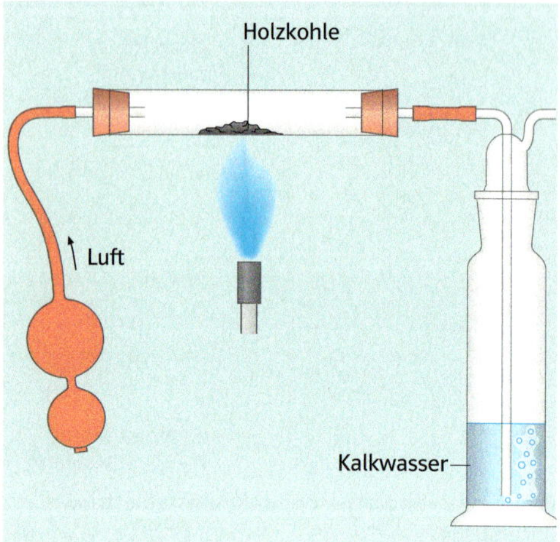

B5 Beim Verbrennen von Holzkohle entsteht Kohlenstoffdioxid

Nachweis von Kohlenstoffdioxid. Leitet man Kohlenstoffdioxid durch Kalkwasser, so entsteht eine Trübung der Flüssigkeit [B3]. Das liegt daran, dass ein weißer Feststoff, nämlich Calciumcarbonat, entsteht. Man sagt auch, es *fällt ein* **Niederschlag** *aus*.

Die Trübung von Kalkwasser ist ein Nachweis für Kohlenstoffdioxid.

Die Luft, die ausgeatmet wird, enthält einen größeren Anteil an Kohlenstoffdioxid als die Luft, die eingeatmet wird. Dies kann durch V6 gezeigt werden. Wird atmosphärische Luft durch Kalkwasser geleitet, so zeigt dieses nur eine schwache Trübung. Die ausgeatmete Luft bewirkt dagegen einen starken weißen Niederschlag.
Wenn eine Kerze verbrennt, entsteht neben gasförmigem Wasser auch Kohlenstoffdioxid. Auch wenn man Holzkohle zum Glühen bringt, entstehen diese Verbrennungsprodukte.
Der Nachweis, dass beim Verbrennen von Holzkohle Kohlenstoffdioxid entsteht, kann ebenfalls mithilfe von Kalkwasser geführt werden [V7, B5].

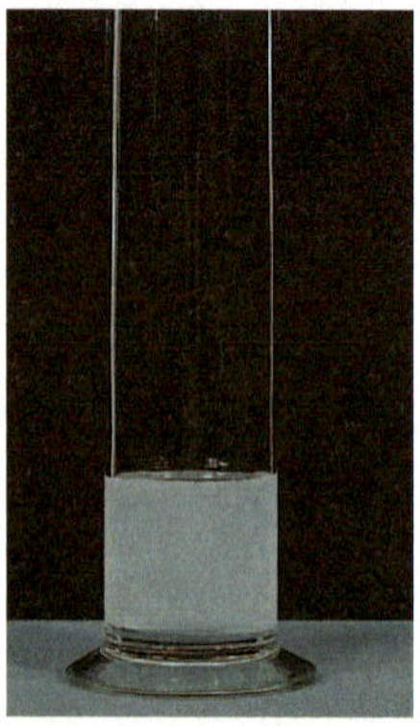

B3 Kohlenstoffdioxid trübt Kalkwasser

V6 Fülle zwei Waschflaschen bis zu maximal einem Drittel mit Kalkwasser.
Im ersten Teil des Versuchs atmest du an dem Ansatzrohr der Waschflasche die Luft mit dem Mund ein [B4a], das nicht in die Lösung eintaucht.
Wiederhole dies mehrmals. Die angesogene Luft wird dabei durch das Kalkwasser getrieben.
Atme im zweiten Teil des Versuchs tief ein und halte die Luft einige Augenblicke an. Blase dann die Atemluft langsam und gleichmäßig durch das Einleitungsrohr der Waschflasche, das in das Kalkwasser eintaucht [B4b].
Was beobachtest du jeweils?

V7 Ein Quarzrohr wird mit kleinen Stückchen Holzkohle gefüllt und an einem Ende mit einem Gebläseball und am anderen mit einer Waschflasche verbunden, in der sich Kalkwasser befindet. Man erhitzt die Holzkohle mit einem Brenner und presst Luft mithilfe des Gummiballs in das Verbrennungsrohr [B5]. Sobald die Holzkohle zu glühen beginnt, wird der Brenner entfernt und nur noch mit dem Gebläse Luft zugeführt. Was kannst du beobachten?

1.7 Modelle im Alltag und in der Chemie

B1 Modelleisenbahn

Sprechen wir im **Alltag** von **Modellen**, so versteht jeder darunter eine verkleinerte, möglichst maßstabgetreue und naturnahe **Nachbildung** einer Maschine, eines Gebäudes, einer Person oder eines sonstigen Gegenstandes. Modelle finden im Alltag nicht nur als Spielzeug wie bei der Modelleisenbahn [B1] ihren Einsatz, sondern auch in der Industrie. Bei der Konstruktion von aerodynamischen Fahrzeugen werden beispielsweise zunächst entsprechende Modellautos angefertigt, deren Stömungseigenschaften im Windkanal getestet werden, bevor die Fahrzeuge gebaut werden. Auch bei der Planung von Gebäuden kann auf Modelle nicht verzichtet werden. Ein Modell ist in diesen Bereichen umso wertvoller, je mehr es in bestimmten Aspekten dem Original entspricht.

Auch in der **Chemie** werden **Modelle** eingesetzt. Diese unterscheiden sich jedoch erheblich von den oben genannten Modellen. Sie sind **Vorstellungs**- und **Erklärungshilfen** für chemische Vorgänge, die dazu dienen, Beobachtungen zu erklären. Solche chemischen Modelle haben bezüglich ihrer Aussagekraft, ähnlich wie ein Globus, Grenzen. Der Globus eignet sich sehr gut, die Lage der Kontinente zu zeigen. Möchte man jedoch den Verlauf einer Straße nachsehen, so bedient man sich besser eines Stadtplans oder eines Navigationssystems. Beides, der Stadtplan wie der Globus, sind Modelle von ein und derselben Welt!
Komplexe chemische Vorgänge lassen sich ebenfalls nicht mittels eines einzigen Modells darstellen. Meist werden mehrere Modelle eingesetzt, um einen chemischen Ablauf verständlich zu machen.

Ein Beispiel für ein chemisches Modell ist das Teilchenmodell vom Aufbau der **Stoffe**. Schon einige hundert Jahre vor Christus haben sich die Menschen Gedanken über den Aufbau von Stoffen und somit der Welt gemacht.
Vor allem die griechischen Philosophen befassten sich intensiv mit dieser Fragestellung.

Eine Vorstellung vom Aufbau der Welt hatten die griechischen Philosophen LEUKIPP und sein Schüler DEMOKRIT (ca. 460 – 370 v. Chr.) [B3]. DEMOKRIT stellte die Behauptung auf, dass sich alle Stoffe aus vielen Bausteinen zusammensetzen, die für das menschliche Auge nicht sichtbar sind. Diese Bausteine lassen sich nicht weiter teilen, sind verschieden groß und besitzen die Form von Kugeln, Pyramiden oder Würfeln [B2]. Diese Teilchen können sich wie durch Haken und Ösen miteinander verbinden, wodurch unterschiedliche Stoffe entstehen.
Modelle bilden nur bestimmte Aspekte der Wirklichkeit ab und lassen nur über diese Aspekte Aussagen zu.

B2 Teilchenmodell

A1 Lege eine Tabelle nach folgendem Schema an und ergänze sie:

	Beispiele für die möglichen Darstellungen	Beispiele, was nicht dargestellt werden kann
Atlas		
Globus	Kugelform der Erde alle Kontinente	
Landkarte		

B3 DEMOKRIT

1.8 Diffusion und Kugelteilchenmodell

B1 Luftballons mit Wasserstoff gefüllt

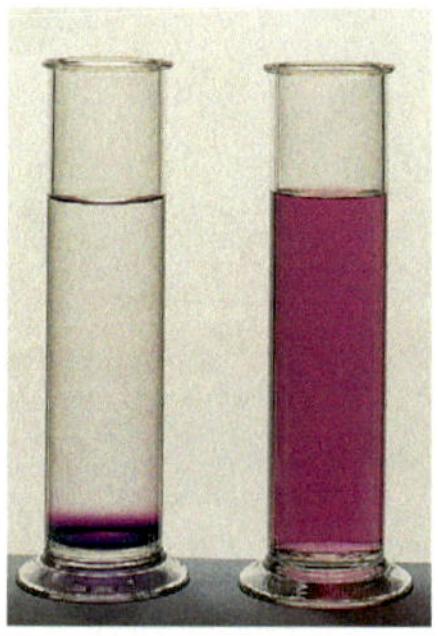

B2 Diffusion von Kaliumpermanganat

B3 Kaliumpermanganat-Lösungsvorgang durch das Kugelteilchenmodell dargestellt

Der Botaniker ROBERT BROWN (1773–1858) untersuchte 1827 Pollenkörner und später Rußteilchen im Lichtmikroskop. Ihm fiel auf, dass sich die Pollenkörner und die Rußteilchen im Wasser bewegen. Weiter entdeckte er, dass ihre Bewegungen umso stärker ausfallen, je wärmer das Wasser ist.

Die eigenständige Bewegung von Stoffen kann beispielsweise durch den Versuch V1 sichtbar gemacht werden. Das violette Kaliumpermanganat verteilt sich nach einiger Zeit gleichmäßig im Wasser [B2], ohne dass ein Umrühren nötig ist.

Die in V1 und V2 beobachtete Bewegung bzw. Ausbreitung der Stoffe lässt sich erklären, wenn man annimmt, dass alle Stoffe aus **kleinsten Teilchen** aufgebaut sind [B3], welche sich bewegen. Hierdurch kommt es immer zur gegenseitigen Durchmischung.
Diese selbstständige Ausbreitung von Teilchen nennt man **Diffusion**.

Mit dieser Annahme lässt sich auch erklären, dass ein Luftballon, der zunächst prall mit dem Gas Wasserstoff gefüllt ist [B1], mit der Zeit kleiner wird. Denn jeder Luftballon besitzt kleinste Poren, durch die die Wasserstoffteilchen entweichen können.

Füllt man den Luftballon mit Sauerstoff, so entweicht dieser ebenfalls, allerdings langsamer. Diese Beobachtung lässt sich damit erklären, dass die Sauerstoffteilchen größer als die Wasserstoffteilchen sind. Die Sauerstoffteilchen passen daher nicht so leicht durch die Luftballonporen wie die kleineren Wasserstoffteilchen, so dass der Austritt von Sauerstoff länger dauert.

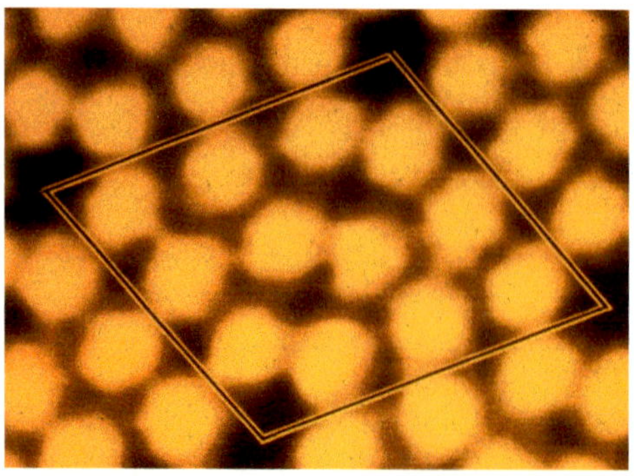

B4 Rastertunnelmikroskopaufnahme von Eisenteilchen. Der markierte Bereich wiederholt sich periodisch

Stoffe bestehen aus kleinsten Teilchen, die sich selbstständig bewegen. Die selbstständige Ausbreitung der Stoffe bezeichnet man als Diffusion.

Da die Teilchen der Stoffe so klein sind, können sie nur schwer wirklichkeitsgetreu dargestellt werden. Zur Veranschaulichung des Diffusionvorganges muss man sich daher eines Modells bedienen. Jedes Stoffteilchen besitzt eine bestimmte Größe und Masse, was im Modell gut darstellbar ist. Da die Teilchen der verschiedenen Stoffe jedoch unterschiedliche Formen besitzen, stellt man sie der Einfachheit halber als Kugeln dar. Dieses Modell wird daher **Kugelteilchenmodell** genannt.

Das Kugelteilchenmodell beschreibt, dass alle Stoffe aus kleinen, sich bewegenden Teilchen bestehen. Die Teilchen eines Stoffes sind gleich groß. Die Heftigkeit der Teilchenbewegung steigt mit der Temperatur.

In Rastertunnelmikroskopaufnahmen lassen sich die Teilchen im Verband erkennen [B4].

V1 Ein Kristall Kaliumpermanganat wird auf den Boden eines Standzylinders gelegt. Dann füllt man den Standzylinder vorsichtig mit Wasser und lässt diesen Ansatz so lange stehen, bis man eine deutliche Veränderung beobachten kann. Nicht umrühren!

V2 Gib gleichzeitig je einen Früchteteebeutel in ein Glas mit kaltem und in ein Glas mit heißem Wasser und beobachte ohne umzurühren. Was fällt dir dabei auf?

1.9 Kugelteilchenmodell und Aggregatzustände

Mithilfe des Kugelteilchenmodells lassen sich die **Aggregatzustände fest, flüssig, gasförmig** und die Übergänge zwischen ihnen gut erklären.

Um z. B. einen Glasstab zu zerbrechen oder einen Eisennagel zu verbiegen, benötigt man relativ viel Kraft. Mit dem Teilchenmodell lässt sich diese Tatsache wie folgt erklären.

Zwischen den Teilchen von **Feststoffen** wirken sehr starke Anziehungskräfte, wodurch sich die Teilchen nur sehr schwer voneinander trennen lassen. Da die Teilchen aufgrund dieser starken Anziehungskräfte sehr eng und geordnet nebeneinander liegen, können die Teilchen auch nicht näher zusammengedrückt werden. Sie schwingen nur auf der Stelle.

Flüssigkeiten lassen sich kaum zusammenpressen. Aber sie sind beweglich und passen sich der Form ihres Behälters an. Im flüssigen Zustand sind die Abstände zwischen den Teilchen normalerweise etwas größer als im festen, sodass sich die Anziehungskräfte zwischen den Teilchen nicht mehr so stark auswirken.

Gase lassen sich im Gegensatz zu Flüssigkeiten und Feststoffen gut komprimieren (zusammenpressen) und sie breiten sich sehr schnell raumfüllend aus. Aufgrund dieser Raumerfüllung sind die Teilchen der Gase sehr weit voneinander entfernt, wodurch die Anziehungskräfte kaum mehr wirken.

Durch eine **Änderung der Temperatur oder des Druckes** kann der momentane Aggregatzustand von fast jedem Stoff geändert werden. Führen wir z. B. einem Eiswürfel Wärme zu, so wird dieser binnen kurzer Zeit flüssig und das Wasser geht letztlich in die Gasphase über. Durch die stete Energiezufuhr bewegen sich die Teilchen immer schneller, wodurch ihre Abstände voneinander immer größer werden und die Anziehungskräfte immer weniger stark wirken können.

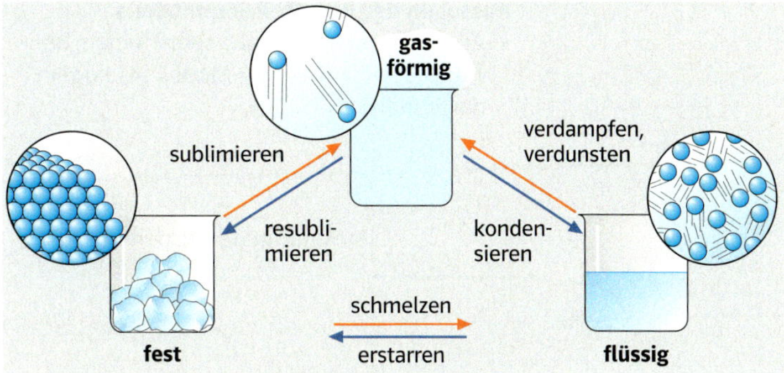

B1 Aggregatzustände und die Benennung der Übergänge

Es ist oft wichtig, die Aggregatzustände der Stoffe anzugeben, um chemische Vorgänge korrekt zu beschreiben. Daher werden die drei Aggregatzustände mit folgenden Buchstaben abgekürzt:

s	für fest (von engl. solid, fest)
l	für flüssig (von engl. liquid, flüssig)
g	für gasförmig (von engl. gaseous, gasförmig)

Diese Abkürzungen schreibt man bei Bedarf in runden Klammern hinter die chemische Bezeichnung des Stoffes:

z. B. Wasser(g)

Dies bedeutet, Wasser liegt hier gasförmig vor.

Den Übergängen zwischen den Aggregatzuständen gibt man ganz bestimmte Bezeichnungen, welche in B1 zu sehen sind. Der direkte Übergang vom festen Zustand in den gasförmigen Zustand ist selten und heißt Sublimation. Ein Stoff, der sublimiert bzw. resublimiert, ist beispielsweise Iod [B2].

Fest, flüssig und gasförmig sind Zustandsformen von Stoffen, die man als Aggregatzustände bezeichnet. Welche Aggregatzustände vorliegen, ist von der Temperatur und vom Druck abhängig.

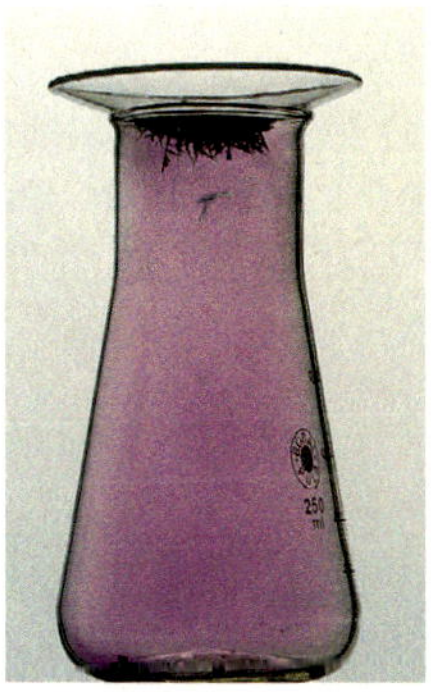

B2 Iod sublimiert und resublimiert

1.10 Durchblick Zusammenfassung und Übung

Aussagen des Kugelteilchenmodells
- Alle Stoffe bestehen aus sehr kleinen, beweglichen Teilchen (im Modell als Kugeln dargestellt).
- Die Größe und Masse dieser Teilchen hängt vom Stoff ab.
- Die Teilchen eines Reinstoffes sind gleich beschaffen.

Einteilung der Stoffe
- Reinstoffe
- Stoffgemische
  - heterogene Stoffgemische
  - homogene Stoffgemische

heterogene Stoffgemische

Aggregatzustände der Komponenten vor dem Mischen		**Bezeichnung des Stoffgemischs**
fest	fest	**Feststoffgemisch**
fest	flüssig	**Suspension**
fest	gasförmig	**Rauch**
flüssig	flüssig	**Emulsion**
flüssig	gasförmig	**Schaum**
		Nebel

homogene Stoffgemische

Aggregatzustände der Komponenten vor dem Mischen		**Bezeichnung des Stoffgemischs**
fest	fest	**Legierung**
fest	flüssig	**Lösung**
flüssig	flüssig	**Lösung**
flüssig	gasförmig	**Lösung**
gasförmig	gasförmig	**Gasgemische**

B1 Zu Aufgabe 6

A1 Gib an, ob Suspensionen oder Lösungen entstehen, wenn man jeweils Mehl, Kochsalz, Zucker oder Sand mit Wasser vermischt. Sind die Gemische homogen oder heterogen?

A2 Milch, Bier und Blut sind Gemische. Nenne mindestens vier Reinstoffe, die in den genannten Flüssigkeiten enthalten sind. Recherchiere ggf. im Internet.

A3 Wenn man im Winter an eine Glasscheibe haucht, dann beschlägt sich diese. Erkläre dieses Phänomen.

A4 Bei Zimmertemperatur besitzen die Reinstoffe Kohlenstoffdioxid, Wasser und Kupfer unterschiedliche Aggregatzustände. Beschreibe mithilfe des Kugelteilchenmodells die Anordnung der Teilchen in diesen Stoffen.

A5 Hängt in der Schule eine Pinnwand auf, die ihr als „Chemie-Info-Brett" gestaltet. Sammelt hierfür Bilder, Berichte aus Zeitungen und Hinweise auf Fernsehsendungen, die ihr immer wieder aktualisiert. Somit habt ihr eine immer spannende Informationsquelle für eure Mitschüler.

A6 In welchem Zusammenhang steht B1 mit den Inhalten, die du in Kapitel 1 gelernt hast? Notiere deine Assoziationen.

2 Chemische Reaktionen

Chemische Reaktionen ...
... nützen den Menschen.
... schaden den Menschen.
... müssen verstanden werden,
um den Nutzen groß
und den Schaden klein zu halten.

Autos, Edelstahltöpfe – wer kennt sie nicht, die Gegenstände aus Stahl, die wir tagtäglich benutzen. In riesigen Hochöfen laufen viele chemische Reaktionen ab, die letztendlich zur Stahlgewinnung führen.

Beim Backen von Brot entstehen aus dem zähflüssigen Teig knusprige, feste Backwaren. Die beim Kochen oder Backen zugeführte Hitze führt zu stofflichen Veränderungen, dadurch werden aus wenig schmeckenden Ausgangsstoffen appetitliche Speisen.

Chemiker führen Experimente durch, um neue Stoffe herzustellen. Meist können chemische Reaktionen erst durch Energiezufuhr in Gang gebracht werden.

2.1 Exkurs Verbrennung

B2 Unterschiedliche Brenndauer von Teelichten

Verbrennungsprodukte von Kerzenwachs. Zündet man eine Kerze an, so stellt man fest, dass sie im Laufe der Zeit immer kleiner wird, also an Masse verliert. Beim Verbrennen des Kerzenwachses entstehen gasförmige Stoffe, die in die Luft entweichen. Es handelt sich dabei um *Kohlenstoffdioxid* und *Wasser*. Diese entstehenden Stoffe nennt man **Verbrennungsprodukte**. Bei unvollständiger Verbrennung können auch *Rußteilchen* entstehen.

Verbrennung und Energieabgabe. Die Kerzenflamme erzeugt gelbes und rotes, aber auch blaues Licht [B1]. Gleichzeitig können wir feststellen, dass die brennende Kerze ständig, bis zu ihrem Erlöschen, Wärme an die Umgebung abstrahlt. Die Wärmeabgabe nutzt man aus, wenn man Holz, Kohle, Heizöl oder Erdgas verbrennt, z. B. um Zimmer zu beheizen. Wird bei einem Lagerfeuer ein Stapel Holz verbrannt [B3], so bleiben verhältnismäßig wenig verkohlte Teile und Asche [B4] zurück. Die meisten Verbrennungsprodukte sind in die Luft entwichen. Es hat eine Stoffumwandlung stattgefunden.

Eine Verbrennung ist ein Vorgang, bei dem unter Energieabgabe neue Stoffe entstehen.

Sauerstoff ermöglicht die Verbrennung. Stülpt man über eine brennende Kerze ein Glas, so wird sie je nach Größe des Glases früher oder später erlöschen [V1, B2], weil die Kerze keine Sauerstoffzufuhr mehr bekommt.

B1 Eine Kerzenflamme erzeugt Licht

B3 Lagerfeuer

B4 Brennendes Holz mit Asche und Glut

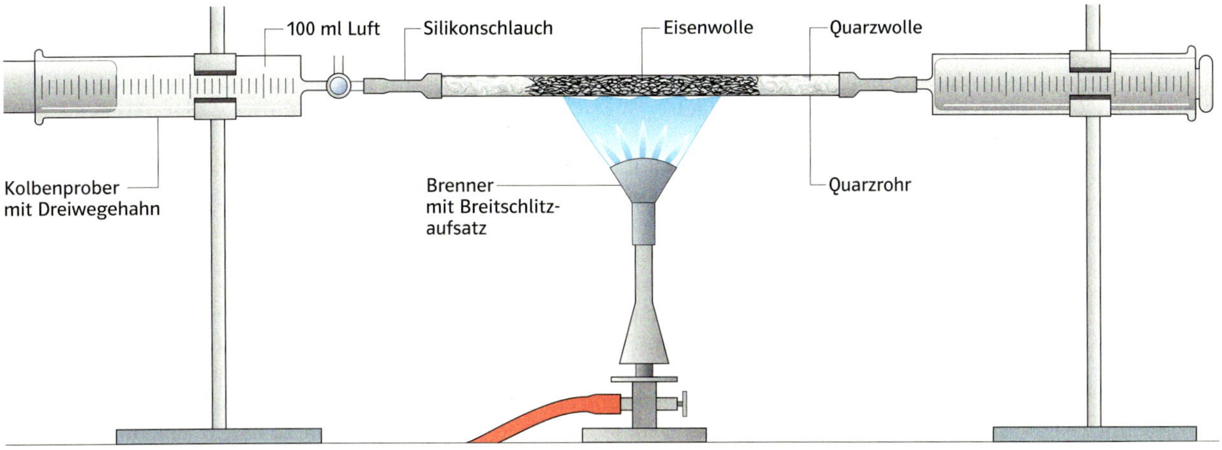

B5 Welcher Anteil der Luft reagiert?

Wird Eisenwolle entzündet [V2, B6], so verglüht sie. Dabei wird Wärme abgegeben. Durch die Verbrennung entsteht ein blauschwarzer, spröder Stoff, der keine Ähnlichkeit mehr mit der Eisenwolle aufweist. Der Wägearm einer Balkenwaage neigt sich zur Seite des brennenden Eisens. Das Verbrennungsprodukt besitzt also eine größere Masse als die eingesetzte Eisenwolle. Das Metall hat mit Sauerstoff reagiert, wodurch es zu einer Massenzunahme kam.

Bei Anwesenheit von Sauerstoff kann mit einem brennbaren Stoff nach dem Entzünden eine Verbrennung ablaufen.

B6 Massenzunahme beim Verbrennen von Eisenwolle

V1 Stelle ein Teelicht auf eine feuerfeste Fläche und entzünde es. Stülpe zunächst ein mit der Unterlage dicht schließendes Glas mit 100 ml über das Licht. Miss die Zeit, wie lange das Teelicht brennt. Wiederhole den Versuch mit einem mittleren (ca. 250 ml) und zuletzt mit einem größeren Glas (ca. 500 ml). Vergleiche die jeweilige Brenndauer.

V2 Man hängt an beide Arme einer Balkenwaage jeweils einen Bausch entfetteter Eisenwolle (in Aceton gewaschen) mit der gleichen Masse. Eine der Eisenwolleportionen wird mit einem Feuerzeug entzündet [B6]. Beobachte das Verglühen der Eisenwolle und den Wägearm. Deute die Beobachtungen.

V3 Ein Quarzrohr wird mit Eisenwolle gefüllt und an zwei Kolbenprober (100 ml) angeschlossen [B5]. Die Eisenwolle wird mit einem Brenner erhitzt. Dann wird die eingeschlossene Luftportion (100 ml) mit den Kolbenprobern mehrmals über die erhitzte Eisenwolle geschoben, bis das Gasvolumen konstant bleibt. Nach dem Abkühlen wird die Volumenverminderung der Luft bestimmt.
Nun wird das Restgas des Kolbenprobers in einen Standzylinder gedrückt. Ein brennender Holzspan wird anschließend in den Standzylinder gehalten.

2.2 Exkurs Zerteilungsgrad

Ein Lagerfeuer wird kunstvoll aufgeschichtet: zunächst zerknülltes Papier, darüber dünne Ästchen und trockene Holzstückchen. Zuletzt werden dicke Äste verwendet.

Warum muss das Brennmaterial für ein Lagerfeuer in besonderer Weise geschichtet werden? Ein Holzklotz kann nicht direkt entzündet werden. Deshalb wird zunächst das Papier entzündet, weil seine **Zündtemperatur** am niedrigsten ist. Sie ist die Temperatur, bei der ein Stoff Feuer fängt. Das Feuer springt dann auf das fein verteilte Holz und die dünnen Äste über. Zuletzt können dann auch dickere Äste und Holzbalken Feuer fangen.

Während ein Holzklotz also nicht direkt entzündet werden kann, brennen Holzspäne lichterloh, Holzstaub kann sogar explodieren [B1]. Ein Holzklotz hat eine kleinere Oberfläche als Holzspäne oder gar Holzstaub. Die Sauerstoffteilchen kommen mit den Teilchen eines Klotzes weniger gut in Kontakt und können somit auch weniger gut reagieren als mit denen von Holzstaub. Die Heftigkeit, mit der ein Stoff verbrennt, ist also immer auch abhängig davon, wie groß seine Oberfläche bzw. sein Zerteilungsgrad ist.

Stoffe mit großer Oberfläche können besser mit dem Sauerstoff der Luft reagieren. Die Heftigkeit einer chemischen Reaktion hängt auch vom Zerteilungsgrad eines Stoffes ab.

Wird eine bestimmte Portion eines Stoffes zerteilt, so bleiben zwar deren Masse und Volumen erhalten, aber die Oberfläche vergrößert sich.

Hat man beispielsweise einen Würfel [B1] der Kantenlänge a, so hat er die Oberfläche $A = 6\,a^2$. Teilt man diesen Körper in acht kleinere Würfel, welche jeweils die Kantenlänge $\frac{1}{2}\,a$ haben, so besitzt jeder dieser Würfel eine Oberfläche von $6 \cdot (\frac{1}{2}\,a)^2 = \frac{3}{2}\,a^2$. Die Gesamtoberfläche der entstehenden Würfel ist $A_1 = 8 \cdot \frac{3}{2}\,a^2 = 12\,a^2$.

Wird der Würfel mit der Kantenlänge a in 64 kleinere Würfel geteilt, so ergibt sich für diese die Oberfläche $A_2 = 24\,a^2$. Würde man mit der Zerteilung der Würfel fortfahren, so würde sich eine immer größere Oberfläche ergeben. Fein verteiltes Material, wie z. B. Pulver oder Staub, besitzt eine besonders große Oberfläche.

B1 Mit zunehmendem Zerteilungsgrad läuft die Verbrennung heftiger und vollständiger ab

2.3 Exkurs Staubexplosionen

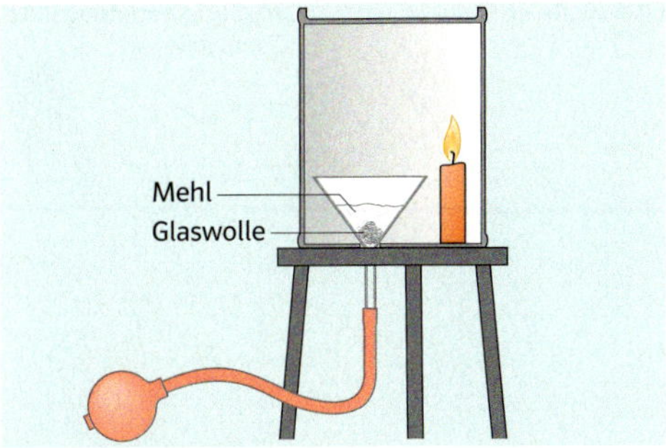

B1 Versuchsaufbau zur Mehlstaubexplosion

Mehlstaubexplosionen. Versucht man Mehl, das sich in einer Porzellanschale befindet, mit dem Brenner zu entzünden, so gelingt das nur schwer [V1]. Die Zündtemperatur des Mehles ist sehr hoch. Bei Roggenmehl beträgt sie z. B. 500 °C. Wird dagegen Mehlstaub in eine Kerzenflamme geblasen [V2, B1], so kommt es aufgrund der feinen Verteilung des Mehls zu einer kräftigen Verbrennung, die mit einem Knall verbunden ist. Man spricht von der Mehlstaubexplosion.

Mehlstaubexplosionen haben in Getreidemühlen schon oft zu tragischen Unfällen geführt. Die größte Explosion ereignete sich in der Bundesrepublik Deutschland 1979 in einer Mühle in Bremen [B2]. Die Bilanz waren 14 Tote, 17 Verletzte und ein Sachschaden von über 50 Millionen Euro. Nach der ersten Explosion wirbelte deren Druckwelle neuen Mehlstaub auf, der wiederum explodierte. Auch diese Explosion hatte eine nächste zur Folge. So wurde eine ganze Kettenreaktion ausgelöst.

B2 Zerstörte Bremer Rolandmühle 1979

Staubexplosionen. Solche Explosionen sind nicht nur auf Mehlstaub beschränkt. Auch Substanzen wie Kaffee, Kakao, Stärke, Kohle, Aluminium, Eisen oder Magnesium können in fein verteilter Form explodieren. Aber nur die richtige Mischung von Staub und Luft ist explosiv. Eine Explosion kann natürlich nur ausgelöst werden, wenn eine Zündquelle vorhanden ist. Dabei muss aber nicht immer Feuer im Spiel sein. Auch ein elektrischer Funken reicht aus, um eine Staubexplosion auszulösen. Durch Herausziehen eines Steckers aus der Steckdose entsteht z. B. ein elektrischer Funke. In einer Mühle stellt schon eine Mehlschicht von wenigen Millimetern Dicke eine Gefahr dar, weshalb dort Sauberkeit der beste Explosionsschutz ist. Es gibt in Deutschland Testgelände, auf denen Staubexplosionen und ihre Auswirkungen untersucht werden.

V1 In eine Porzellanschale gibt man Mehl und richtet die Flamme des Brenners auf das Material.

V2 Vorsicht! Schutzbrille! Abstand halten! Schutzscheibe!
⚠ Eine große Blechbüchse (3 Liter), die ein Loch in ihrem Boden aufweist, wird auf einen Dreifuß gestellt [B1]. Durch ihre Bodenöffnung wird ein passender Trichter geführt und dessen Spitze mit einem Gummischlauch mit Gebläse verbunden. Außerdem gibt man in den Trichter etwas Glaswolle, dadurch kann das Mehl nicht in den Gummischlauch rutschen. Der Trichter wird zur Hälfte mit Mehl gefüllt, das über Nacht bei 100 °C getrocknet wurde.
Die Kerzenflamme muss mit dem Trichterrand etwa auf einer Höhe sein.
Sie wird nun entzündet. Jetzt wird der Deckel auf die Blechdose gesetzt und Luft durch das Gummigebläse in die Blechbüchse gepresst, wobei der Mehlstaub in die Kerzenflamme geblasen wird.
Achtung! Den Mund wegen des Druckanstiegs offen halten! Beim Abbau der Apparatur mit Staubrückstanden rechnen! Brennbare Gegenstände aus der Umgebung entfernen! Niemals reinen Sauerstoff einblasen!

2.4 Exkurs Stille Verbrennungen

B1 Magnesiumband und Oberfläche des Magnesiumbands unter dem Mikroskop

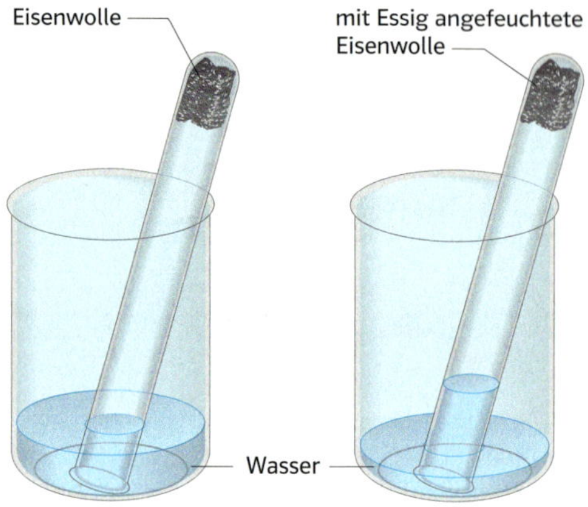

B3 Trockene und mit Essig angefeuchtete Eisenwolle

Reines Magnesium hat eine metallisch glänzende Oberfläche. Lässt man blankes Magnesium an der Luft liegen, verliert es allmählich seinen Glanz und wird matt. Nach einiger Zeit bilden sich an der Oberfläche sogar kleine, erst unter dem Mikroskop sichtbare Erhebungen [B1], die die Oberfläche rau machen. Man spricht vom Anlaufen des Metalls.

Die Erhebungen sind die Folge der Reaktion des Magnesiums mit dem Sauerstoff der Luft. Bei dieser Verbrennung wird die Energie so langsam freigesetzt, dass sie für ein Glühen oder eine Flammenerscheinung nicht ausreicht.

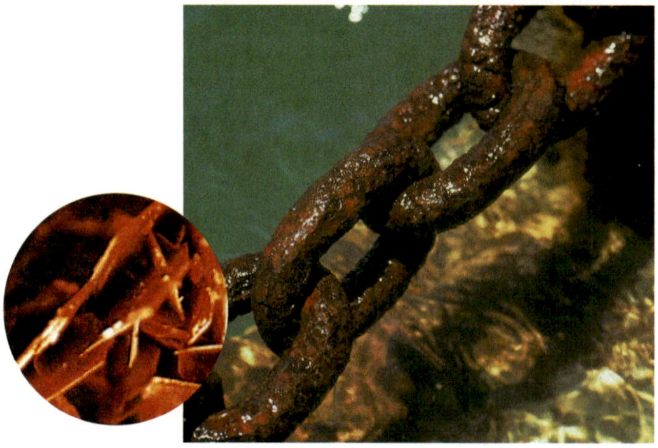

B2 Eisen rostet

Eine Reaktion mit Sauerstoff, die ohne Licht- und Flammenerscheinung abläuft, nennt man eine **stille Verbrennung**.

Rosten. Führt man den V1 durch, so stellt man fest, dass die mit Essig angefeuchtete Eisenwolle nach einigen Tagen rotbraune Stellen aufweist. Die Eisenwolle ist verrostet. Gleichzeitig ist Wasser aus dem Becherglas in das Reagenzglas gestiegen. Das zeigt, dass der Sauerstoff der im Reagenzglas eingeschlossenen Luft verbraucht wurde. Er hat mit der Eisenwolle reagiert. Dagegen zeigt die trockene Eisenwolle keine Rostansätze.
Ein Anstieg des Wasserspiegels kann nicht beobachtet werden [B3].

V1 Bereite zwei Reagenzgläser folgendermaßen vor: Schiebe jeweils einen haselnussgroßen Ballen Eisenwolle mit dem Spatel bis an den Boden der Reagenzgläser. Die Eisenwolle in einem der Reagenzgläser befeuchtest du davor mit Essig, die andere lässt du trocken.
Gib jedes Reagenzglas mit der Öffnung nach unten jeweils in ein zu zwei Dritteln mit Wasser gefülltes Becherglas [B3].
Beobachte mehrere Tage lang.

V2 Überlege dir ein Experiment, mit dem du zeigen kannst, dass Salzwasser den Rostvorgang fördert. Führe das Experiment durch.

Betrachtet man *verrostetes* Eisen unter einem Mikroskop, so erkennt man, dass es eine „aufgesprungene" und raue Oberfläche besitzt [B2]. Das Eisen hat mit dem Sauerstoff der Luft reagiert.

Stoffe wie Salzwasser, Schwefeldioxid und Essig fördern den Rostvorgang. Rost ist ein Stoffgemisch, das weitgehend aus *rotbraunem Eisenoxid* besteht.

Eine Rostschicht ist locker und porös. Der Sauerstoff kann sie durchdringen und an das darunter liegende Metall gelangen, sodass selbst dicke Eisenteile im Laufe der Zeit durchrosten können.

Der wirtschaftliche Schaden, der durch das Rosten von Eisenteilen entsteht, ist enorm. In der Bundesrepublik Deutschland werden jährlich Werkstoffe aus Eisen im Wert von ca. 40 Milliarden Euro durch den Rostvorgang unbrauchbar gemacht. Etwa ein Drittel des produzierten Eisens wird allein dafür verwendet, um verrostete Teile durch neue zu ersetzen.

B4 Sportler benötigen besonders viel Energie

In Ländern mit geringer Luftfeuchtigkeit gibt es fast keine Rostschäden an Autos. Heizungsrohre aus Eisen rosten nicht, wenn gewährleistet ist, dass das Wasser in einem geschlossenen Leitungssystem ohne Luftzufuhr zirkuliert.

Verbrennungsvorgänge im Körper. Stille Verbrennungen finden auch in unserem Körper statt. Die Nährstoffe der Nahrung, also Kohlenhydrate, Fette und Eiweiß sind Kohlenstoffverbindungen. Mit dem eingeatmeten Sauerstoff werden u.a. Fette und Kohlenhydrate verbrannt. Ein Erwachsener verbraucht im Ruhezustand etwa 20 Liter Sauerstoff in der Stunde.

Die Verbrennungsprodukte bei der Energiegewinnung im Körper sind hauptsächlich Kohlenstoffdioxid und Wasser. So enthält beim Menschen ein Liter ausgeatmete Luft etwa 160 ml Sauerstoff und 40 ml Kohlenstoffdioxid gegenüber 209 ml Sauerstoff und 0,4 ml Kohlenstoffdioxid in der eingeatmeten Luft. Die ausgeatmete Luft trübt deshalb Kalkwasser viel stärker als die eingeatmete (Kap. 1.6).

Bei der Verbrennung im Körper entsteht Energie, die für unser ganzes Leben nötig ist. Sie ist Voraussetzung für den Ablauf aller Körpervorgänge wie z.B. für die Aufrechterhaltung der Körpertemperatur und die Muskeltätigkeit. Bei Sport und körperlicher Arbeit zeigt sich besonders deutlich, wie wichtig die durch stille Verbrennung erzeugte Energie für uns ist.

A1 Begründe, weshalb es möglich ist, dass die Körpertemperatur eines Menschen wesentlich höher sein kann als die Zimmertemperatur.

A2 Wie ist es möglich, dass nicht nur dünne Eisenbleche, sondern auch dicke Eisenstangen im Laufe der Zeit durchrosten?

2.5 Exkurs Brandbekämpfung

brennbarer Stoff	Zündtemperatur in °C
Zeitungspapier	175
Benzin	220
Getreide	250 – 320
trockenes Holz	250 – 350
Diesel	250 – 350
Heu	260 – 310
Heizöl	350
Schreibpapier	360
Wachs	400
Baumwolle	450
Stadtgas	560
Steinkohle	600 – 900
Koks	650 – 750

B1 Zündtemperaturen einiger brennbarer Stoffe

B2 Gefahrensymbol „leicht entzündlich"

B3 Feuermelder

Eine Verbrennung kann nur stattfinden, wenn die folgenden drei Bedingungen gleichzeitig erfüllt sind: Es müssen ein brennbares Material vorhanden, die Zufuhr von Luft bzw. Sauerstoff gewährleistet sein und der Brennstoff muss die erforderliche Zündtemperatur erreichen [B7].

Die **Zündtemperatur** ist die Temperatur, bei der sich ein Stoff ohne Zündquelle von selbst entzündet. Es ist also nicht unbedingt eine direkte Flamme erforderlich, damit ein Brennstoff in Flammen aufgeht. Legt man auf eine immer heißer werdende Metallplatte Zeitungspapier, Holz und Kohle, so werden sich diese Materialien in der angegebenen Reihenfolge entzünden [B1].

Obwohl Heizöl brennbar ist, gelingt es meist nicht, dieses mit einem Streichholz zu entzünden. Erst beim Erwärmen bilden sich genügend Dämpfe, die entflammt werden können. Das gilt auch für Brennstoffe wie Diesel oder Rapsöl. Eine Flüssigkeit muss brennbare Dämpfe abgeben, um überhaupt entflammt werden zu können. Die niedrigste Temperatur, bei der sich diese mit einem Streichholz entzünden, bezeichnet man als **Flammtemperatur**.

Ein Brennstoff ist umso feuergefährlicher, je leichter er „Feuer fangen" kann, d. h. je niedriger seine Zünd- bzw. Flammtemperatur ist. Eine brennbare Chemikalie muss mindestens mit dem Gefahrensymbol „leicht entzündlich" versehen werden [B2].

Immer wieder entstehen durch Blitzschlag, Brandstiftung, Unachtsamkeit oder Selbstentzündung Brände, die von der Feuerwehr bekämpft werden müssen. Jeder ist verpflichtet, ein Feuer oder die Notlage von Menschen und Tieren zu melden.

In öffentlichen Gebäuden befinden sich Feuerlöscher, damit der Laie unverzüglich eingreifen kann. Über Feuermelder [B3] kann die Feuerwehr direkt alarmiert werden. Im Notfall schlägt man die Scheibe z. B. mit dem Schuh ein und drückt kurz den schwarzen Knopf. Die Nummer des Feuermelders wird direkt an die Feuerwehr weitergeleitet.

Die Gefahr von Waldbränden ist in heißen Sommermonaten besonders groß. Es genügt oft schon eine glimmende Zigarettenkippe oder eine Glasscherbe, die die Sonnenstrahlen auf eine trockene Waldstelle bündelt, um einen Brand auszulösen. Ein Waldbrand beginnt mit einem Bodenfeuer [B4], das sich rasch ausbreitet. Die aufsteigende Wärme trocknet die Bäume aus, sodass schließlich auch die Baumkronen zu brennen anfangen. Wind begünstigt die Ausbreitung des Feuers.

Will man einen Brand löschen, so muss man dafür sorgen, dass mindestens eine der drei Voraussetzungen, die zur Verbrennung nötig sind, nicht mehr gegeben ist [B7].

Entzug des brennbaren Stoffes. Die Beseitigung des Brennstoffes ist nur in seltenen Fällen möglich. Bei Waldbränden kann das sich ausbreitende Feuer meist nur noch aufgehalten werden, wenn man breite Schneisen schlägt und Gräben zieht [B5], um das Feuer zu stoppen. Brennen Häuser in einer Innenstadt, kann dem Feuer oft nur Einhalt geboten werden, wenn angrenzende, nicht in Brand stehende Häuser abgerissen werden. Bei einem brennenden Gas muss dessen Zuleitung gesperrt werden.

B4 Waldbrand

Abkühlen unter die Zündtemperatur. Das am häufigsten eingesetzte Löschmittel ist Wasser. Es kühlt die brennenden Stoffe ab, sodass deren Zündtemperaturen unterschritten werden. Das Wasser nimmt die Wärme auf und wird zu Wasserdampf. Weil Wasser überall in großen Mengen vorhanden ist und dem Feuer die Wärme entzieht, ist es als Löschmittel sehr gut geeignet. Gleichzeitig behindern Wasser und Wasserdampf die weitere Luftzufuhr.

Entzug des Sauerstoffs. Nicht immer ist Wasser zur Brandbekämpfung geeignet. Will man das in einer Bratpfanne in Brand geratene Fett mit Wasser löschen, so wird der Brand nur noch verstärkt. Es kann eine Stichflamme entstehen und das flüssige Fett in die Umgebung spritzen, wodurch weitere Brandherde entstehen. Brennen Speisefette und -öle, so muss die Flamme erstickt werden, indem die Luftzufuhr unterbunden wird. Dies gelingt mit einem Topfdeckel oder einer Decke.

Auch andere Löschmittel können eingesetzt werden, wie z. B. das in Feuerlöschern [B8] enthaltene Kohlenstoffdioxid. Aufgrund seiner hohen Dichte bildet es über dem Brandherd eine Schicht, die dem Luftsauerstoff den Zutritt versperrt. Bei heftigen Bränden wird das Kohlenstoffdioxid aber so stark verwirbelt, dass es nicht mehr schützend wirkt. Deshalb verwendet man häufig die wirksameren **Schaumlöscher**. Der Schaum, in dem sich Kohlenstoffdioxid befindet, bedeckt den brennenden Stoff, sodass das Feuer sofort erstickt. Außerdem kommt noch die kühlende Wirkung des sich im Schaum befindenden Wassers zur Geltung. Der Inhalt von **Pulverlöschern** erzeugt in der Hitze ebenfalls Kohlenstoffdioxid.

Metallbrände können weder mit Wasser noch mit Kohlenstoffdioxid gelöscht werden, weil sie mit diesen „Löschmitteln" heftig reagieren. So zersetzen brennende Metalle das Wasser, wobei Wasserstoff entsteht, der ebenfalls abbrennt. Es kann u. U. sogar explosionsfähiges Knallgas entstehen. Metallbrände können nur durch Abdecken mit Sand, Salz oder Zement gelöscht werden.

Stehen mehrere Feuerlöscher zur Verfügung, so sollten diese gleichzeitig und nicht nacheinander eingesetzt werden, damit die Brandbekämpfung von Anfang an möglichst intensiv ist.

A1 Warum lassen sich brennende Fette und Öle nicht mit Wasser löschen?

A2 Was ist zu unternehmen, wenn die Kleider eines Menschen in Brand geraten sind?

B7 Verbrennungsdreieck

B5 Schneisen schlagen

B6 Die Feuerwehrleute am Schaumlöscher werden wegen der Hitze mit Wasser gekühlt

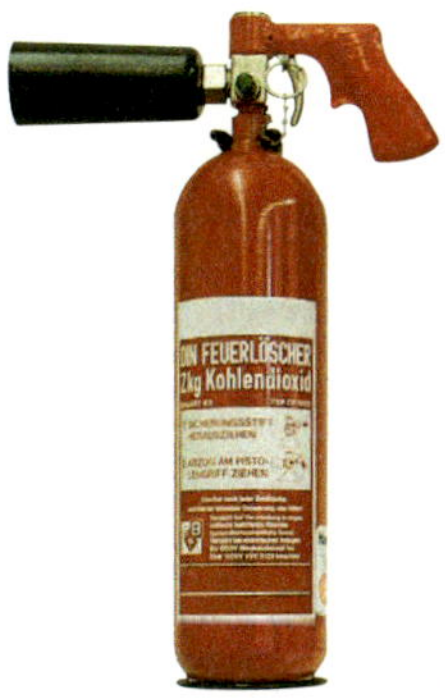

B8 Kohlenstoffdioxidlöscher

2.6 Chemische Verbindungen und elementare Stoffe

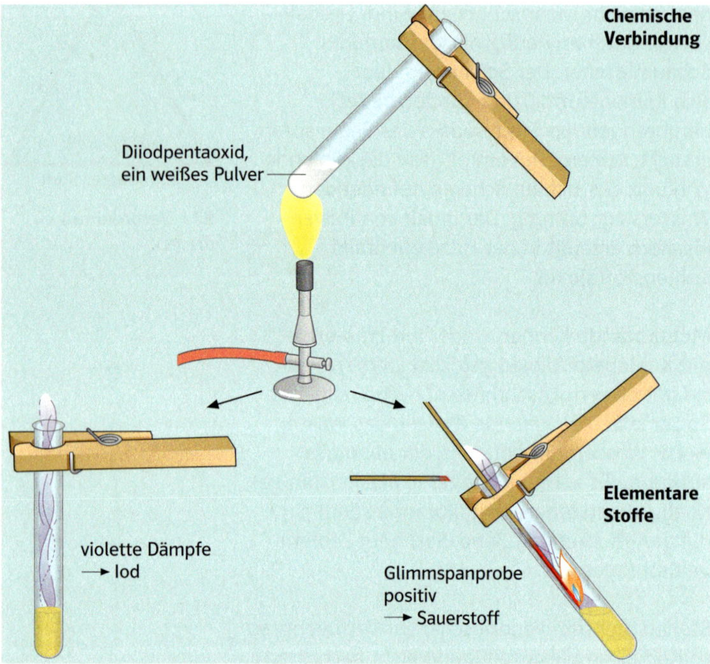

B1 Erhitzen von Diiodpentaoxid

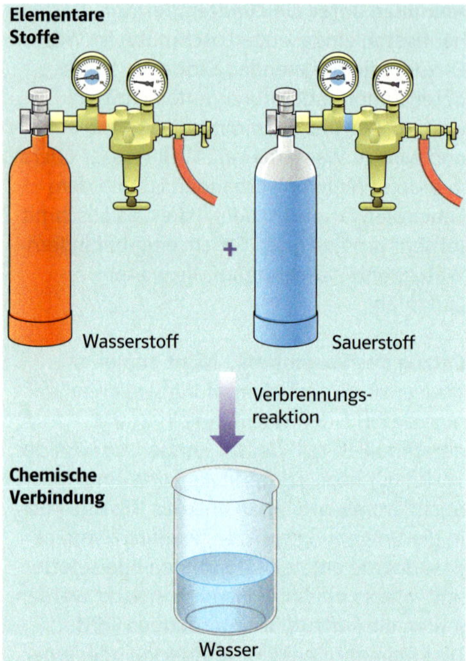

B2 Bildung von Wasser

Der Reinstoff **Diiodpentaoxid** ist ein weißer, kristalliner Feststoff. Erhitzt man ihn in einem Reagenzglas, so entstehen violette Dämpfe, welche auf den elementaren Stoff Iod zurückzuführen sind, wie sich mithilfe von Stärkepapier nachweisen lässt. Iod resublimiert am kühlen Reagenzglasrand. Auch die Glimmspanprobe verläuft positiv. Daher muss Sauerstoff freigesetzt worden sein [B1].

Der Reinstoff Diiodpentaoxid ist eine **chemische Verbindung** (kurz: **Verbindung**), da er sich durch chemische Reaktionen in andere Reinstoffe zersetzen lässt.

Die Reinstoffe Iod und Sauerstoff sind chemisch nicht in weitere Stoffe zersetzbar, sie sind **elementare Stoffe**.

Es können aber auch elementare Stoffe miteinander zur chemischen Reaktion gebracht werden, wobei chemische Verbindungen entstehen. Verbindungen besitzen immer andere Eigenschaften als die elementaren Stoffe, aus denen die Verbindungen entstanden sind.
Lässt man beispielsweise die elementaren, gasförmigen Stoffe Sauerstoff und Wasserstoff miteinander reagieren [B2], so entsteht dabei Wasser. In der sehr heißen Knallgasflamme (Energiefreisetzung) haben also zwei Gase zu einem bei Zimmertemperatur flüssigen Stoff (Wasser) reagiert.

Chemische Verbindungen sind chemisch zersetzbare Stoffe. Es können aus den Verbindungen elementare Stoffe oder andere Verbindungen entstehen.
Elementare Stoffe sind chemisch unzersetzbare Stoffe.

V1 Eine Spatelspitze (ca. 0,5 g) Silber(I)-oxid wird in ein schwer schmelzbares Reagenzglas gegeben und erhitzt. Der gebildete Sauerstoff kann mittels der Glimmspanprobe nachgewiesen werden. Betrachte den Rückstand.

2.7 Atome, Moleküle und Ionen

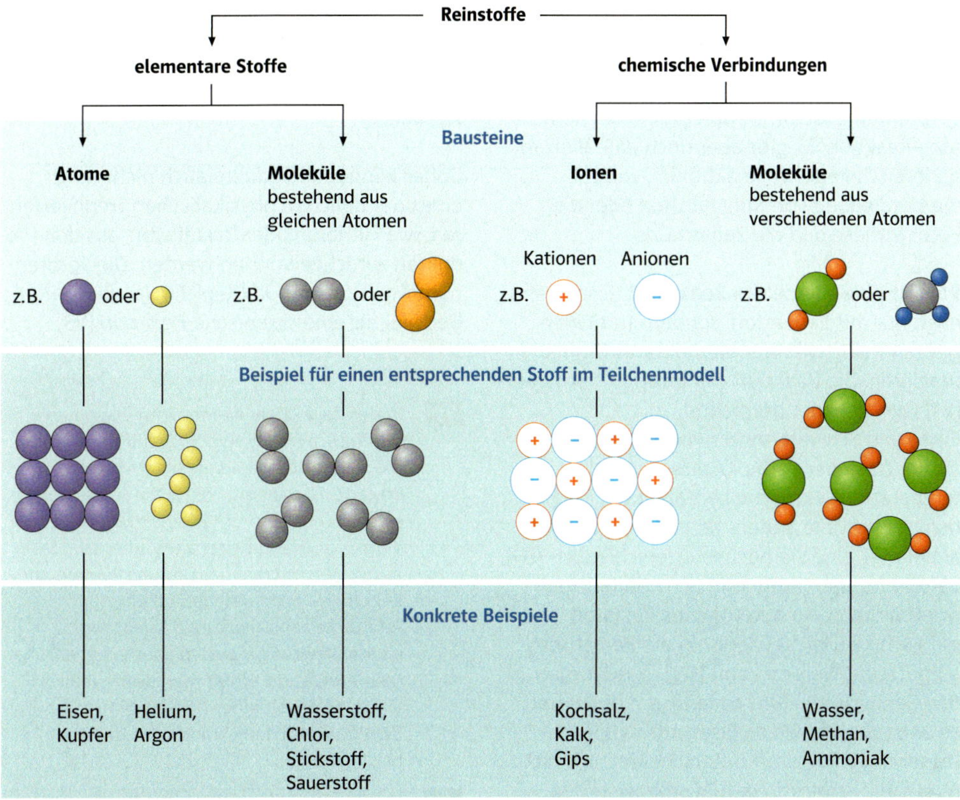

B1 Gliederung wichtiger Begriffe der Chemie

Die Bausteine der Reinstoffe sind gleiche Atome, Moleküle oder Ionenpaare [B1].

Elementare Stoffe. Die meisten elementaren Stoffe bestehen aus **Atomen**, den kleinsten *gleichen* Teilchen, in die der elementare Stoff zersetzt werden könnte. In einer Stoffportion liegen die Atome selten einzeln vor (z. B. Edelgase), sondern in einem festen Verband (z. B. Eisen, Kupfer). Manche elementare Stoffe bestehen aus **Molekülen**. Die Moleküle vieler elementarer Stoffe setzen sich jeweils aus je zwei gleichen Atomen zusammen (z. B. Sauerstoff, Chlor). Diese sind fest miteinander verbunden.

Chemische Verbindungen. Aus Atomen können auch andere als gleichatomige **Moleküle** und **Ionen** gebildet werden. Man erhält chemische Verbindungen.

Werden verschiedene Atome durch chemische Reaktionen fest miteinander verbunden, so liegen ebenfalls **Moleküle** vor (z. B. besteht ein Wassermolekül aus zwei Wasserstoffatomen und einem Sauerstoffatom). Moleküle sind also Teilchen, die aus mehr als einem Atom aufgebaut sind.
Ionen besitzen im Gegensatz zu den Atomen und Molekülen eine elektrische Ladung.
Sie lassen sich in zwei Gruppen einteilen. Die positiv geladenen Ionen heißen **Kationen**, die negativ geladenen Ionen nennt man **Anionen**.

Atome, Moleküle oder Ionen sind die Bausteine aller Reinstoffe. Atome sind die kleinsten Bausteine, die sich zu Molekülen zusammenlagern können. Ionen sind geladene Teilchen. Man unterscheidet Kationen (positiv geladen) und Anionen (negativ geladen).

Atom von griech. atomos, unteilbar

Molekül von lat. moles, Masse, Menge, Last, Größe

2.8 Kennzeichen einer chemischen Reaktion

Chemische Reaktionen sind allgegenwärtig. In unserem Körper und in unserer Umwelt laufen ständig chemische Reaktionen ab. Die Verbrennung ist ein Beispiel für eine chemische Reaktion. Es gibt aber noch eine Vielzahl anderer chemischer Reaktionen, wie z. B. die Herstellung von Kunststoffen oder die Fotosynthese und die Zellatmung.

Was ist eine chemische Reaktion? Eisen kann nicht nur mit Sauerstoff, sondern mit einer ganzen Reihe weiterer elementarer Stoffe reagieren. Die Reaktion von Eisen mit Schwefel [V1] wird genauer betrachtet.
Eisen und Schwefel sind zwar beides Feststoffe. Was aber Farbe, Dichte, Schmelztemperatur, elektrische Leitfähigkeit, Magnetismus und viele andere Kenneigenschaften anbelangt, sind sie höchst unterschiedlich [B1]. Vermischt man Eisen- und Schwefelpulver, so erhält man ein heterogenes Feststoffgemisch, das leicht wieder in die Reinstoffe aufgetrennt werden kann [B2]. Zündet man das Gemisch, so glüht es langsam durch und es entsteht schwarzes Eisensulfid [B3].
Dieser neue Reinstoff unterscheidet sich nicht nur in der Farbe von den Ausgangsstoffen. Er hat noch viele weitere, nur für ihn charakteristische Eigenschaften. Diese Eigenschaften stellen weder eine Auswahl noch eine Mischung aus den Eigenschaften der Ausgangsstoffe dar.

Eine chemische Reaktion ist eine Stoffumwandlung, bei der Edukte (Ausgangsstoffe) verbraucht und Produkte (Endstoffe) gebildet werden.

Daher können die Edukte auch nicht durch eines der üblichen physikalischen Trennverfahren, wie Filtrieren oder Destillieren, aus den Produkten zurückgewonnen werden. Die Verbrennung von Wasserstoff (Kap. 2.6) ist ein weiteres Beispiel für eine chemische Reaktion [V3].

V1 In der Reibschale werden 14 g Eisenpulver mit 8 g Schwefelpulver gründlich verrieben. Die Hälfte des Gemenges legt man für V2 beiseite. Die andere Hälfte häuft man auf einer feuerfesten Unterlage (z. B. Ceranplatte) zu einem Kegel auf und entzündet es mit der Spitze einer Brennerflamme am Kegelrand. Eventuell abdunkeln. Alternativ kann die Zündung auch mit einem Streifen Salpeterpapier erfolgen. (Salpeterpapier erhält man, wenn man Filterpapier mit einer heiß gesättigten Kaliumnitratlösung tränkt und trocknen lässt.) Abzug.

V2 Versuche das Eisen-Schwefel-Gemisch aus V1 mit einem geeigneten Verfahren zu trennen. Wende nach gelungener Trennung das gleiche Verfahren auf das Reaktionsprodukt an.

B1 Eisen und Schwefel

B2 Gemisch von Eisen und Schwefel

B3 Eisensulfid

Betrachtung auf Teilchenebene. Die auf der Stoffebene zu beobachtende Änderung der Stoffeigenschaften beim Übergang der Edukte in die Produkte ist bei vielen chemischen Reaktionen geradezu verblüffend. Während Wasserstoff feuergefährlich ist, wird das bei seiner Verbrennung entstehende Wasser zum Löschen von Feuer verwendet.
Auf der Teilchenebene sind die Vorgänge, die sich bei der Reaktion von Wasserstoff mit Sauerstoff abspielen, eigentlich ganz unspektakulär [B4].
Der in Druckgasflaschen aufbewahrte Wasserstoff besteht aus zweiatomigen Molekülen. Auch der in der Luft befindliche Sauerstoff liegt molekular vor. Wenn der Wasserstoff sich mit der Luft mischt, dann kommen sich Wasserstoff- und Sauerstoffmoleküle sehr nahe. Diese Durchmischung ist aber noch keine chemische Reaktion, denn es ist immer noch möglich, die elementaren Stoffe mit physikalischen Methoden wieder zu trennen. Erst wenn die Wasserstoffatome und auch die Sauerstoffatome ihre Bindung zum ursprünglichen Bindungspartner lösen und sich zu Wassermolekülen vereinigen, ist die chemische Reaktion erfolgt.

Bei chemischen Reaktionen zwischen Molekülen findet eine Umgruppierung von Atomen statt. Dabei werden chemische Bindungen gelöst und neu geknüpft.

Diese Umgruppierung erinnert ein bisschen an das Bauen mit Bausteinen [B5]: Gebilde werden zerlegt und die Bausteine können zu neuen Gebilden verbunden werden.

Reaktionsschema. In der Fachsprache wird die vorgestellte Reaktion wie folgt beschrieben: „Der elementare Stoff Wasserstoff reagiert mit dem elementaren Stoff Sauerstoff zu der Verbindung Wasser."
Diese Aussage kann kürzer als **Reaktionsschema** dargestellt werden:

Wasserstoff(g) + Sauerstoff(g) $\longrightarrow$ Wasser(l)

(lies: „Wasserstoff und Sauerstoff reagieren zu Wasser"). Die Namen der Edukte werden vor, die der Produkte hinter den Reaktionspfeil geschrieben.

V3 In ein zur Spitze ausgezogenes Glasrohr wird ein Stück aufgerolltes Kupferdrahtnetz als Rückschlagsicherung geschoben. Das Röhrchen verbindet man mit der Wasserstoffflasche. Nach negativer Kallgasprobe wird der Wasserstoff an der Düsenspitze entzündet und die Flamme an ein kühles, trockenes Becherglas gehalten. Eventuell kurz das Licht löschen, um die Flamme sichtbar zu machen.

A1 Zähle einige dir bekannte Vorgänge aus der Umwelt und dem Alltag auf, bei denen neue Stoffe entstehen.

A2 Entwirf einfache Tests, mit denen man herausfinden kann, ob Eisensulfid andere Kenneigenschaften hat als Eisen bzw. Schwefel.

A3 Im Unterricht sind dir bereits einige chemische Reaktionen begegnet. Formuliere, wo möglich, die Reaktionsschemata.

B5 Bauen mit Plastikbausteinen

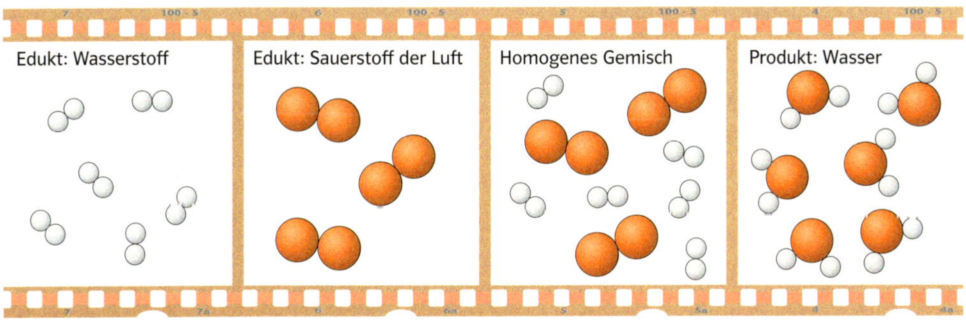

B4 Teilchenebene

2.9 Massenbeziehungen bei chemischen Reaktionen

Massenerhaltung bei chemischen Reaktionen. Aus dem Kapitel „Verbrennung – eine chemische Reaktion“ wissen wir: Eine brennende Kerze wird kleiner und verliert zugleich an Masse. Beim Verbrennen von Eisenwolle auf einer Waage hingegen wird eine Massenzunahme angezeigt.

Ein vorschneller Beobachter könnte nun vermuten, dass bei chemischen Reaktionen eine Massenänderung eintritt, dass also die Gesamtmasse der Edukte eine andere ist als die der Produkte. Diese Vermutung mit den angesprochenen Reaktionen zu bestätigen bzw. zu widerlegen ist nicht ganz einfach. Man muss nämlich in einem abgeschlossenen Reaktionsgefäß arbeiten, um etwaige durch die Reaktion hervorgerufene Masseänderungen erkennen zu können. Nur so werden „Außeneinflüsse“, wie das Entweichen von Stoffen oder der Zutritt von Luftsauerstoff aus der Umgebung, unterbunden. Die starke Hitzeentwicklung bei Verbrennungen führt aber zu einem Druckanstieg im verschlossenen Gefäß. Dadurch kann es leicht undicht werden oder gar bersten.

Eine geeignete Reaktion zur Prüfung auf Änderung stellt die Herstellung des Farbstoffs Berliner Blau dar [V1]. Berliner Blau ist Bestandteil von Tinten [B1] und Anstrichfarben. Die Messungen von V1 zeigen: Die Masse des Produkts ist gleich der Masse der Ausgangsstoffe [B2]. Viele weitere Versuche brachten entsprechende Ergebnisse.

Gesetz von der Erhaltung der Masse: Bei chemischen Reaktionen bleibt die Gesamtmasse der beteiligten Stoffe erhalten.

Diese Gesetzmäßigkeit ist bereits seit dem 18. Jahrhundert bekannt. Als Erster hat sie der Franzose ANTOINE LAURENT LAVOISIER formuliert.

B1 Berliner Blau

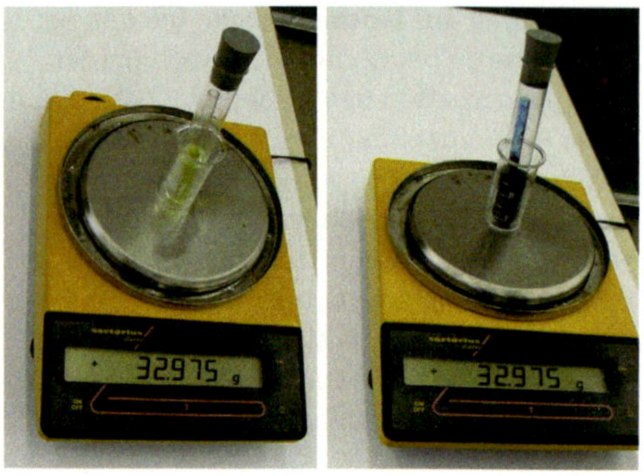

B2 Masse vor und nach der Reaktion

Überraschend kommt dieses Ergebnis nicht. Da eine chemische Reaktion eine Umgruppierung von Teilchen ist, sollten weder Teilchen verloren gehen noch dazukommen (Kap. 2.8, B4). Der Blick auf die Teilchenebene liefert wieder einmal die Erklärung für ein auf der Stoffebene messbares Phänomen, nämlich die Massenkonstanz bei chemischen Reaktionen (vgl. Stoff-Teilchen-Konzept, Kap. Basiskonzepte).
Ähnlich ist es beim Spielen mit Bausteinen: Egal, wie oft man Bauwerke umbaut, zerlegt und aus denselben Steinen wieder aufbaut, die Gesamtmasse der Bausteine bleibt immer gleich (Kap. 2.8, B5).

V1 In ein weitlumiges Reagenzglas gibt man etwa 2 cm hoch Eisen(III)-chlorid-Lösung. Dann füllt man in ein kleineres Reagenzglas, das in das größere passt, eine Lösung von wenig gelbem Blutlaugensalz in Wasser, ohne dabei die Außenwand des Gläschens zu benetzen (Pipette benutzen!). Jetzt lässt man dieses vorsichtig (z. B. mit einer Pinzette halten) in das größere Glas gleiten. Man achte darauf, dass die Lösungen nicht schon jetzt ineinander fließen! Nun wird das große Glas mit einem Gummistopfen verschlossen. Man wiegt die Apparatur (kleines Becherglas als Reagenzglasständer auf die Waage stellen), notiert das Ergebnis, kippt das Glas, beobachtet die Farbreaktion und wiegt erneut.

Teilchenzahlverhältnisse. Bei einer chemischen Reaktion ist die Masse der Produkte gleich der Masse der Edukte. Über die Zusammensetzung des Produkts ist damit aber nichts ausgesagt.
Dies soll anhand von „Verbindungen" aus Schrauben und Muttern [B5] verdeutlicht werden: Man nimmt 50 Schrauben mit einer Gesamtmasse von 200 g und 100 zu den Schrauben passende Muttern, die zusammen 100 g auf die Waage bringen. Die Gesamtmasse ist dann 300 g. Wenn man auf jede Schraube eine Mutter dreht, dann bekommt man 50 Schraube-Mutter-Gebilde und 50 Muttern bleiben übrig. Die Gesamtmasse bleibt aber gleich. Sie ändert sich auch nicht, wenn man die übrigen Muttern nimmt und je eine zusätzlich auf jede Schraube dreht. Wir sehen: Die Massenkonstanz sagt nichts über die Zusammensetzung der „Verbindung" aus. Kann es sein, dass auch das Produkt einer bestimmten chemischen Reaktion jedes Mal anders zusammengesetzt ist?

Verschiedene Kupferportionen werden mit einem Überschuss an Schwefel zur Reaktion gebracht [V2]. Dabei entsteht schwarzes Kupfersulfid [B3]. Die abgebildete Tabelle B4 gibt die Ergebnisse einer Messreihe wieder. Die Masse des gebundenen Schwefels ergibt sich nach dem Gesetz von der Erhaltung der Masse aus der Massendifferenz zwischen gebildetem Kupfersulfid und eingesetztem Kupfer. Ein Vergleich der Zahlenwerte von Spalte 4 mit denen von Spalte 2 zeigt, dass nur ein Teil des eingesetzten Schwefels mit dem Kupfer reagiert hat. In der letzten Spalte der Tabelle ist das berechnete Massenverhältnis der eingesetzten Kupferportion zur jeweils verbrauchten Schwefelportion notiert. Führt man sehr viele genaue Versuchsreihen durch, findet man das konstante Verhältnis 3,97 : 1. Dieses konstante Massenverhältnis lässt sich nur dadurch erklären, dass im gebildeten Kupfersulfid immer das gleiche Teilchenzahlenverhältnis von Kupfer zu Schwefel vorliegt.
Es ist also immer die gleiche Kupfer-Schwefel-Verbindung entstanden, auch ein großer Schwefelüberschuss hat nicht zu einem Kupfersulfid mit höherem Schwefelanteil geführt.

B3 Kupfer (links) und Kupfersulfid (rechts)

Konstante Massenverhältnisse der Elemente einer Verbindung zeigen, dass die Teilchen in der Verbindung in einem bestimmten, konstanten Zahlenverhältnis vorliegen.

Diese Gesetzmäßigkeit hat der Franzose Joseph Louis Proust schon 1799 formuliert.

V2 Man füllt in drei Reagenzgläser jeweils etwa 1 g Schwefelpulver. Nun gibt man in jedes der Gläser noch ein kleines, genau abgewogenes Stück dünnes Kupferblech (etwa 0,5 g und 1,0 g und 1,5 g) und verschließt die Reagenzglasmündung lose mit einem Glaswollpfropf. Jetzt erhitzt man zunächst das Kupfer und dann den Schwefel, bis das Metall mit dem Schwefeldampf reagiert. Das gebildete Kupfersulfid wird vorsichtig (Pinzette) in ein zweites Reagenzglas überführt und kräftig erhitzt, um anhaftenden Schwefel zu entfernen. Nach dem Abkühlen bestimmt man die Masse des Kupfersulfids. (Abzug!)

A1 In Tabelle B4 ist die Masse des gebundenen Schwefels stets kleiner als die des eingesetzten. Erkläre diesen Befund.

A2 Warum kann man bei V2 davon ausgehen, dass das eingesetzte Element Kupfer vollständig im Produkt enthalten ist?

A3 Notiere das Reaktionsschema zu V2.

m(eingesetztes Kupfer) in g (gewogen)	*m*(eingesetzter Schwefel) in g (gewogen)	*m*(gebildetes Kupfersulfid) in g (gewogen)	*m*(gebundener Schwefel) in g (berechnet)	*m*(eingesetztes Kupfer) : *m*(gebundener Schwefel)
1,70	1,10	2,13	0,43	3,95 : 1
1,28	1,05	1,62	0,34	3,76 : 1
0,65	1,03	0,81	0,16	4,06 : 1
				Mittelwert: 3,92 : 1

B4 Wertetabelle

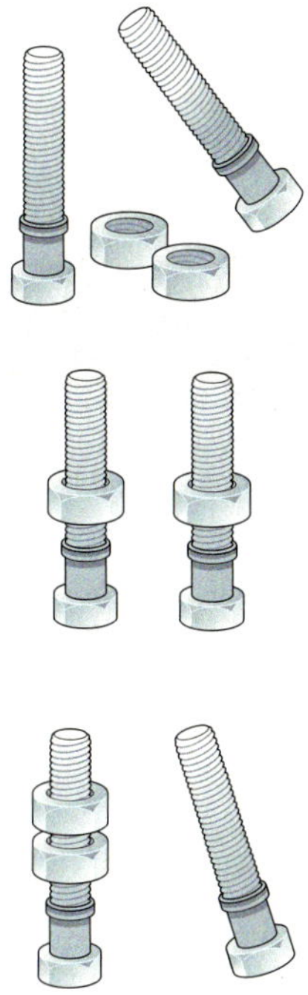

B5 Verschiedene Schrauben-Muttern-Kombinationen mit jeweils gleicher Gesamtmasse

2.10 Chemische Symbol- und Formelsprache

B1 Jöns Jakob Berzelius (1779–1848)

Elementsymbole. Jede Fachdisziplin bedient sich einer eigenen Fachsprache und einer eigenen Symbolschreibweise. Dies gilt nicht nur für die Naturwissenschaften, sondern z. B. auch für die Musik [B3].
Die Chemie bildet hier keine Ausnahme. Wenn ein Reinstoff benannt oder eine Reaktion beschrieben werden soll, dann verwendet man dazu eine international verständliche Symbolschreibweise [B4]. Ein elementarer Stoff besteht aus Atomen der gleichen Art. Eine Atomart nennt man auch **Element**. Die heute gebräuchlichen Elementsymbole gehen auf den schwedischen Naturwissenschaftler Berzelius [B1] zurück, der vorschlug, die groß geschriebenen Anfangsbuchstaben der lateinischen bzw. griechischen Elementnamen zu verwenden. Mittlerweile ist zwar Englisch und nicht mehr Latein die gemeinsame Sprache der Naturwissenschaftler, aber bei der Benennung neu entdeckter bzw. neu hergestellter Elemente bedient man sich immer noch oft des Lateinischen.
Die Anzahl der bekannten Elemente hat schon lange die Anzahl der Buchstaben im Alphabet übertroffen. Auch haben einige Elemente den gleichen Anfangsbuchstaben. Daher bestehen viele Elementsymbole aus zwei Buchstaben: dem großen Anfangsbuchstaben des Elementnamens und einem weiteren, dem Namen entnommenen Kleinbuchstaben.

Ableitung der Elementsymbole
Beispiele:
Fe, von lat. ferrum,
Au, von lat. aurum,
Ag, von lat. argentum

B3 Symbolschreibweise der Musiker

Periodensystem. Eine Auflistung aller derzeit bekannten Elemente ist das im Umschlag des Buches hinten abgebildete **Periodensystem der Elemente**. Die Elemente sind weder nach dem Alphabet geordnet noch nach der zeitlichen Reihenfolge ihrer Entdeckung, sondern nach ihrer „chemischen Verwandtschaft".
Ein Element ist eine Atomart.

Jedes chemische Element, d. h. jede Atomart, wird durch ein Elementsymbol beschrieben. Alle Elemente sind im vollständigen Periodensystem aufgelistet.

Für die Beschreibung der meisten in unserer Umgebung ablaufenden chemischen Reaktionen braucht man nur einen Ausschnitt des Periodensystems, das so genannte **gekürzte Periodensystem** [B2].

Hauptgruppen

I	II	III	IV	V	VI	VII	VIII
H							He
Li	Be	B	C	N	O	F	Ne
Na	Mg	Al	Si	P	S	Cl	Ar
K	Ca	Ga	Ge	As	Se	Br	Kr
Rb	Sr	In	Sn	Sb	Te	I	Xe
Cs	Ba	Tl	Pb	Bi	Po	At	Rn

B2 Gekürztes Periodensystem der Elemente

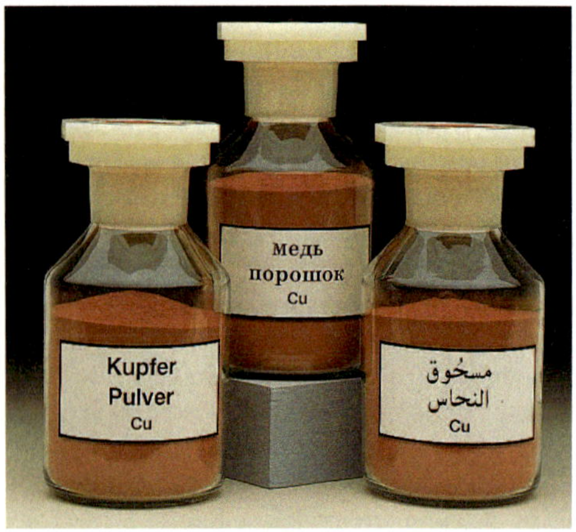

B4 Die gleiche Chemikalie in verschiedenen Ländern

Formeln und Namen binärer Verbindungen. Manchmal wird behauptet, das Periodensystem sei das Alphabet des Chemikers. Die Elementsymbole wären die Buchstaben dieses Alphabets. Dann wären die Formeln die Wörter und die Reaktionsgleichungen die Sätze. Aber nach welchen Regeln, nach welcher „Grammatik" werden diese gebildet? Schauen wir uns zur Beantwortung dieser Frage zunächst die Formel von Wasser genauer an:

H_2O

Diese Formel steht sowohl für den Stoff als auch für ein Molekül des Stoffes. Sie bedeutet: Der Reinstoff Wasser besteht aus Molekülen, die jeweils aus zwei Wasserstoff- und einem Sauerstoffatom aufgebaut sind.
Die Formelschreibung bei Verbindungen aus zwei Elementen, so genannten **binären Verbindungen**, folgt der Regel:

Die Anzahl der Atome eines Elements wird dem jeweiligen Elementsymbol in der Formel als tiefgestellte Zahl *nachgestellt*, also als Index geschrieben. Der Index „1" wird nicht angegeben.

Als Faustregel [B5] gilt:

Die Reihenfolge der Elemente in der Formel ergibt sich aus der Stellung der Elemente im Periodensystem: „Links" und „unten" kommt vor „rechts" und „oben".

„Wasser" ist der **Trivialname**, sozusagen die umgangssprachliche Benennung. Die chemisch korrekte Bezeichnung für Wasser lautet: Diwasserstoffmonooxid

Die Benennung binärer Verbindungen geht von der Formel aus und folgt normalerweise diesen Regeln:

Das erstgenannte Element wird mit der unveränderten deutschen Bezeichnung angesprochen, das zweitgenannte mit seinem lateinischen/griechischen Wortstamm, an den die Endung „id" angehängt wird.

Die griechischen Zahlwörter werden dem zugehörigen Elementnamen vorangestellt.

Der Name einer binären Verbindung besteht also gewissermaßen aus einem deutschen „Vor-" und einem altsprachlichen „Nachnamen", ergänzt durch Zahlwörter.
Die wichtigsten „Nachnamen" lauten:

- **oxid** (bei Sauerstoff)
- **sulfid** (bei Schwefel)
- **fluorid** (bei Fluor)
- **chlorid** (bei Chlor)
- **bromid** (bei Brom)
- **iodid** (bei Iod)
- **nitrid** (bei Stickstoff) und, selten
- **hydrid** (bei Wasserstoff)

Die griechischen Zahlwörter, bzw. deren Vorsilben, heißen von eins bis sechs:

- **mono**	- **tetra**
- **di**	- **penta**
- **tri**	- **hexa**

Das Zahlwort „mono" wird am Anfang eines Namens in der Regel nicht verwendet. So heißt es nicht „Monokohlenstoffdioxid", sondern nur „Kohlenstoffdioxid".

A1 Nenne Alltagsbegriffe, in denen griechische Zahlwörter vorkommen. Erkläre diese Begriffe.

A2 Benenne die folgenden Verbindungen und informiere dich kurz über ihre Bedeutung im Alltag:
a) NaCl, **b)** MgO, **c)** CO, **d)** Al_2O_3, **e)** SiO_2.

„Bei Verbindungen aus Nichtmetallen soll in Formeln und Namen der Bestandteil zuerst angeführt werden, der in der nachstehenden Folge an früherer Stelle steht: Rn, Xe, Kr, B, Si, C, Sb, As, P, N, H, Te, Se, S, At, I, Br, Cl, O, F."

B5 Auszug aus DIN 32640

Mehratomige Moleküle
Auch bei elementaren Stoffen gibt es Moleküle, die aus mehr als zwei Atomen aufgebaut sind. Beispiele:
O_3 (Ozon),
P_4 (weißer Phosphor),
S_8 (Schwefel)

Hydrogenchlorid wird häufig Chlorwasserstoff genannt

Wertigkeit und Periodensystem. Werden binäre Verbindungen genauer untersucht, dann stellt man fest, dass sie nicht in beliebiger Zusammensetzung auftreten. So existiert zwar die Verbindung mit der Formel H_2O, ein H_3O oder ein H_4O sind hingegen unbekannt. Ein Sauerstoffatom bindet genau zwei Wasserstoffatome. Ein Chloratom hingegen verbindet sich nur mit einem Wasserstoffatom und bildet die Verbindung Hydrogenchlorid. Natrium wiederum vereinigt sich mit Chlor zu Natriumchlorid (NaCl), das Element Natrium „ersetzt" hier gewissermaßen den Wasserstoff des Hydrogenchlorids, HCl. Man hat die unterschiedlich große Fähigkeit der Elemente, Wasserstoffatome zu binden, zum Maßstab für ihre Bindefähigkeit gemacht. Diese Bindefähigkeit der Elemente nennt man **Wertigkeit** oder **stöchiometrische Wertigkeit.**

Die Wertigkeit eines Elements ist die Anzahl der Wasserstoffatome, die ein Atom des betreffenden Elements binden oder ersetzen kann.

In Tabelle [B7] sind einige Elemente nach ihrer Wertigkeit sortiert.
Vergleicht man die Wertigkeit eines Elements mit dessen Stellung im gekürzten Periodensystem, so ergibt sich:

Die Wertigkeit der Elemente im gekürzten Periodensystem nimmt mit ihrer Hauptgruppennummer bis zur IV. Hauptgruppe zu und nimmt dann bis zur VII. Hauptgruppe ab.

Die *Elemente der VIII. Hauptgruppe* gehen normalerweise keine Bindungen ein. Ihnen wird daher die *Wertigkeit 0* zugeordnet.

Ist die Wertigkeit der Elemente bekannt, dann vereinfachen sich die Namen der Verbindungen, denn die Zahlwörter können nun wegfallen. Dies sei an zwei Beispielen erläutert: Die Bezeichnung „Magnesiumchlorid" ist für die Verbindung $MgCl_2$ völlig ausreichend, denn das zweiwertige Magnesium bindet genau zwei einwertige Chloratome.

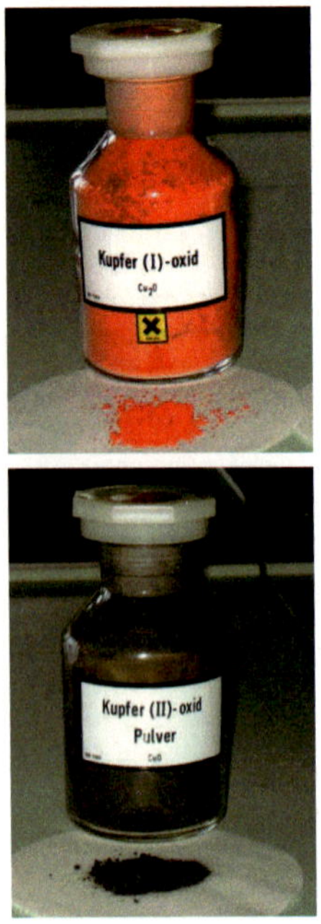

B6 Verschiedene Wertigkeiten

Verbindet sich das Magnesium aber mit dem zweiwertigen Sauerstoff, dann muss die Formel der Verbindung MgO lauten, weil ja beide Elemente zweiwertig sind.

Für eine binäre Verbindung A_aB_b gilt:

Wertigkeit von A mal Index *a* = **Wertigkeit von B mal Index *b***

Elemente mit mehreren Wertigkeiten. Manche Elemente, wie z. B. Kohlenstoff oder Kupfer, nehmen, je nach Verbindung, verschiedene Wertigkeiten an. Im CO_2-Molekül ist das Kohlenstoffatom vierwertig (wie man es von ihm erwartet), im CO-Molekül hingegen zweiwertig. Zur eindeutigen Benennung gibt es in solchen Fällen zwei Möglichkeiten:
a) Den Namen der beiden Elemente („Vor-" und „Nachnamen") stellt man das jeweilige *Zahlwort voran.* Mono vor dem „Vornamen" entfällt, also heißt es z. B. Kohlenstoffdioxid und Kohlenstoffmonooxid.
b) Man stellt dem Namen des Elements, das mehrere Wertigkeiten haben kann, die aktuelle Wertigkeit als *römische Zahl* in Klammern *nach*, also z. B. Kupfer(I)-oxid für Cu_2O und Kupfer(II)-oxid für CuO [B6].

A3 Benenne die folgenden Verbindungen unter Verwendung griechischer Zahlwörter.
a) SO_2, **b)** SO_3, **c)** NO_2, **d)** NO, **e)** CCl_4.

A4 Benenne die folgenden Verbindungen unter Verwendung römischer Zahlen.
a) Fe_2O_3, **b)** FeO, **c)** $PbCl_2$, **d)** $PbCl_4$, **e)** $CuCl_2$.

Wertigkeit	**I**	**II**	**III**	**IV**
Beispiele	H, Li, Na, F, Cl, Br, I	Mg, Ca, Ba, O, S	Al, Ga, N, P, As	C, Si, Sn, Pb

B7 Wertigkeiten einiger Elemente

Regel	1. Anschreiben der Formeln der beteiligten Stoffe	2. Prüfen der Atomanzahlen jedes Elements auf beiden Seiten des Reaktionspfeils	3. Eventuell Ausgleich der Atomanzahlen durch geeignete Koeffizienten (Vorzahlen)
	Die Formeln der Verbindungen und elementaren Stoffe dürfen nicht verändert werden! Beachte bei den elementaren Stoffen: - Folgende Nichtmetalle bestehen aus zweiatomigen Molekülen: Wasserstoff (H_2), Stickstoff (N_2), Sauerstoff (O_2) und die elementaren Stoffe der VII. Hauptgruppe (F_2, Cl_2, Br_2, I_2). - Die meisten übrigen elementaren Stoffe schreibt man einatomig (z.B. Schwefel: S).	Die Atomanzahlen müssen für jedes Element links und rechts des Pfeils gleich sein (Gesetz von der Erhaltung der Masse).	Koeffizienten haben die Bedeutung von Faktoren, sie gelten für alle Atome einer Formel. Die jeweilige Atomanzahl ist das Produkt aus Koeffizient und Index.
Anwendung auf die Kupfersulfid-bildung	$Cu + S \longrightarrow Cu_2S$ (In Reaktionsgleichungen wird Schwefel zwar übereinkunftsgemäß mit „S“ dargestellt, tatsächlich liegt er aber nicht atomar, sondern molekular vor.)	Σ(Cu-Atome *links*) < Σ(Cu-Atome *rechts*) Σ(S-Atome *links*) = Σ(S-Atome *rechts*)	$2\,Cu + S \longrightarrow Cu_2S$
Anwendung auf die Wasserstoff-verbrennung	$H_2 + O_2 \longrightarrow H_2O$	Σ(H-Atome *links*) = Σ(H-Atome *rechts*) Σ(O-Atome *links*) > Σ(O-Atome *rechts*)	$2\,H_2 + O_2 \longrightarrow 2\,H_2O$

B8 Regeln zum Aufstellen von Reaktionsgleichungen

Die Reaktionsgleichung. Die Regeln zum Erstellen einer Reaktionsgleichung werden an zwei Reaktionen, die uns bereits begegnet sind, veranschaulicht [B8].

Aussagen einer Reaktionsgleichung. Mit einer Reaktionsgleichung können chemische Reaktionen knapp und zugleich international verständlich niedergeschrieben werden. Eine Gleichung enthält mehrere Aussagen. Dies sei am Beispiel der Wasserbildung verdeutlicht:

B9 Blitzlicht

- **Qualitative Aussage auf Stoffebene:** Der elementare Stoff Wasserstoff reagiert mit dem elementa∑ren Stoff Sauerstoff zur Verbindung Wasser.

- **Quantitative Aussage auf Teilchenebene:** Für eine restlose Reaktion müssen Wasserstoffmoleküle und Sauerstoffmoleküle im Anzahlverhältnis 2 : 1 vorliegen.

A5 Formuliere die folgenden chemischen Reaktionen als Reaktionsgleichungen. Benenne die Endprodukte, wenn ihre Namen nicht angegeben sind. **a)** Kochsalz kann durch Reaktion von Natrium mit Chlor hergestellt werden. **b)** Bläst man Aluminiumpulver durch die Brennerflamme, so verbrennt es unter heftigen Flammenerscheinungen zu Aluminiumoxid (Al_2O_3) [B9]. **c)** Eisen reagiert mit Schwefel zu Eisen(II)-sulfid (Kap. 2.8). Versetzt man das Produkt mit Salzsäure (wässrige Lösung von HCl), so entsteht Eisen(II)-chlorid und ein übelriechendes, giftiges Gas. **d)** Brennendes Magnesium kann nicht mit Wasser gelöscht werden. Das Magnesium würde mit dem Löschwasser unter Bildung von Magnesiumoxid (MgO) und Wasserstoff reagieren.

qualitativ von lat. qualitas, Art, Beschaffenheit

quantitativ von lat. quantitas, Anzahl, Menge

Σ Das griechische Symbol Sigma steht für die Summe

2.11 Exkurs Die Namen einiger Elemente

B1 Niels Bohr

B2 Marie Curie

B3 Albert Einstein

B4 Ernest Lawrence

Jeder Entdecker hat das Vorrecht, seiner Entdeckung einen Namen zu geben. Man könnte daher meinen, dass manche Forscher von ihnen entdeckte Elemente nach sich selbst benannt haben. Dies ist aber nicht der Fall, denn ein ungeschriebenes Gesetz lautet, dass ein Element nicht nach einer noch lebenden Person benannt wird. Der erste Forscher, dessen Name als Elementname verewigt wurde, war der finnische Chemiker Johan Gadolin. Nach ihm ist das 1880 entdeckte Element Gadolinium benannt. Gadolin untersuchte das Gestein einer Erzgrube nahe der kleinen Ortschaft Ytterby, die etwa dreißig Kilometer nördlich von Stockholm liegt. Aus den hier gefundenen Mineralien konnten von verschiedenen Forschern insgesamt elf neue Elemente isoliert werden, unter anderem Ytterbium, Yttrium, Terbium und Erbium, was Ytterby zum häufigsten Namengeber des Periodensystems macht.

Überhaupt sind viele Elementnamen geografischen Ursprungs. Elemente wurden nach Kontinenten benannt, z. B. Europium oder nach Ländern, z. B. Francium. Frankreich ist aber auch der Namenspatron für das Gallium (von lat. gallia, Frankreich). Dafür darf Hessen für sich in Anspruch nehmen, als einziges deutsches Bundesland Namengeber für ein Element, das Hassium, zu sein. Diese Ehre ist der Darmstädter Gesellschaft für Schwerionenforschung (GSI) zu verdanken. Von ihr wurde mittels eines Teilchenbeschleunigers eine ganze Reihe von Elementen künstlich hergestellt, z. B. das Element 110. Es trägt seit dem 23. August 2003 den Namen „Darmstadtium".

Ähnliche Einrichtungen wie die GSI gibt es auch in Dubna, einer Stadt in der Nähe von Moskau, und in Berkeley (USA). Das Dubnium bzw. das Berkelium wurden nach diesen Städten benannt. Die drei Forscherteams in Darmstadt, Dubna und Berkeley haben sich in den letzten Jahrzehnten einen ständigen Wettlauf in der Entdeckung (eigentlich in der Herstellung) neuer Elemente, so genannter „Transurane", geliefert. Besonders erfolgreich war dabei die Forschergruppe um den Amerikaner Glenn Seaborg, der mit neun Elementen Rekordhalter unter den Elemententdeckern ist. Der 1999 verstorbene Wissenschaftler war der einzige, nach dem, nach langen Diskussionen, noch zu Lebzeiten ein Element benannt wurde: Seaborgium.

Für die letzten Entscheidungen in Benennungsfragen ist die „Internationale Vereinigung für Reine und Angewandte Chemie" (IUPAC, International Union of Pure and Applied Chemistry) zuständig. Sie war es auch, die den Vorschlag „Nielsbohrium" für Element 107 in „Bohrium" abgeändert hat. Der Vorname des dänischen Nobelpreisträgers Niels Bohr fiel dem Umstand zum Opfer, dass kein geeignetes Elementsymbol gefunden wurde. „Ni" ist schon für Nickel und „Nb" für Niob vergeben und „Ns" wurde als unglücklicher Vorschlag angesehen. Da ist das Kürzel für „Bohrium" schon unverfänglicher. Es lautet „Bh".

A1 Finde heraus, welche Elemente nach den hier abgebildeten Wissenschaftlern benannt sind.
Informiere dich kurz über deren Forscherleistungen. Erstelle Schautafeln.

B5 Lise Meitner

B6 Dmitrij Mendelejew

B7 Alfred Nobel

B8 Ernest Rutherford

Hier wird vielleicht einmal dein Bild stehen …

B9 Forscher/-in

2.12 Praktikum Einfache chemische Reaktionen

V1 Massenerhaltung bei einer Verbrennung
Geräte, Materialien, Chemikalien: Hohes und schmales Reagenzglas, Reagenzglashalter und -ständer, Luftballon, Gummiband, Gasbrenner, Streichholz, Digitalwaage mit Becherglas.
Durchführung: Gib die Hälfte eines Streichholzes mit dem Kopf nach unten in ein möglichst hohes und schmales Reagenzglas. Über dessen Öffnung stülpst du einen zuvor schon einmal aufgeblasenen Luftballon. Sichere den Luftballon gegen Abrutschen, indem du einen Gummiring möglichst fest um den oberen Teil des Reagenzglases wickelst [B2]. Notiere die Masse der Apparatur. Erhitze jetzt mit der Brennerflamme gezielt den Streichholzkopf so lange, bis er entflammt. Reagenzglashalter benutzen und den Luftballon nicht versengen! Nimm das Glas aus der Flamme und warte, ohne das Gefäß zu öffnen, bis die Reaktion zu Ende und das Glas, das du in einen Reagenzglasständer stellst, wieder abgekühlt ist. Nun wiege erneut und vergleiche mit dem Ausgangswert.

V2 Massenerhaltung bei Farbreaktionen
Geräte, Materialien, Chemikalien: Großes und weitlumiges Reagenzglas, zum großen Reagenzglas passender Gummistopfen, kleines Reagenzglas, Reagenzglasständer, Pinzette, Digitalwaage mit Becherglas, destilliertes Wasser, eine oder mehrere der folgenden Chemikalienpaarungen:
a) Eisen(III)-chlorid und gelbes Blutlaugensalz;
b) Eisen(III)-chlorid und Kaliumthiocyanat;
c) Calciumchlorid und Natriumsulfat.
Durchführung: Hole dir zunächst eine der vorbereiteten Chemikalienpaarungen (a), (b) oder (c) an deinen Arbeitsplatz und bereite jeweils etwas Lösung zu. Gib in das große Reagenzglas etwa zwei Zentimeter hoch von der ersten Lösung [B1]. Fülle das kleine Reagenzglas mittels einer Pipette zur Hälfte mit der zweiten Lösung, wobei aber nichts über den Außenrand fließen darf! Lass mit einer Pinzette das kleine Glas langsam in das große gleiten, verschließe dieses fest mit dem Gummistopfen und wiege die ganze Apparatur. Kippe nun das große Reagenzglas, sodass die beiden Lösungen ineinander fließen, beobachte die Farbreaktion und wiege erneut.

V3 Kupferbriefchen
Geräte, Materialien, Chemikalien: Brenner, Tiegelzange, Kupferblech (ca. 5 cm x 5 cm), Kombizange.
Durchführung: Falte ein Stück Kupferblech zu einem „Briefchen" [B3]. Vorsicht! An den scharfen Kanten kann man sich schneiden! Nimm eventuell eine Kombizange zu Hilfe. Halte das gefaltete Kupferblech mit der Tiegelzange in die Brennerflamme, bis es zu glühen beginnt. Lass das Blech dann wieder erkalten und falte es auseinander. Vergleiche den Zustand des Blechs innen und außen und erkläre.

V4 Brandbekämpfung mit Brausepulver
Geräte, Materialien, Chemikalien: Erlenmeyerkolben (250 ml), Gärröhrchen, einmal durchbohrter Stopfen, Becherglas (100 ml), Tiegelzange, Pipette, Teelicht, Brausepulver (alternativ: trockene Mischung aus Weinsäure und Natriumhydrogencarbonat), frisch hergestelltes Kalkwasser, Wasser.
Durchführung: Gib in den Erlenmeyerkolben ein Päckchen (ca. ein Teelöffel) Brausepulver. Schiebe das Gärröhrchen vorsichtig durch den durchbohrten Stopfen und fülle es mittels der Pipette halb mit Kalkwasser. Gib jetzt so viel Wasser in den Erlenmeyerkolben, dass das Pulver gut bedeckt ist, um die Brausezubereitung zu starten. Verschließe den Kolben rasch mit dem Stopfen und dem Gärröhrchen [B4]. Entzünde das Teelicht und stelle es mithilfe der Tiegelzange in das Becherglas. Betrachte nun den Inhalt des Gärröhrchens. Erklärung? Nimm das Gärröhrchen samt Stopfen vom Kolben. Neige den Kolben langsam über das Becherglas mit dem brennenden Teelicht, aber achte darauf, dass nichts von der Brause überfließt. Beobachte die Flamme! Erklärung?

Chemikalienpaarung	Großes Reagenzglas (1. Lösung)	Kleines Reagenzglas (2. Lösung)
a)	Eisen(III)-chlorid	gelbes Blutlaugensalz
b)	Eisen(III)-chlorid	Kaliumthiocyanat
c)	Calciumchlorid	Natriumsulfat

B1 Zu Versuch 2

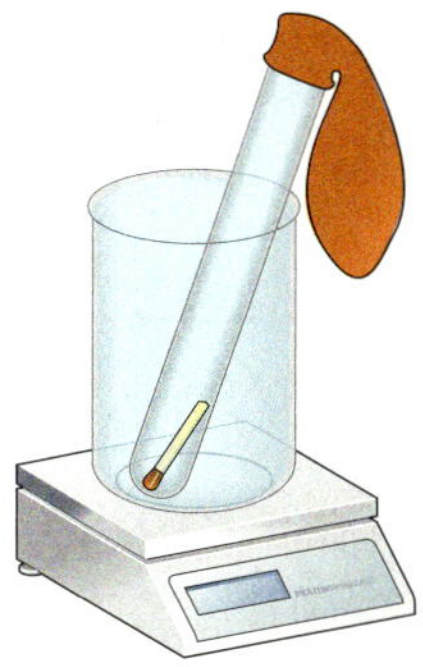
B2 Der Luftballon schließt das Glas luftdicht ab

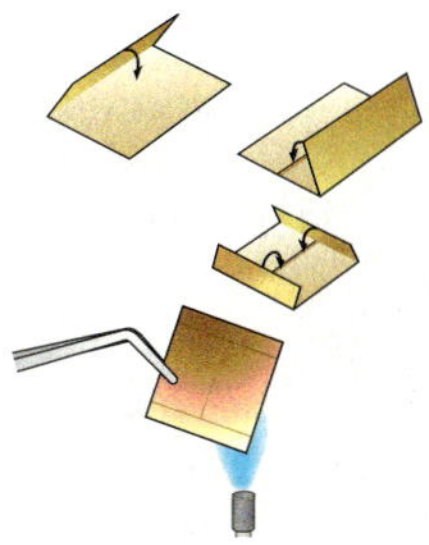
B3 Kupferbriefchen

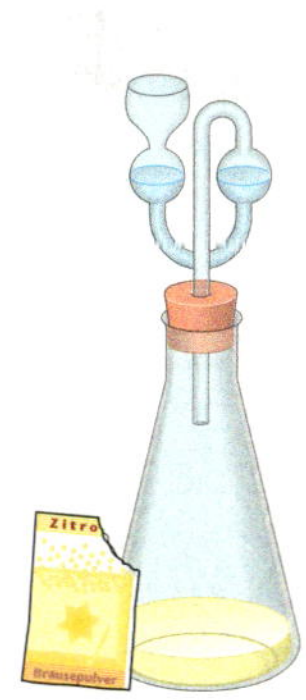
B4 Brausebereitung

2.13 Die Reaktionsenergie

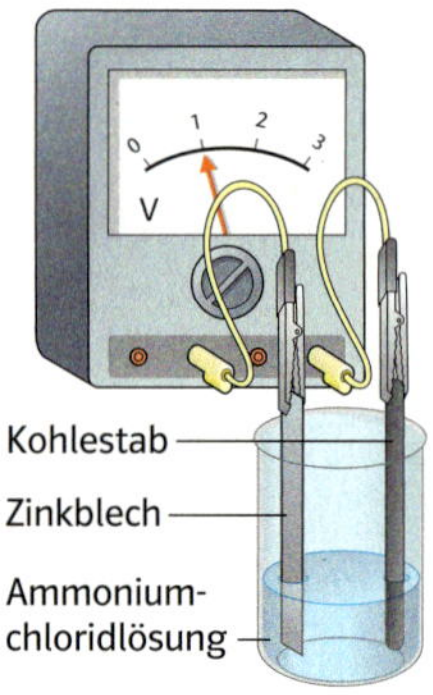

B1 Batterie

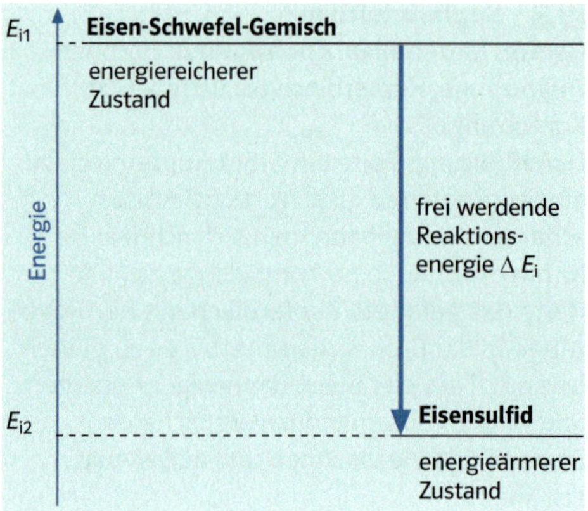

B4 Die innere Energie der Edukte ist größer als die der Produkte

B2 Glühwürmchen

B3 Glühlampe

Änderung der inneren Energie. Es reicht aus, ein Gemisch aus Eisen und Schwefel (Kap. 2.8, V1) nur an einer Stelle zu entzünden. Die Reaktion pflanzt sich unter Aufglühen, d.h. unter Energieabgabe, durch das ganze Gemisch fort.

Die Energieabgabe kann man sich so erklären [B4]: Die Eisenportion und die mit ihr reagierende Schwefelportion haben zusammen einen bestimmten Gehalt an **innerer Energie** **(E_i)**, in B4 E_{i1} genannt. Die daraus entstehende Eisensulfidportion hat auch einen bestimmten Gehalt an innerer Energie, aber einen anderen: E_{i2}.

Der Unterschied zwischen den beiden inneren Energien ist die Reaktionsenergie $\Delta E_i = E_{i2} - E_{i1}$.

Der Energieumsatz einer chemischen Reaktion ergibt sich aus der Differenz ΔE_i an innerer Energie zwischen Produkten und Edukten. Diese Energiedifferenz heißt Reaktionsenergie.

Eine brennende Glühlampe [B3] gibt auch Licht und Wärme ab, aber dies endet sofort, wenn man den Strom abschaltet. Die Energie für das Strahlen der Glühwendel kommt nicht aus der Lampe selbst, sondern wird von außen, als elektrische Energie, zugeführt. Anders ist es bei der Reaktion von Eisen mit Schwefel. Zwar wurde das Gemisch zunächst kurz erhitzt, der bei weitem größere Teil der in Form von Licht und Wärme frei werdenden Energie kann aber nicht von außen kommen, sondern muss bei der Reaktion frei geworden sein.

Auftreten verschiedener Energieformen. Die Reaktionsenergie kann in verschiedenen Formen auftreten. Die häufigste Form ist Wärme, oft zusammen mit Lichtenergie. Von **kaltem Licht** oder **Lumineszenz** spricht man, wenn die Reaktionsenergie fast ausschließlich als Lichtenergie anfällt [V1].
In Rettungsbooten gibt es Tabletten, die, ins Wasser geworfen, eine intensive Lumineszenz entwickeln und so das Auffinden von Schiffbrüchigen in der Nacht erleichtern. Glühwürmchen [B2] sind weibliche, oft flügellose Leuchtkäfer, die nachts mittels **Biolumineszenz** die geflügelten Männchen anlocken.

Außer Lichtenergie und Wärme kann bei chemischen Reaktionen auch elektrische Energie frei werden [V2]. Batterien sind Systeme, in denen energiereiche Edukte unter Abgabe von elektrischer Energie in energiearme Produkte übergehen.

V1 ⚠ In einem großen Glaskolben bereitet man eine Lösung von 0,25 g rotem Blutlaugensalz in 500 ml Wasser. Nach dem Abdunkeln gießt man eine Lösung von 0,1 g Luminol in 50 ml Natronlauge (c = 1 mol/l) dazu. Es tritt schwache blaue Lumineszenz auf, die deutlich stärker wird, wenn man portionsweise 10 ml Wasserstoffperoxid (w = 3 %) zugibt und den Kolben sacht schwenkt. Das Reaktionsgefäß erwärmt sich kaum.

V2 Ein kleines Becherglas füllt man zu zwei Dritteln mit konzentrierter Ammoniumchloridlösung. Dann befestigt man mit Krokodilklemmen einen Kohlestab und ein blank geschmirgeltes Zinkblech im Becherglas. Die Elektroden müssen in die Lösung tauchen, dürfen sich dabei aber nicht berühren. Mit einem Messinstrument [B1] kann die Spannung demonstriert werden.

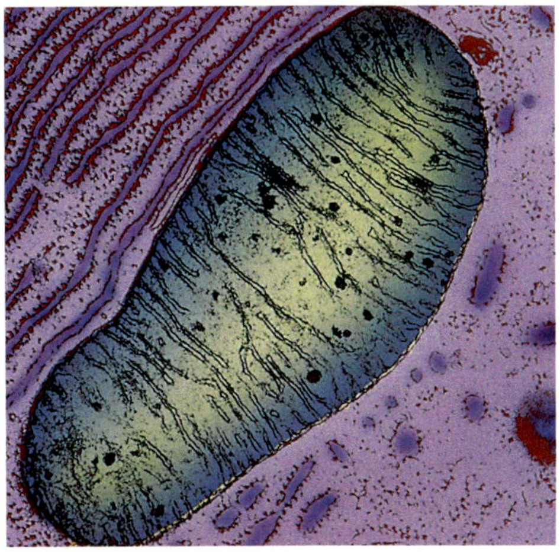

B5 Elektronenmikroskopische Aufnahme eines Mitochondriums (einige Mikrometer lang)

Kinetische Energie. Eine in den Industrieländern sehr häufig ablaufende Reaktion findet in Automotoren statt. Die Edukte Benzin (bzw. Dieselkraftstoff) und Luftsauerstoff reagieren in einer Explosion zu Kohlenstoffdioxid und gasförmigem Wasser [V3]. Die dabei frei werdende Wärme bewirkt eine rasche Ausdehnung der Gase im Brennraum des Motors, bewegt die Kolben und dient letztendlich zum Antrieb des Fahrzeugs [B7]. Somit ist ein Teil der Reaktionsenergie schließlich in kinetische Energie (Bewegungsenergie) umgewandelt worden.

Wahl der Reaktionsbedingungen. Durch geeignete Wahl der Reaktionsbedingungen kann die Form der freigesetzten Energie bestimmt und damit dem Verwendungszweck angepasst werden. Die hohe innere Energie der Eduktmischung Wasserstoff und Sauerstoff wird ganz unterschiedlich freigesetzt [B6]:

- **Thermische Energie:** Mit der Wasserstoffflamme spezieller Schweißbrenner lassen sich so hohe Temperaturen erzeugen, dass sogar Panzerstahl zerschnitten werden kann.
- **Kinetische Energie:** In neu entwickelten Autos wird Wasserstoff getankt, um im Motor auf möglichst umweltfreundliche Weise Energie für den Antrieb des Fahrzeuges nutzbar zu machen.
- **Elektrische Energie:** Ebenfalls in Autos soll die *Brennstoffzelle* zum Einsatz kommen. Auch in ihr reagiert Wasserstoff unmittelbar mit Sauerstoff, allerdings wird dabei elektrische Energie frei, die dann den eingebauten Elektromotor speist.

V3 ⚠ In ein Zündrohr mit der maximalen Länge von 25 – 30 cm und dem maximalen Durchmesser von 8 cm werden 2 bis 3 Tropfen Benzin oder Petrolether gegeben. Man verschließt das Rohr mit dem Kunststoffdeckel, schüttelt gut durch und zündet schließlich mit dem Piezozünder.

A1 Sowohl eine Kerze als auch eine Glühlampe erzeugen Licht und Wärme. Nenne Unterschiede zwischen diesen beiden Methoden der Lichterzeugung.

A2 Jedes Lebewesen nutzt Energie liefernde Reaktionen zur Aufrechterhaltung des Stoffwechsels. Die Nahrung wird in den Zellen unter Gewinn nutzbarer Energie abgebaut. Wichtigste Organellen sind dabei die Mitochondrien, unsere „Zellkraftwerke" [B5]. Informiere dich über die Gewinnung von Stoffwechselenergie in der Zelle.

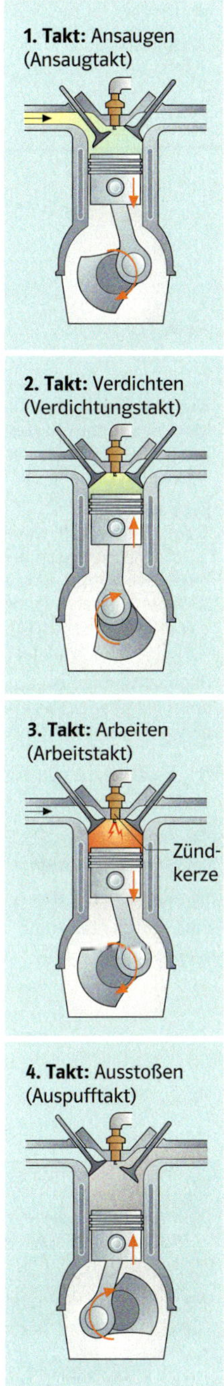

B7 Arbeitsweise eines Ottomotors

B6 Gleiche Reaktion – verschiedene Energieformen; links: spezieller Schweißbrenner mit Wasserstoff, Mitte: Tanken von Wasserstoff, rechts: Auto mit Brennstoffzelle

2.14 Energieumsatz und Energieerhaltung

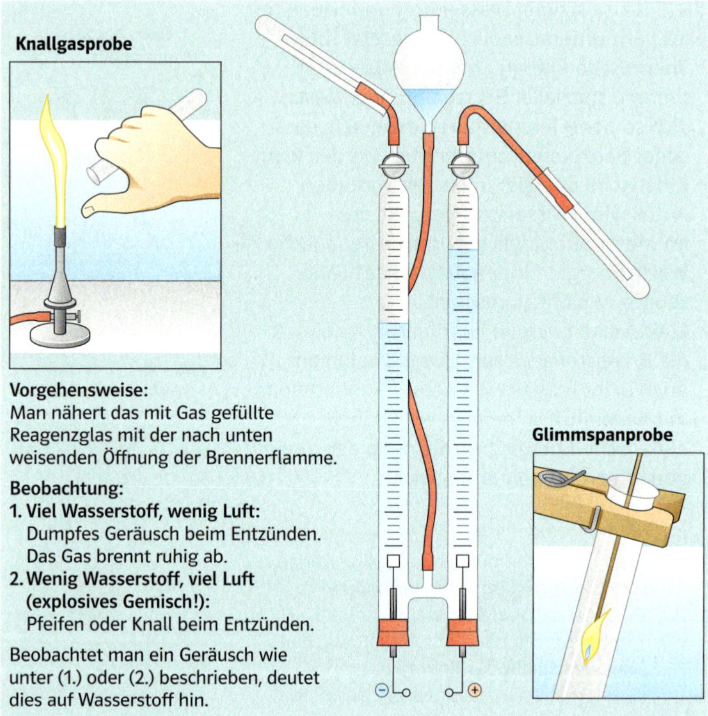

B1 Elektrolyse von Wasser

exo (griech.) außen
endon (griech.) innen
thermos (griech.) warm
lysis (griech.) Zerlegung
photos (griech.) Licht

Exotherme und endotherme Reaktion. Fast alle bisher angesprochenen Reaktionen setzen Energie frei. Es gibt aber auch Reaktionen, die nur ablaufen, wenn ständig Energie zugeführt wird.

Chemische Reaktionen, bei denen Energie frei wird, nennt man exotherm. Chemische Reaktionen, bei denen Energie aufgenommen wird, nennt man endotherm.

B2 Fotosynthese

Für exotherme Reaktionen gilt:
E_i(Edukte) > E_i(Produkte).
Für endotherme Reaktionen gilt:
E_i(Edukte) < E_i(Produkte).

Die Hitzezersetzung (**Thermolyse**) von Diiodpentaoxid [V1] ist ein Beispiel für eine endotherme Reaktion (Kap. 2.6, B1).
Weitere Beispiele sind:

a) **Die Zersetzung von Wasser mittels elektrischem Strom (Elektrolyse)** [V2, B1]. Es gibt Pläne, mit Solarzellen gewonnene elektrische Energie großtechnisch zur Elektrolyse von Wasser zu verwenden. Der dabei entstehende Wasserstoff könnte als Brennstoff in Brennstoffzellen genutzt werden.
b) **Das Belichten eines Filmes.** Dabei wird im Film befindliches Silberchlorid durch Lichtenergie gespalten (**Fotolyse**). Winzige Silberkörnchen ergeben ein „latentes Bild“ im Film, das beim Entwickeln als Negativ sichtbar wird.
c) **Die Fotosynthese** [B2]. Grüne Pflanzen bauen aus Kohlenstoffdioxid und Wasser körpereigene Substanz auf und setzen dabei Sauerstoff frei. Die Energie dazu gewinnen sie aus dem Licht der Sonne.

Mit der Knallgasprobe kann Wasserstoff nachgewiesen werden.

V1 Eine Spatelspitze Diiodpentaoxid wird in ein Reagenzglas gegeben. Nun steckt man ein Gärröhrchen in einen durchbohrten Gummistopfen und verschließt damit das Reagenzglas. Das Reagenzglas wird leicht schräg in ein Stativ gespannt, in das Gärröhrchen kommt etwas frisch hergestellte Stärkelösung. Jetzt wird das Reagenzglas so lange kräftig erhitzt, bis das Diiodpentaoxid vollständig zersetzt ist [B4]. Nach dem Abkühlen des Glases entfernt man den Stopfen und führt die Glimmspanprobe durch.

V2 Ein Hofmann'scher Zersetzungsapparat [B1] wird über das Ausgleichsgefäß mit destilliertem Wasser, dem zur Erhöhung der Leitfähigkeit etwas Schwefelsäure zugesetzt wurde, befüllt. An die Platinelektroden legt man eine Gleichspannung von ca. 15 Volt an. Man lässt die Reaktion bei geschlossenen Hähnen laufen.
Wenn genügend Gas entstanden ist, wird die Stromzufuhr unterbrochen. Mit dem am Minuspol entstandenen Gas führt man die Knallgasprobe, mit dem am Pluspol entstandenen die Glimmspanprobe durch. Auffangrichtung beachten!

V3 In einer Reibschale mischt man 2 g Zinkpulver mit 4 g Iod und zerreibt die Mischung zu einem feinen Pulver, das man in ein großes, schwer schmelzbares Reagenzglas füllt. Im Abzug spannt man das Reagenzglas in ein Stativ und spritzt ein paar Tropfen Wasser auf die Zink-Iod-Mischung. Die Reaktion setzt unter kräftiger Wärmeentwicklung ein.
Weiterarbeiten am Experimentiertisch.
Nun gießt man ca. 5 cm hoch Wasser in das Reagenzglas, misst die Temperatur der Lösung und verschließt das Glas mit einem Stopfen. Das Reagenzglas wird kräftig geschüttelt, um das entstandene Zinkiodid zu extrahieren. Die Lösung gießt man durch einen Filter. Die Extraktion wird noch zweimal wiederholt.
Das Filtrat gibt man in ein U-Rohr mit Platin- oder Kohleelektroden und legt eine Gleichspannung von 10 bis 15 V an.
Erschütterungen vermeiden.
Ist am Minuspol ein Zinkbaum von ca. 2 cm Länge entstanden, so kann statt der elektrischen Energiequelle ein kleiner Gleichstrommotor mit Sektorenscheibe oder ein Spannungsmessgerät an die Elektroden angeschlossen werden.

A1 Fototrope Brillengläser verdunkeln sich bei grellem Sonnenlicht und werden bei schwachem Licht wieder klar. Ursache dafür sind im Glas ablaufende chemische Reaktionen. Überlege dir, wie die Energiebilanz dieser Reaktionen aussehen könnte.

A2 Die Elektrolyse von Wasser stellt in gewisser Weise die Umkehrung der Vorgänge in der Brennstoffzelle dar. Zeichne ein Energiediagramm, das dies veranschaulicht.

Erhaltung der Energie. Die Herstellung von Zinkiodid aus den elementaren Stoffen Zink und Iod ist eine Reaktion, die sich wieder umkehren lässt [V3]. Die Bildung des Zinkiodids verläuft exotherm, wobei die Energie als Wärme oder als elektrische Energie frei werden kann, seine Zersetzung ist endotherm.

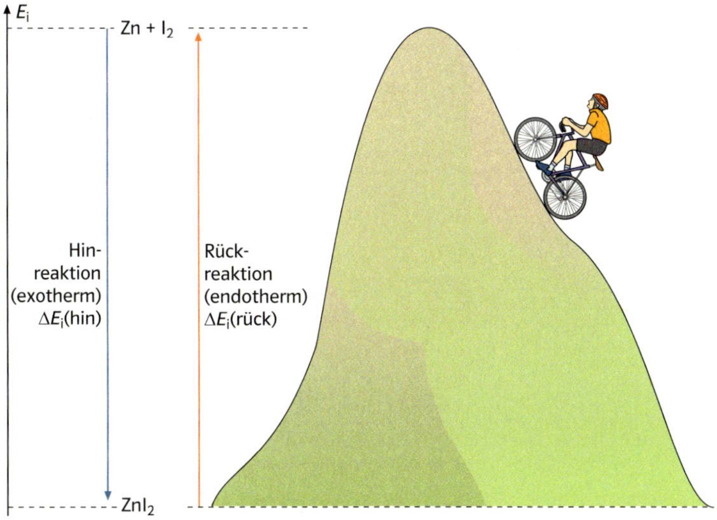

B3 Bildung und Zersetzung von Zinkiodid (Energiediagramm) – Berg- und Talfahrt

Untersuchungen haben gezeigt, dass bei der Bildung einer bestimmten Portion Zinkiodid genau so viel Energie frei wird, wie für deren Zersetzung in die elementaren Stoffe aufgewendet werden muss [B3, links].
Dies kann mit einem Radfahrer verglichen werden, der einen bestimmten Energiebetrag aufwenden muss, um den Gipfel eines Berges zu erreichen [B3, rechts]. Bei der Talfahrt aber lässt er sein Rad einfach rollen. So gewinnt er die Lageenergie der Gipfelposition vollständig als kinetische Energie zurück, sofern er nicht bremst und auch andere Reibungsvorgänge außer Acht bleiben.

Die Energieänderung der Hinreaktion und die der Rückreaktion haben das entgegengesetzte Vorzeichen und sind abgesehen davon gleich groß. E_i(hin) = $-E_i$(rück)

Die Erkenntnis, dass bei chemischen Reaktionen nicht nur die Masse, sondern auch die Energie erhalten bleibt, geht auf den deutschen Arzt und Physiker Julius Robert v. Mayer (1814–1878) zurück. Er formulierte 1845 das **Gesetz von der Erhaltung der Energie**.

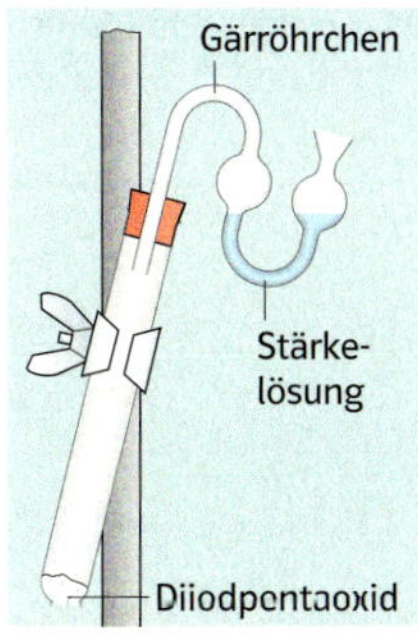

B4 Zersetzung von Diiodpentaoxid

2.15 Die Aktivierungsenergie

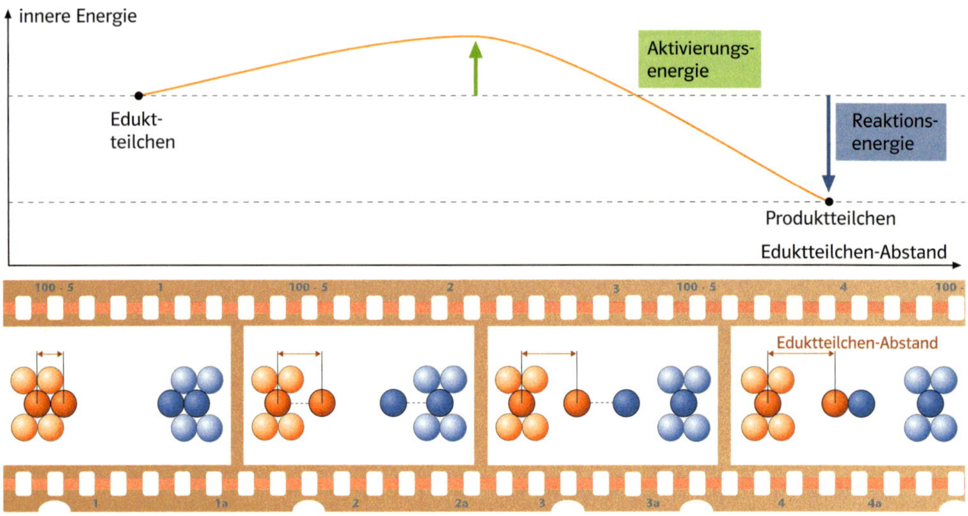

B2 Aktivierungsenergie als Energiebarriere auf Teilchenebene

B1 Zinksulfidbildung

Auslösung von Reaktionen. Bei der Reaktion von Zink mit Schwefel [V1] wird sehr viel Wärme frei. Trotzdem kommt die Reaktion nicht von selbst in Gang, sondern muss z. B. durch Wärmezufuhr ausgelöst werden [B1].

Ein Blick auf die Teilchenebene [B2] macht die Wirkung der Zufuhr von Wärme deutlich: Durch die Wärmezufuhr wird die kinetische Energie der Eduktteilchen erhöht und die Trennung der Teilchen ermöglicht. Der dazu erforderliche Energieaufwand, die **Aktivierungsenergie**, erreicht seinen Höchstwert, wenn das in B2 rot dargestellte rechte Eduktteilchen sich so weit vom ursprünglichen Teilchenverband entfernt hat, dass es in den neuen Teilchenverband eintreten kann. Erst dabei wird die Reaktionsenergie frei. Die frei werdende Energie aus der Reaktion weniger Teilchen dient zur Aktivierung weiterer Teilchen. Es genügt, sehr wenige Eduktteilchen zu aktivieren, um die Reaktion durchzuführen. So kann ein winziger Funken gewaltige Gasmengen entzünden.

Dies wurde möglicherweise dem Luftschiff Hindenburg zum Verhängnis. Wahrscheinlich setzte ein Funkenschlag beim Landeanflug die 200 Millionen Liter Wasserstoff des Zeppelins in Brand [B3].

Die Aktivierungsenergie ist die Energie, die einem Teilchen zwischenzeitlich für den Übergang von dem einen in den anderen Teilchenverband zugefügt werden muss.

V1 ⚠ Man mischt etwa 4 g Zink- und 2 g Schwefelpulver in einer Reibschale und häuft das Gemisch auf einer feuerfesten Unterlage zu einem Kegel auf. Im Abzug wird die Mischung mit einer glühenden Fahrradspeiche gezündet. Vorsicht, explosionsartiger Verlauf! [B1]

B3 Brennendes Luftschiff

Dominoeffekt. Hat eine exotherme Reaktion einmal eingesetzt, so führt die frei werdende Energie dazu, dass sich die Reaktion von selber fortpflanzt. Dies erinnert an den „Dominoeffekt“: Wenn man Dominosteine geschickt hintereinander aufbaut, dann genügt es, einen einzigen Stein umzustoßen, um so eine rasch anschwellende Lawine fallender Steine in Gang zu setzen [B4].

Beispiele für Aktivierungsenergien. Die Aktivierungsenergie kann durchaus von anderer Art sein als die Energie, die bei der Reaktion frei wird: Ein elektrischer Funke zündet das Benzin-Luft-Gemisch im Ottomotor, das von einer Lupe gebündelte Sonnenlicht entflammt Papier, der Schlag des Gewehrbolzens bringt das Schießpulver in einer Patrone zur Explosion und ein Streichholz entzündet sich an der Reibfläche der Zündholzschachtel. Manchmal startet eine Reaktion sofort, wenn man die Edukte zusammengibt. Das ist z.B. beim Nachweis von Kohlenstoffdioxid mit Kalkwasser der Fall. Im letztgenannten Beispiel reicht schon die Umgebungswärme für das Aufbringen der Aktivierungsenergie aus.

B4 Dominoeffekt – Dominoday 2004 (Weltrekord)

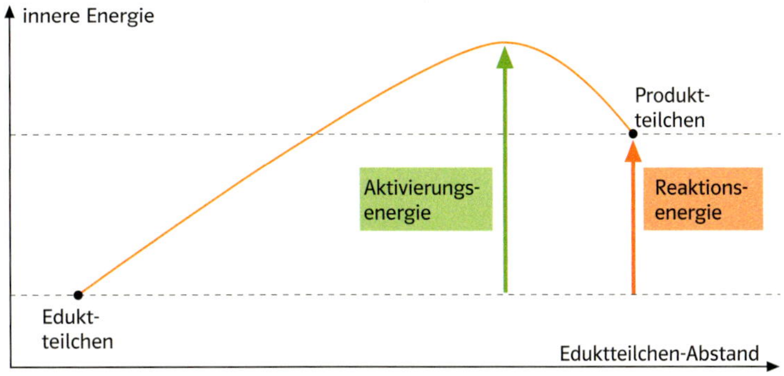

B5 Endotherme Reaktion

Aktivierungsenergie bei endothermen Reaktionen. Nicht nur bei exothermen, sondern auch bei endothermen Reaktionen muss eine Aktivierung erfolgen. Allerdings lässt sich diese im Versuch nicht demonstrieren, da ja bei einer endothermen Reaktion laufend Energie zugeführt werden muss. Das Energiediagramm einer endothermen Reaktion [B5] ist, was den Kurvenverlauf anbelangt, gleichsam nahezu ein Spiegelbild des Diagramms der exothermen Reaktion.

A1 Zum Umfüllen von Flüssigkeiten, z.B. beim Entleeren eines Aquariums [B6], benutzt man manchmal einen so genannten „Saugheber“. Führe das Umfüllen von Wasser mit einem Saugheber vor und erläutere, inwiefern dieser Vorgang mit der Aktivierungsenergie in Zusammenhang gebracht werden kann.

A2 Was hat das Feuerlöschen mit der Aktivierungsenergie zu tun?

A3 Suche Beispiele für Aktivierungsenergien im Alltag.

A4 An Tankstellen findet man Schilder mit der Aufschrift: „Rauchen und offenes Feuer verboten! Motor und Fremdheizungen abstellen!“
Was ist der Hintergrund dieser Anweisungen?

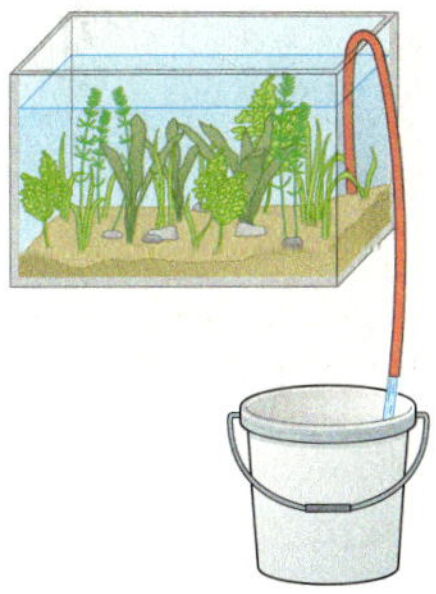

B6 Saugheber

2.16 Katalyse

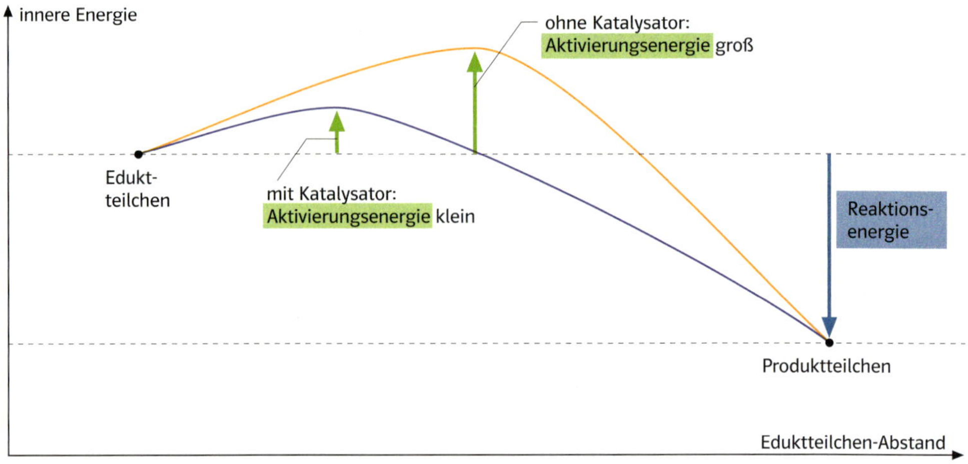

B2 Die Wirkungsweise eines Katalysators

B1 Entzündung von Wasserstoff am Perlkatalysator

Katalysator. Um Wasserstoff zu entzünden, braucht man normalerweise die Hitze einer Flamme als Aktivierungsenergie. Man kann Wasserstoff aber auch bei Raumtemperatur zum Brennen bringen, wenn man ihn gegen fein verteiltes Platin strömen lässt [V1]. Das Platin glüht zunächst auf und dann entzündet sich der Wasserstoff [B1]. Dieser Versuch kann so lange wiederholt werden, wie Wasserstoff in der Flasche ist, da das Platin nicht verbraucht wird. Es senkt die Aktivierungsenergie, sodass die Zimmertemperatur zum Zünden ausreicht [B2]. Platin wirkt als **Katalysator**.

Ein Katalysator ist ein Stoff, der schon in kleinen Mengen chemische Reaktionen beschleunigt, ohne dabei verbraucht zu werden. Er erniedrigt die Aktivierungsenergie.

Da Katalysatoren bei einer chemischen Reaktion nicht verbraucht und nicht gebildet werden, stehen sie in einer chemischen Gleichung weder auf der Seite der Edukte noch auf der der Produkte. Sie werden auf den Reaktionspfeil geschrieben.

$$2\,H_2 \;+\; O_2 \xrightarrow{Pt} 2\,H_2O$$

Enzyme. Niedrige Aktivierungsenergien sind besonders bei Reaktionen wichtig, die in Organismen ablaufen. Der Abbau von Stärke in der Mundhöhle gelingt mithilfe des Enzyms Amylase bei Körpertemperatur. Ohne den Biokatalysator wäre dieser Abbau nicht möglich.

V1 Ein Pipettenröhrchen wird mit Kupferwolle als Rückschlagsicherung versehen und über einen Schlauch mit der Wasserstoffflasche verbunden. Nach negativer Knallgasprobe entzündet man den ausströmenden Wasserstoff an der Düsenspitze. (Das bei der Verbrennung entstehende Wasser kann gezeigt werden, wenn man die Flamme kurz in einem kühlen Becherglas brennen lässt.) Nun hält man etwas Platin-Drahtnetz oder eine Perle platinbeschichteten Perlkatalysators mit der Tiegelzange kurz in die Wasserstoffflamme, um es bzw. ihn auszuglühen. Dann legt man es zum Abkühlen zur Seite und bläst die Flamme aus. Währenddessen ist der Katalysator abgekühlt, man fasst ihn wieder mit der Tiegelzange und hält ihn in den Wasserstoffstrom. Raum eventuell abdunkeln!

A1 Wo in deiner Umwelt spielen Katalysatoren eine wichtige Rolle? Welche Funktionen haben sie?

A2 Im menschlichen Körper gibt es außer der Amylase noch weitere Verdauungsenzyme. Informiere dich über ihre Namen, ihr Vorkommen und ihre Aufgaben.

2.17 Praktikum Energieformen bei chemischen Reaktionen

V1 Partytrick
Geräte, Materialien, Chemikalien: Porzellanschale, Feuerzeug, Tiegelzange, Würfelzucker, Asche von einem Papiertaschentuch.
Durchführung: Greife mit der Tiegelzange ein Stück Würfelzucker und versuche es mit dem Feuerzeug anzuzünden. Bringe nun etwas Asche auf ein Stück Würfelzucker und versuche erneut, es in Brand zu setzen. Lege dann den Würfelzucker in die Porzellanschale und lass ihn abbrennen.

V2 Spaltung von Wasserstoffperoxid
Geräte, Materialien, Chemikalien: Gasbrenner, Reagenzglashalter, Reagenzgläser, Reagenzglasgestell, Feuerzeug, Reibe, Teller, Pipette, Spatel, Alufolie, Wasserstoffperoxid-Lösung (w = 3 %), Glimmspan, Braunstein, Kartoffel, Wasser.
Durchführung:
a) Gib eine Spatelspitze Braunstein in ein Reagenzglas und gieße ca. 3 cm hoch Wasserstoffperoxid-Lösung dazu. Setze eine Kappe aus Alufolie locker auf das Reagenzglas und führe nach einiger Zeit die Glimmspanprobe durch. Braunstein nicht wegschütten, sondern getrennt sammeln!
b) Reibe etwas Kartoffel auf einen Teller. Gib eine Spatelspitze der geriebenen Kartoffel in ein Reagenzglas und fülle ca. 2 cm hoch Wasserstoffperoxid-Lösung ein (Vorsicht!). Verschließe das Glas zunächst locker mit einer Kappe aus Alufolie und führe nach einiger Zeit die Glimmspanprobe durch. Nimm nochmals eine Spatelspitze Kartoffelschnitzel und gib sie in ein frisches Reagenzglas. Füge ca. 3 cm hoch Wasser hinzu und koche etwa eine Minute lang. Gib nach dem Abkühlen etwas Wasserstoffperoxid-Lösung hinzu und vergleiche deine Beobachtungen mit der bei der ungekochten Kartoffel. Erkläre.

V3 Apfelbatterie
Geräte, Materialien, Chemikalien: Am Lehrerpult: Spannungsmessgerät, Lämpchen (3 V); für den Schüler: 2 Krokodilklemmen, 2 Kabel, Sandpapier, Eisennagel, dicker Kupferdraht, Apfel.
Durchführung: Schmirgle einen Eisennagel und ein gleich langes Stück Kupferdraht blank und stecke beides im Abstand von ca. 3 cm in einen Apfel. Befestige mit den Krokodilklemmen je ein Kabel an den Elektroden. Verbinde die so entstandene Batterie mit dem Messinstrument. Notiere die Spannung. Kombiniert die Apfelbatterien des Kurses so, dass eine möglichst große Spannung erreicht wird. Gelingt es, ein Lämpchen zum Leuchten zu bringen?

V4 Knallgas
Geräte, Materialien, Chemikalien: Porzellanschale, Reagenzglas, gewinkeltes Glasrohr, durchbohrter Stopfen, Holzspan, Plastikstrohhalm, Spülmittel, Wasser, verdünnte Salzsäure, Magnesiumband, Feuerzeug.
Durchführung: Bereite zunächst in der Porzellanschale aus Spülmittel und Wasser eine Lösung vor, in der sich Seifenblasen herstellen lassen (mit Strohhalm ausprobieren). Schiebe das gewinkelte Glasrohr vorsichtig (eventuell mit etwas Spülmittel benetzen) mit dem *kurzen Rohrteil* durch den Stopfen. Gib etwa 5 cm Magnesiumband in ein Reagenzglas, übergieße das Magnesium mit Salzsäure und setze sofort den Stopfen mit dem Glasrohr auf [B2]. Tauche das *lange Ende des Glasrohrs* in die Seifenlösung und versuche, mit dem entstandenen Wasserstoff eine etwa haselnussgroße Gasblase zu erzeugen. Ist dies gelungen, dann stelle den Wasserstoffentwickler weit weg, entzünde den Holzstab und versuche mit der Flamme die Gasblase zur Explosion zu bringen. Der Knall kann verstärkt werden, wenn man mit dem Strohhalm etwas Luft in die Wasserstoffblase bläst.

B1 Apfelbatterie

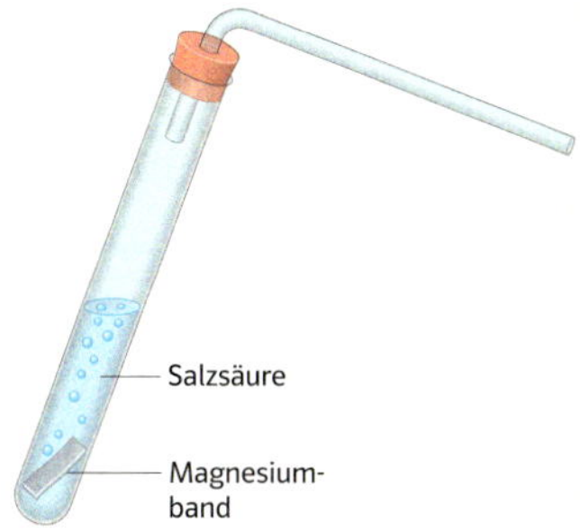

B2 Wasserstoffentwickler

2.18 Durchblick Zusammenfassung und Übung

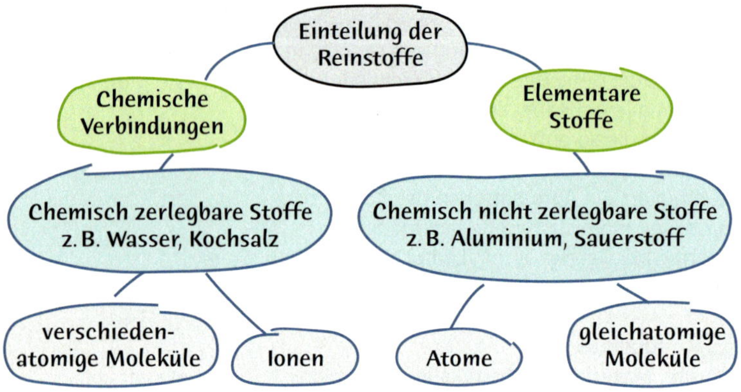

Zahlwörter spielen in der Chemie immer wieder eine Rolle. Kleine Merkhilfe:

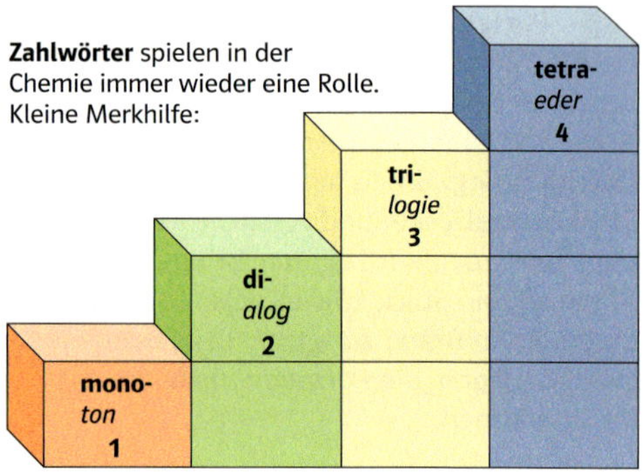

Element
Ein elementarer Stoff besteht aus Atomen der gleichen Art, die man auch Element nennt.

Chemische Verbindung
Werden aus Atomen unterschiedlicher Art Moleküle oder Ionen gebildet, so liegt eine Verbindung vor. Der Begriff Verbindung gilt sowohl für die Stoff- als auch für die Teilchenebene.

Zweiter Namensteil	
-oxid	(bei Sauerstoff)
-iodid	(bei Iod)
-bromid	(bei Brom)
-chlorid	(bei Chlor)
-fluorid	(bei Fluor)
-sulfid	(bei Schwefel)

Wertigkeit
Die Wertigkeit gibt an, wie viele Wasserstoffatome ein Atom des betreffenden Elements binden oder ersetzen kann [B1]. Manche Elemente können verschiedene Wertigkeiten annehmen.

Die Reaktionsgleichung
Allgemeines Beispiel:

$$A_2 + B_2 \longrightarrow 2\,AB$$

Edukte – Produkt
Index – Koeffizient

Konkretes Beispiel:

$$2\,H_2 + O_2 \longrightarrow 2\,H_2O$$

Edukte – Produkt

Endotherme Reaktionen
E_i(Edukte) < E_i(Produkte)

Exotherme Reaktionen
E_i(Edukte) > E_i(Produkte)

Reaktionsenergie
Differenz ΔE_i an innerer Energie zwischen Produkten und Edukten:
$\Delta E_i = E_i(\text{Produkte}) - E_i(\text{Edukte})$.

Hauptgruppe	I	II	III	IV	V	VI	VII	VIII
Wertigkeit	I	II	III	IV	III	II	I	0
Merksatz	Liebling,	Bereite	Braune	Cookies	Nicht	Ohne	Frische	Nektarinen

B1 Wertigkeit und Stellung im Periodensystem

Aktivierungsenergie
Energie, die einem Teilchen zwischenzeitlich für den Übergang von dem einen in den anderen Teilchenverband zugeführt werden muss.

Katalysator
Ein Stoff, der die Aktivierungsenergie erniedrigt und die Reaktion beschleunigt. Der Katalysator geht aus der Reaktion unverändert hervor (z. B. Platin).

Energieerhaltung
Energie kann weder vernichtet noch erzeugt werden. Die verschiedenen Energieformen können allerdings ineinander umgewandelt werden.

Erhaltung der Masse
Die Teilchen, die in den Edukten enthalten waren, sind auch in den Produkten wieder vorhanden. Es gehen keine Teilchen verloren, auch kommen keine dazu. Deshalb ist in einem geschlossenen System die Masse der Edukte gleich der Masse der Produkte.

Die chemische Reaktion auf Teilchenebene
Beispiel: Reaktion von Chlormolekülen mit Wasserstoffmolekülen

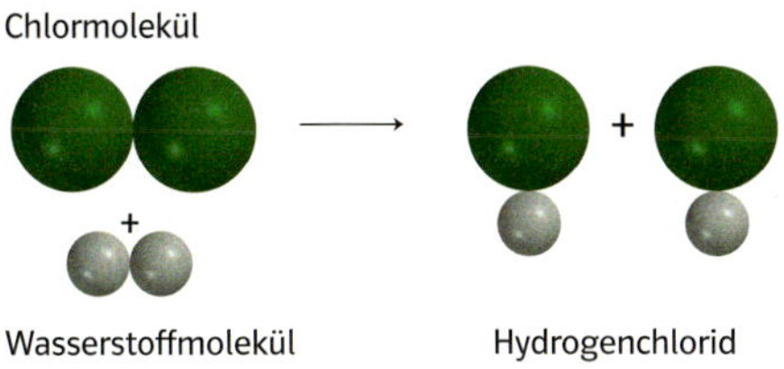

Bei einer chemischen Reaktion gruppieren sich die Atome um. Die Atome im Produkt haben also andere Bindungspartner als im Edukt.

A1 Ein Stück Magnesiumband verbrennt erst nach kurzem Erhitzen. Warum ist dies erforderlich? Handelt es sich um eine endotherme oder exotherme Reaktion?

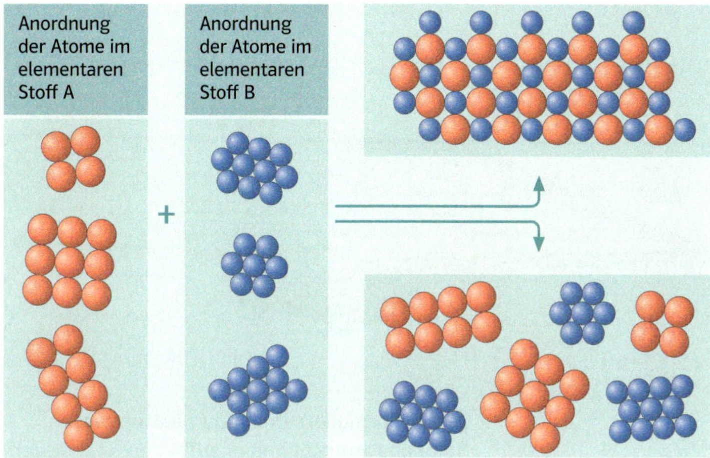

B2 Zu Aufgabe 2

A2 Beschreibe, welche beiden Vorgäng auf Teilchenebene durch B2 dargestellt werden.

A3 Nenne Beispiele für chemische Elemente und Verbindungen und gib eine Definition für beide Begriffe.

A4 Wie kannst du dir die Wertigkeit der Elemente der 2. Periode mithilfe des Merksatzes [B1] besser einprägen? Erkläre!

A5 Energieformen können ineinander umgewandelt werden. Welche Energieform ist letztendlich ausschlaggebend dafür, dass z. B. Weidetiere Gras fressen können und wir dadurch Fleisch und Milch bekommen, dass Bäume wachsen und wir aus ihrem Holz Möbel bauen, Papier herstellen können, dass …

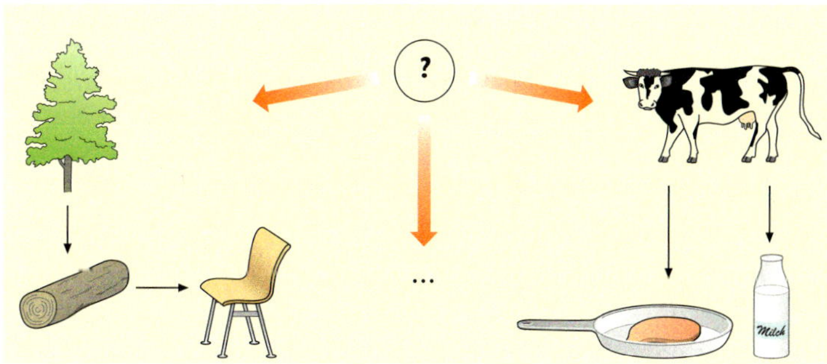

B3 Zu Aufgabe 5

A6 Formuliere die in den Texten dieser Seite angesprochenen chemischen Reaktionen als Gleichungen.

Fotosynthese. Die Fotosynthese ist einer der wichtigsten Stoffwechselvorgänge in der Natur. Diese Reaktion läuft nur am Tag ab, da Licht für sie notwendig ist. Pflanzen nehmen dabei Wasser und Kohlenstoffdioxid auf und verarbeiten es mithilfe des Chlorophylls zu Sauerstoff und Zucker. Traubenzucker hat die Formel $C_6H_{12}O_6$.

Faulgas. Im Faulgas von Kläranlagen befindet sich eine nach faulen Eiern riechende Verbindung. Obwohl nur geringe Mengen dieser Verbindung im Faulgas sind, ist die durch sie bewirkte Geruchsbelästigung enorm. Die einfachste Möglichkeit, dieser Geruchsbelästigung zu begegnen, ist das Verbrennen des Faulgases. Dabei reagiert das übelriechende Gas mit dem Sauerstoff der Luft zu Wasser und Schwefeldioxid.

Automotor. Im Ottomotor wird Benzin verbrannt. Benzin ist ein Gemisch aus verschiedenen brennbaren Substanzen, die alle aus den Elementen Kohlenstoff und Wasserstoff bestehen. Ein Beispiel für einen solchen Benzinbestandteil ist das Hexan mit der Formel C_6H_{14}. Bei der Verbrennung des Benzins sollten im Idealfall nur Kohlenstoffdioxid und Wasser entstehen. Leider verläuft die Verbrennung nicht ideal, es entstehen nämlich geringe Mengen an giftigem Kohlenstoffmonooxid.
Im Abgas ist außerdem noch etwas Stickstoffmonooxid enthalten, das ebenfalls giftig ist. Dieses Gas entsteht im Brennraum des Motors, weil bei den dort herrschenden hohen Temperaturen ein Teil des Sauerstoffs nicht mit dem Treibstoff, sondern mit dem Stickstoff der Luft reagiert.
Mit der Einführung des Abgaskatalysators trat eine deutliche Verbesserung der innerstädtischen Luftqualität ein. Das im Katalysator befindliche Edelmetall Platin bringt die beiden Schadstoffe Kohlenstoffmonooxid und Stickstoffmonooxid miteinander zur Reaktion. Dabei entstehen die ungiftigen Gase Kohlenstoffdioxid und Stickstoff.

Atmosphärische Prozesse. Die elementaren Stoffe Sauerstoff und Stickstoff reagieren nur unter Energiezufuhr miteinander. Außerdem ist für diese Reaktion eine hohe Aktivierungsenergie erforderlich. Bei Blitzschlägen sind diese Bedingungen kurzfristig gegeben, sodass Stickstoff und Sauerstoff miteinander zu Stickstoffmonooxid reagieren. Mit weiterem Sauerstoff der Luft bildet sich daraus Stickstoffdioxid. Diese Verbindung kann nun unter Lichteinwirkung mit Sauerstoff reagieren, wobei Ozon (Formel: O_3) und wieder Stickstoffmonooxid entstehen. Das Stickstoffmonooxid wird erneut zu Stickstoffdioxid, wodurch auch immer wieder Ozon gebildet werden kann. Sowohl das Ozon als auch Stickstoffoxide können die Atemwege reizen.

3 Atombau

Aus welchen Bausteinen sind die Stoffe aufgebaut? Diese Frage beschäftigt die Naturwissenschaftler schon seit langer Zeit.

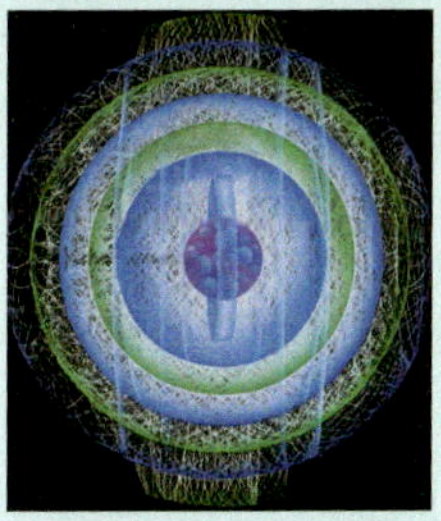

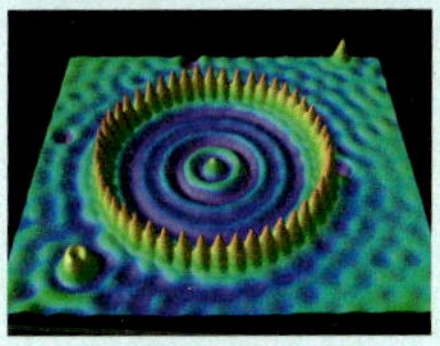

Liegt der Ähnlichkeit bestimmter Elemente eine Ähnlichkeit ihrer Atome zu Grunde? Eine Antwort erhält man durch die Beschäftigung mit dem Atominneren. Am Anfang standen die Forschungen von JOHN DALTON und ERNEST RUTHERFORD.

Heute wird versucht, möglichst funktionelle Atommodelle zu entwickeln. Aufbau und Eigenschaften der Stoffe werden durch Atommodelle erklärbar und verständlich gemacht.

Einfaches Kugelmodell nach DALTON.
Atome unterscheiden sich nach Größe und Masse.

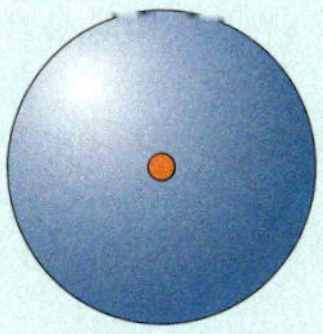

Kern-Hülle-Modell

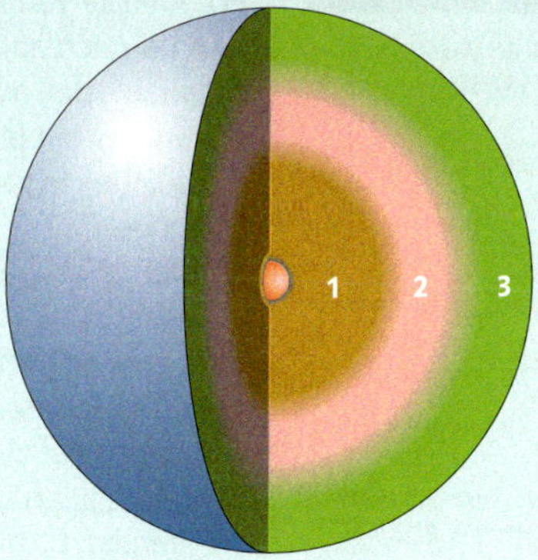

Erweitertes Kern-Hülle-Modell: Schalenmodell

3.1 Teile und Struktur von Atomen

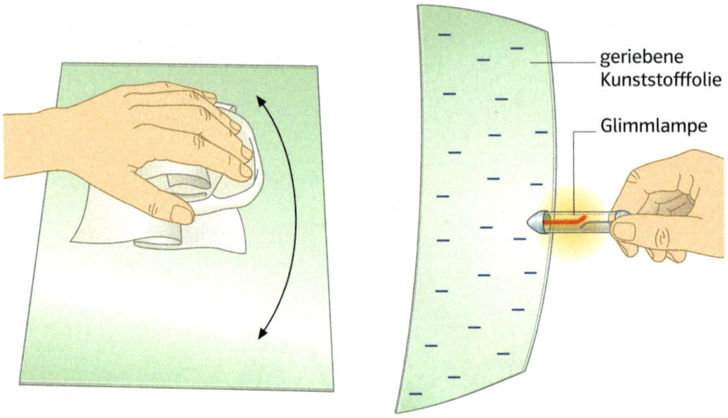

B1 Experiment mit einer Glimmlampe

B2 John Dalton (1766–1844)

Der britische Naturforscher John Dalton [B2] formulierte 1803 seine **Atomtheorie**. Er behauptete, dass die Atome unterschiedlicher Elemente jeweils unterschiedliche Atommassen besitzen und alle Atome eines Elements die gleiche Atommasse haben. John Dalton trug viel zum Verständnis naturwissenschaftlicher Phänomene bei und stützte das Teilchenmodell.

Ergebnisse von Dalton. Darüber hinaus nahm Dalton noch an, dass Atome unteilbare Teilchen seien, was mit später ausgeführten Experimenten jedoch im Widerspruch steht. Ein solches Experiment ist beispielsweise das folgende:
Eine Kunststofffolie wird zunächst kräftig mit einem Stück Papier abgerieben. Dann hält man eine Glimmlampe an diese Kunststofffolie. Die Glimmlampe beginnt nun am negativen Pol zu leuchten [B1]. Dies zeigt, dass die Folie durch das Reiben negativ aufgeladen worden ist. Es muss leicht bewegliche negative Ladungsträger geben, die vom Papier auf die Folie übergegangen sind. Man nennt sie **Elektronen**.

elektron (griech.) Bernstein (Bernstein lädt sich beim Reiben elektrisch auf, sodass Funken überspringen können)

Elektronen sind winzige Teilchen, die alle die gleiche Masse und eine gleich große negative elektrische Ladung besitzen. Diese Ladung bezeichnet man als **negative Elementarladung**.

Im oben beschriebenen Versuch müssen die Elektronen vom Papier stammen. Atome können somit keine unteilbaren Teilchen sein. Atome sind elektrisch neutral. Daher müssen sie neben den Elektronen noch elektrisch positiv geladene Teilchen besitzen, die die negative Ladung der Elektronen ausgleichen.

Atome enthalten kleine, negativ geladene Teilchen – die Elektronen.

V1 Zuerst wird eine Kunststofffolie mit Papier gerieben und dann locker an das Papier gehalten.
Anschließend werden zwei Kunststofffolien mit Papier gerieben und zusammengehalten. Welche Unterschiede treten auf?

V2 Kämme deine Haare kräftig mit einem Kunststoffkamm und erkläre deine Beobachtung.

Ergebnisse von Rutherford. Der neuseeländische Physiker Sir Ernest Rutherford [B5] wollte das Innere der Atome genauer untersuchen und beschoss im Vakuum eine sehr dünne Goldfolie mit **α-Teilchen.** α-Teilchen sind positiv geladene Teilchen. Rutherford benutzte für sein Experiment Radium, das α-Teilchen mit einer Geschwindigkeit von 15 000 Kilometern pro Sekunde aussendet.

Die im Versuch verwendete Goldfolie war nur 0,0005 mm dick, dennoch bestand sie aus ca. 2 000 übereinander liegenden Goldatomschichten. Rutherford installierte ein um die Goldfolie schwenkbares Mikroskop mit Leuchtschirm [B3]. Mit dem Mikroskop erkannte Rutherford auf dem Leuchtschirm kleine Lichtblitze, sobald ein α-Teilchen in den Leuchtschirm einschlug. Als Rutherford über 100 000 Lichtblitze auswertete, stellte er fest, dass die meisten α-Teilchen die Goldfolie geradlinig durchdrangen und nur wenige α-Teilchen abgelenkt wurden [B4]. Er schloss daraus, dass die Atome zum größten Teil aus leerem Raum bestehen.

Die Ablenkung der α-Teilchen erklärte er damit, dass die Atome wohl ein sehr kleines positiv geladenes Massezentrum besitzen, welches die positiv geladenen α-Teilchen abstößt und ihnen somit eine andere Flugbahn gibt. Dieses positiv geladene Zentrum bezeichnete RUTHERFORD als **Atomkern**. Spätere Berechnungen ergaben, dass der Atomkern $\frac{1}{100\,000}$-mal so groß wie der Durchmesser des Atoms ist.

Untersuchungen mit Folien anderer Metalle führten zu entsprechenden Ergebnissen.

Durch seine Versuche kam RUTHERFORD zu einer Modellvorstellung vom Bau der Atome. Danach besitzen sie einen positiv geladenen Kern, welcher zwar im Verhältnis zum Atomdurchmesser sehr klein ist, aber fast die gesamte Masse des Atoms besitzt. Umgeben ist der Atomkern von einer sehr voluminösen **Atomhülle**, welche die positive Kernladung ausgleicht und somit negativ geladen sein muss. In der Atomhülle befinden sich die Elektronen. Man spricht vom **Kern-Hülle-Modell** [B6].

RUTHERFORD erzählte selber von seinem erstaunlichen Experiment: „Es ist so ziemlich das unglaubwürdigste Ereignis, das mir je in meinem Leben passierte. Es war fast genauso unglaublich, als ob Sie eine 38-cm-Granate gegen ein Stück Seidenpapier abfeuern, und sie kommt zurück und trifft Sie."

Das Atom besteht aus einem positiv geladenen Kern, der die Hauptmasse des Atoms hat. Die negativ geladenen Elektronen befinden sich in der Atomhülle, welche 100 000-mal so groß ist wie der Atomkern. Die Ladung eines Elektrons heißt negative Elementarladung.

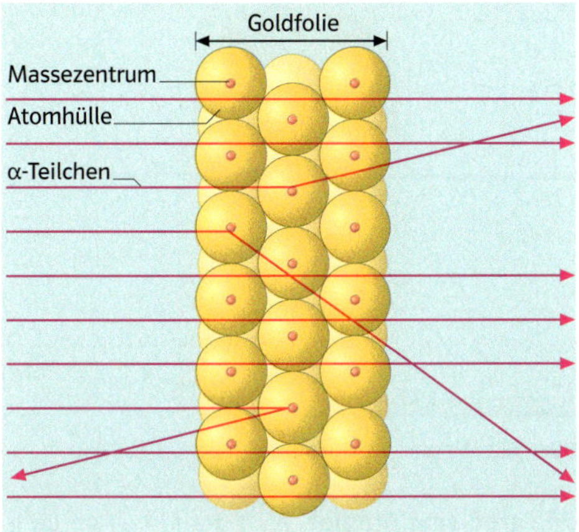

B4 Beschuss von Goldfolie mit schnellen α-Teilchen

B5 ERNEST RUTHERFORD (1871–1937)

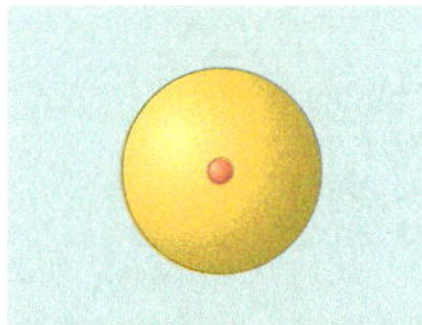
B6 Kern-Hülle-Modell

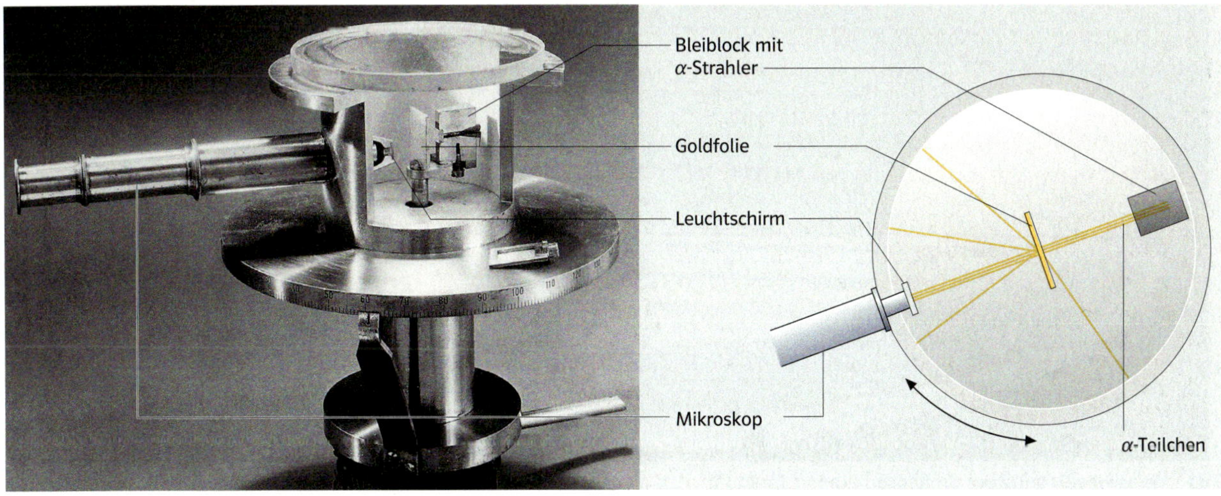

B3 Apparatur RUTHERFORDS (Nachbildung) und Streuversuch von RUTHERFORD

3.2 Atomgröße und Atommasse

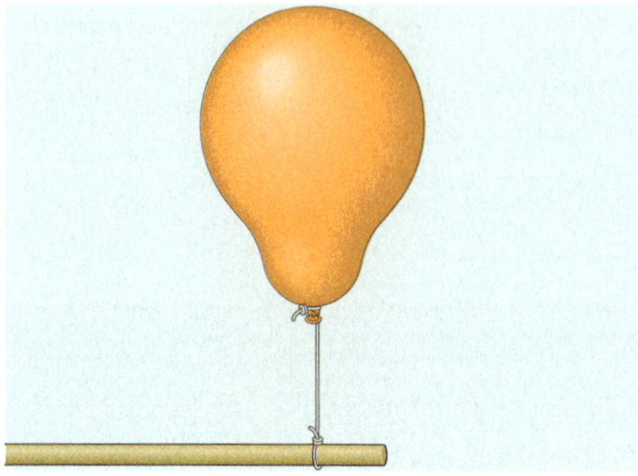

B2 Mit Wasserstoff prall gefüllter Luftballon

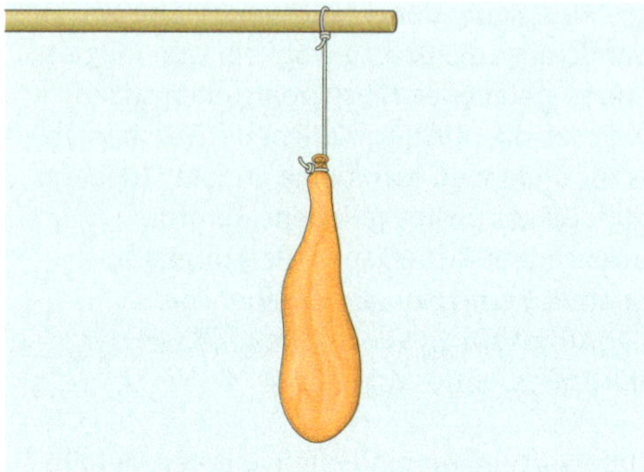

B3 Wasserstoff diffundiert durch den Luftballon

Wie groß sind Atome? Füllt man in einen Luftballon Wasserstoff, so beobachtet man, dass der prall gefüllte Luftballon binnen ein bis zwei Tagen viel Gas verloren hat [B2, B3]. Die Wasserstoffteilchen sind durch die sehr feinen Poren des Luftballons hinausdiffundiert. Moleküle des Wasserstoffs und erst recht dessen Atome sind also unvorstellbar klein. Mithilfe moderner Messmethoden hat man herausgefunden, dass **Atome** einen **Durchmesser von $\frac{1}{10\,000\,000}$ mm** besitzen.

Wie groß sind Atomkerne? RUTHERFORD berechnete anhand seiner Versuchsergebnisse, dass der Durchmesser des Atomkerns nur $\frac{1}{100\,000}$-mal so groß ist wie der des Atoms. Hätte ein Atomkern einen Durchmesser von ca. 2 mm, so würde der Atomdurchmesser 200 m betragen. Um eine Vorstellung von diesen Größenverhältnissen zu bekommen, kann man sich vorstellen, dass ein Stecknadelkopf in der Mitte eines Leichtathletikstadions liegt [B1].

Welche Masse haben Atome? Ein Wasserstoffatom, welches das kleinste Atom ist, besitzt eine Masse von 0,000 000 000 000 000 000 000 001 674 g.

Atomkern (Durchmesser im Vergleich ca. 2 mm)

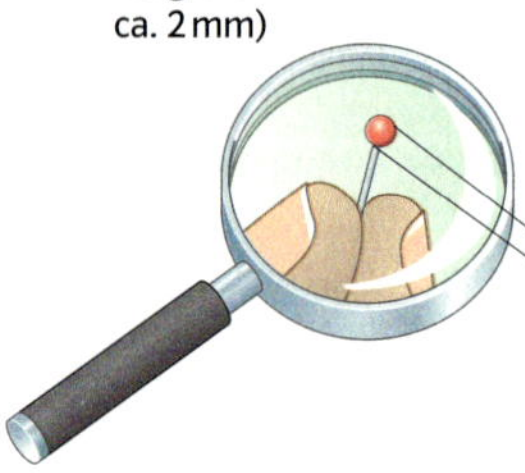

B1 Veranschaulichung der Größenverhältnisse im Atom

3.3 Der Atomkern

Mit den Streuversuchen RUTHERFORDS gelang es, neben der Größe des Kerns auch seine Ladung zu bestimmen. Der Kern des Wasserstoffatoms besitzt die kleinste Masse und die kleinste positive Ladungsportion aller Atome. Diese kleinste positive Ladungsportion bezeichnet man als **positive Elementarladung**. Ihr Betrag entspricht dem der negativen Elementarladung, nämlich der Ladung eines Elektrons.

Protonen und Kernladungzahl. Das Teilchen, das die positive Elementarladung trägt, nennt man **Proton p+**. Für Ladungsangaben nimmt man die positive Elementarladung als Einheit. In dieser Einheit ist der Zahlenwert der Ladung des Protons +1. Die Masse eines Protons ist 1836-mal so groß wie die Masse eines Elektrons. Die Anzahl der Protonen in einem Atomkern ist je nach Element verschieden. Alle Atomkerne desselben Elements besitzen jedoch die gleiche Protonenanzahl, welche kurz **Protonenzahl** oder auch **Kernladungszahl** genannt wird. Durch die Protonenzahl kann man ein Element eindeutig bestimmen.

Neutronen. Vergleicht man die Atommassen mit der Anzahl der Protonen, so ergeben sich Unstimmigkeiten. Wie oben beschrieben, bestimmen nach ursprünglicher Annahme die Protonen die Hauptmasse des Atoms. Die Masse der Elektronen ist dabei vernachlässigbar gering. Bestimmt man nun die Atommasse eines Heliumatoms, so stellt man fest, dass es eine viermal so große Atommasse besitzt wie ein Wasserstoffatom. Hieraus müsste man folgern, dass der Heliumatomkern vier Protonen besitzt. Messungen ergaben allerdings, dass im Heliumatomkern nur zwei Protonen enthalten sind. Diese Ungereimtheit ließ die Wissenschaftler unermüdlich weiter forschen, bis der britische Physiker JAMES CHADWICK 1932 entdeckte, dass es eine weitere Sorte von Teilchen in den Atomkernen gibt. Diese Teilchen bezeichnete er als **Neutronen**, da sie keine elektrische Ladung besitzen. Ihre Masse ist der der Protonen fast gleich. Durch diese Entdeckung erklärten sich die Unstimmigkeiten bei den Massenbeobachtungen: Ein Heliumatomkern besteht aus zwei Protonen und zwei Neutronen, wodurch er eine viermal so große Atommasse wie ein Wasserstoffatomkern hat.
Neutronen sind in nahezu allen Atomkernen enthalten.
Die Protonen und Neutronen bilden zusammen den Atomkern, weswegen sie auch **Nukleonen** genannt werden. Sie tragen wesentlich zur Masse eines Atoms bei.

Protonen, Neutronen und Elektronen sind die Bausteine der Atome. Man bezeichnet sie als Elementarteilchen. Protonen und Neutronen fasst man als Nukleonen zusammen. Die Anzahl der Protonen charakterisiert die Atome der verschiedenen Elemente. Die Anzahlen der Protonen und Elektronen sind in Atomen gleich, da Atome nach außen hin elektrisch neutral sind.

Kennzeichnung der Atome. Wie wir wissen, unterschieden sich die Atome verschiedener Elemente, aber auch die Atome eines Elements können sich durch die Nukleonenanzahl unterscheiden. Atome gleicher Nukleonenzahl und Protonenzahl gehören zum selben **Nuklid**. Für Nuklide gilt folgende internationale Schreibweise:
Vor das Atomsymbol wird als hochgestellte Zahl die Nukleonenzahl und die Kernladungszahl (Protonenzahl) als tiefgestellte Zahl geschrieben.

Nukleonenzahl
Kernladungszahl = Protonenzahl

$^{27}_{13}Al$

B1 Nuklidsymbolschreibweise für Aluminium

Diese Kurzschreibweise gibt folgende Informationen über das Aluminiumatom:

- Aluminiumatome besitzen 27 **Nukleonen**.
- Der Atomkern enthält 13 **Protonen**, woraus man schließen kann, dass in der Atomhülle 13 **Elektronen** sind.
- Subtrahiert man die Kernladungszahl von der Nukleonenzahl, so erhält man die Neutronenanzahl. Aluminiumatome besitzen 14 **Neutronen**.

Proton
von griech. proton, das Erste

Nukleon
von lat. nucleus, Kern

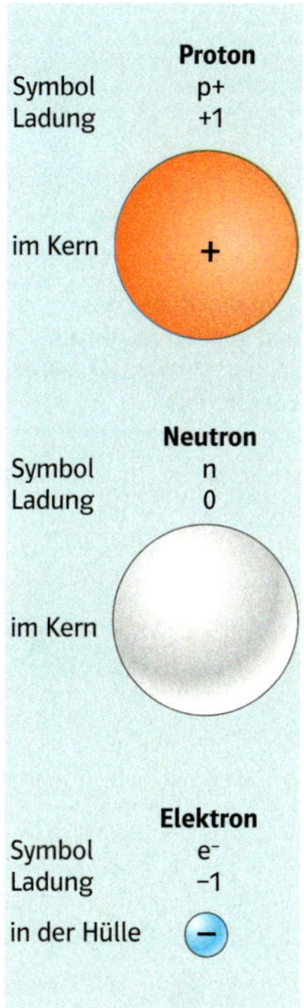

B2 Elementarteilchen im Vergleich

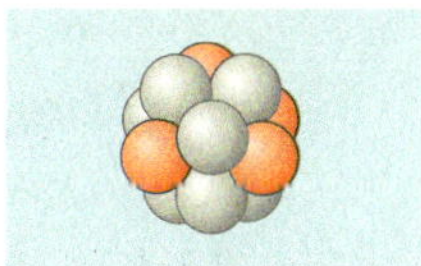

B3 Atomkern, bestehend aus Protonen und Neutronen

3.4 Die Atomhülle

Historische Bezeichnung K bis Q der Schalen Die Wissenschaftler wussten damals nicht, ob es vor der K-Schale noch eine weitere gibt. Deshalb haben sie die innerste Schale nicht mit A, sondern mit K bezeichnet

Konzentrisch Kreise und Kugeln mit gemeinsamem Mittelpunkt heißen konzentrisch

B1 Längsschnitt durch eine Zwiebel

Atome bestehen, wie zuvor erörtert, aus einem sehr kleinen Atomkern im Zentrum und einer sehr weitläufigen Atomhülle. In der Atomhülle befinden sich die elektrisch negativ geladenen Elektronen. Diese haben alle einen bestimmten Energiegehalt. Die vom Kern am weitesten entfernten Elektronen haben den höchsten Energiegehalt.

Das Schalenmodell. Leider kann das Innere der Atome mit keinem Mikroskop sichtbar gemacht werden, doch durch Messungen der Energiegehalte der Elektronen kann ein Modell zum Atomhüllenaufbau konstruiert werden.
Aus diesen Beobachtungen wurde das **Schalenmodell** [B2] entwickelt. Es gibt uns eine Vorstellung davon, wie die Elektronen in der Atomhülle angeordnet sind.

Das Schalenmodell zeigt eine sehr große Ähnlichkeit mit einer Zwiebel. Die innerste – oder auch erste Schale genannt – besitzt die Gestalt einer Kugel, in deren Zentrum der Atomkern sitzt. Alle weiteren Schalen sind konzentrische Kugelschalen, sie umschließen wie Zwiebelschalen die inneren Schalen [B1]. Diese Schalen bieten den *Aufenthaltsraum* für die Elektronen.

Schalen und Energiestufen. Die einzelnen Schalen werden je nach Energiegehalt der Elektronen besetzt, d.h. in der innersten Schale befinden sich die energieärmsten Elektronen, auf der äußersten Schale die energiereichsten. Den Schalen kann also jeweils eine entsprechende **Energiestufe** der Elektronen zugeordnet werden.

Jede Schale bietet ihren Elektronen einen entsprechend großen Raum, sodass sich die Elektronen in den jeweiligen Schalen fast frei bewegen können. Da alle Elektronen jedoch eine negative, elektrische Ladung besitzen, stoßen sie sich gegenseitig ab. Dies zwingt sie dazu, sich so weit wie möglich aus dem Weg zu gehen. Dabei verlassen sie ihre Schale jedoch nicht, denn der elektrisch positiv geladene Atomkern übt auf die Elektronen eine elektrische Anziehungskraft aus. Die Elektronen bewegen sich so schnell, dass man zu keinem Zeitpunkt ihre *Geschwindigkeit* und zugleich ihren *genauen Ort in* der Schale bestimmen kann. Die Schalen besitzen keine scharf abgegrenzten Ränder, sondern überschneiden sich und gehen somit fließend ineinander über.

Bisher kann man aufgrund der Energiegehalte der Elektronen in einem Atom maximal **7 Schalen** unterscheiden, welche man von innen nach außen mit den Ziffern 1 bis 7 beschriftet. Die Bezeichnung mit den Buchstaben K bis Q des Alphabets ist historisch.

Die Schalen als solche sind nur gedachte Aufenthaltsräume für die Elektronen. Das bedeutet, dass sich die Schalen nur durch die Anwesenheit der Elektronen ergeben. Wenn Elektronen einer bestimmten Energiestufe nicht vorhanden sind, so existiert die der Energiestufe zugeordnete Schale ebenfalls nicht.

Das Schalenmodell veranschaulicht die Anordnung der Elektronen in der Atomhülle. Die Elektronen befinden sich in der Atomhülle und besitzen verschiedene Energiegehalte. Zu jeder Schale gehört eine Energiestufe. Je weiter die Elektronen vom Atomkern entfernt sind, desto höher ist ihr Energiegehalt.

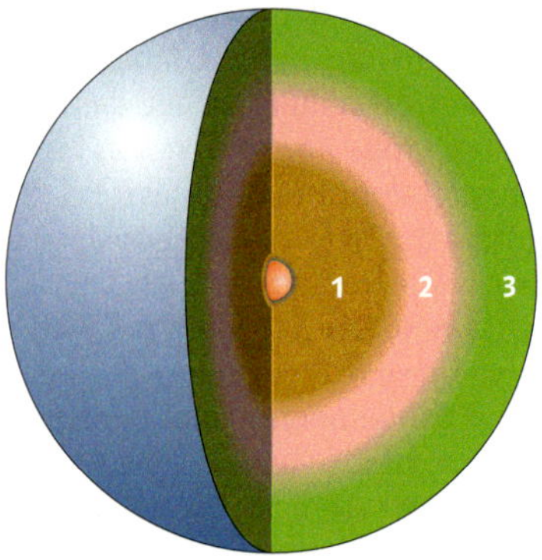

B2 Schalenmodell – zur Verdeutlichung ist das dargestellte Modell aufgeschnitten

Die Ionisierungsenergie. Die Elektronen lassen sich in der Atomhülle in Gruppen nach Energiestufen ordnen. Um die Energiebeträge der Energiestufen zu ermitteln, hat man den Energiebetrag gemessen, der nötig ist, um die Elektronen nacheinander aus den jeweiligen Schalen zu entfernen. Aus den Atomen werden durch den Elektronenentzug positiv geladene Ionen. Die Energie, die zur Abtrennung von Elektronen aus einem Atom benötigt wird, nennt man daher **Ionisierungsenergie**.

Gedankenexperiment zur Ionisierungsenergie. Für die Elektronen, die sich weit außen in der Atomhülle befinden, muss weniger Ionisierungenergie aufgewendet werden als für die weiter innen, d.h. näher am Kern liegenden Elektronen. Dieser Effekt kann durch folgendes Gedankenexperiment veranschaulicht werden:
Möchte man einen Apfel in den Weltraum werfen, so müsste man ihn auf 11,2 km/s beschleunigen, damit er die Erde ganz verlässt und nicht wieder zurückfällt. Würde man dieses Experiment auf dem Gipfel des Mount Everests durchführen, so müsste man etwas weniger Energie aufbringen. Je weiter man sich vom Erdmittelpunkt entfernt, umso geringer wirkt die Erdanziehungskraft. Noch viel weniger Energie müsste aufgewendet werden, wenn der Apfel von einem Space Shuttle in den Raum geworfen wird [B3].

Ersetzt man nun den Apfel durch ein Elektron und die Erde durch einen mehrprotonigen Atomkern, so ist leicht zu verstehen, dass ein Elektron sich umso leichter aus dem Atom entfernen lässt, je weiter außen sich dieses Elektron in der Atomhülle befindet.

Ursache der unterschiedlichen Ionisierungsenergien. Man erhält, wie eben erläutert, nicht nur unterschiedliche Beträge für die Ionisierungsenergien der Elektronen unterschiedlicher Schalen, sondern auch für die Ionisierungsenergien der Elektronen innerhalb einer Schale. Diese Unterschiede sind zwar nicht so groß wie zwischen den einzelnen Energiestufen, aber doch deutlich. Die Ursache dieses Effekts ist, dass während des Elektronenabzugs aus der Atomhülle die elektrische Anziehungskraft des Atomkerns auf die jeweils noch verbleibenden Elektronen zunimmt, da mit jedem entfernten Elektron die positive Ladung des Kerns immer mehr über die negative Ladung der Hülle überwiegt.

Dieser Zusammenhang kann leichter verstanden werden, wenn man sich nicht ein Atom vorstellt, dem Elektronen entzogen werden, sondern die umgekehrte Situation:
Es wird nun von einem Atomkern ausgegangen, welcher von keinen Elektronen umgeben ist. Werden diesem Atomkern nach und nach Elektronen hinzugefügt, so wird mit jedem zugefügten Elektron ein bestimmter Energiebetrag frei. Dieser freigesetzte Energiebetrag ist für das erste aufgenommene Elektron am höchsten, für das äußerste, zuletzt aufgenommene Elektron am geringsten. Die Ursache ist darin zu sehen, dass die Wirkung der positiven Ladung des Atomkerns immer mehr durch die hinzukommenden negativen Ladungen der Elektronen aufgehoben wird. Mit dem letzten aufgenommenen Elektron sind schließlich gleich viele Protonen wie Elektronen vorhanden: Das Atom ist ungeladen.

Positiv geladene Ionen
Geben Atome Elektronen ab, so erhalten sie eine positive Ladung, da die Protonenanzahl nun größer ist als die Elektronenanzahl

B3 Gedankenexperiment zur Veranschaulichung der abnehmenden Ionisierungsenergie für außenliegende Elektronen in der Atomhülle

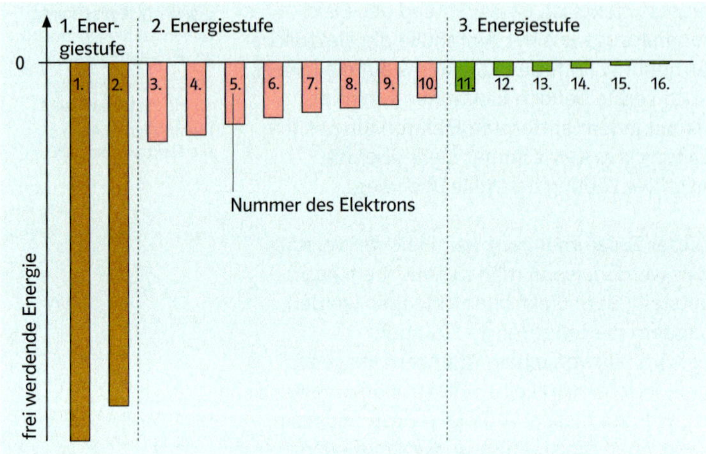

B4 Vergleich freigesetzter Energiebeträge beim schrittweisen Zufügen von Elektronen zu einem mehrprotonigen Atomkern

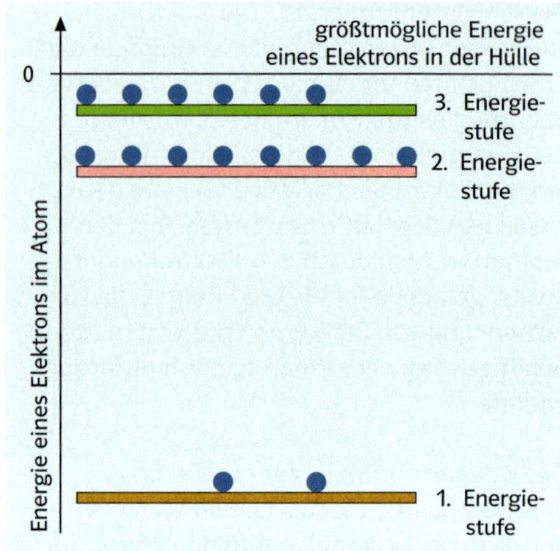

B5 Energiestufenmodell am Beispiel des Schwefelatoms

B4 veranschaulicht die zuvor angesprochenen Beträge der freigesetzten Energien pro zugefügtem Elektron. Diese freigesetzten Energien versieht man mit dem negativen Vorzeichen. Dies mag zunächst schwer vorstellbar erscheinen, doch durch folgende Betrachtung, werden die Zusammenhänge klarer: Liegt ein Ball auf dem Rasen, so besitzt er eine bestimmte Lageenergie, die als Nullniveau angesehen wird. Rollt der Ball in eine Baugrube, so kann er verschieden tief in diese Baugrube fallen, d.h. er befindet sich verschieden tief unter dem eben genannten Nullniveau. Je nachdem, wie tief der Ball gefallen ist, werden unterschiedlich hohe Beträge an Energie frei. Diese freigesetzte Energie tritt als Bewegungsenergie des Balles auf.

Das Bauprinzip der Atomhüllen. Auffallend in der Grafik B4 sind die *Energiesprünge* zwischen dem 2. und 3. Elektron sowie zwischen dem 10. und 11. Elektron. Zeichnet man das Balkendiagramm B4 als Kurve und vergleicht diese mit analogen Diagrammen anderer Elemente, so ergeben sich relativ einheitliche Kurvenverläufe [B6]. Bei jeder Atomart steigt die Ionisierungsenergie beim 2. bzw. 10. Elektron stark an, was auf ein **einheitliches Bauprinzip der Atomhüllen** aller Elemente schließen lässt.

Durch die Beobachtung der Energiesprünge bei den Ionisierungsenergien wurde das **Energiestufenmodell** entwickelt [B5].

Die Ionisierungsenergie ist diejenige Energie, die aufgewendet werden muss, um Elektronen aus der Atomhülle zu entfernen. Aus Atomen werden dadurch positiv geladene Ionen.
Alle Atome der verschiedenen Elemente haben ein einheitliches Bauprinzip.

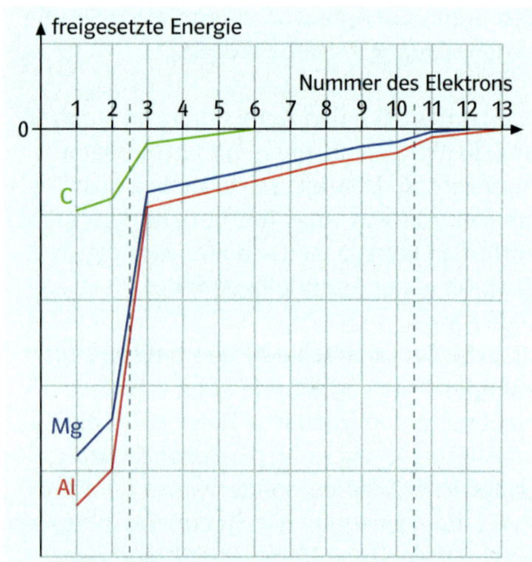

B6 Vergleich freigesetzter Energiebeträge verschiedener Atome

Die Abbildung B7 zeigt die Anordnung der Elektronen verschiedener Atome. Daraus ist zu erkennen, dass die *erste Energiestufe*, welche die energieärmste ist, *maximal zwei Elektronen* umfasst. Die zweite Energiestufe wird von *maximal acht Elektronen* besetzt. Enthält ein Atom mehr als zehn Elektronen, so ergeben sich entsprechend weitere Energiestufen.
Bei den bisher bekannten Atomarten können sieben Energiestufen gezählt werden.
Die Zahlen 1 bis 7, die zur Nummerierung der Energiestufen verwendet werden, bezeichnet man als **Hauptquantenzahlen *n***. Die maximale Anzahl an Elektronen (*z*), die eine Energiestufe besetzen, kann durch eine Formel [B9] ausgedrückt werden [vgl. B8].

Die maximale Elektronenbesetzung einer Energiestufe lässt sich durch $z = 2\,n^2$ ermitteln, wobei *n* die Hauptquantenzahl ist. Sie stimmt mit der Nummer der Energiestufe überein.

Energiestufe	Hauptquantenzahl *n*	Maximale Elektronenzahl *z*
K	1	2
L	2	8
M	3	18
N	4	32
O	5	50
P	6	72
Q	7	98

B8 Maximale Besetzung der Energiestufen mit Elektronen

$$z = 2\,n^2$$

z: maximale Anzahl an Elektronen einer Energiestufe
n: Hauptquantenzahl

B9 Formel zur Ermittlung der maximalen Anzahl an Elektronen einer Energiestufe

Hauptquantenzahl von lat. quantum, Menge

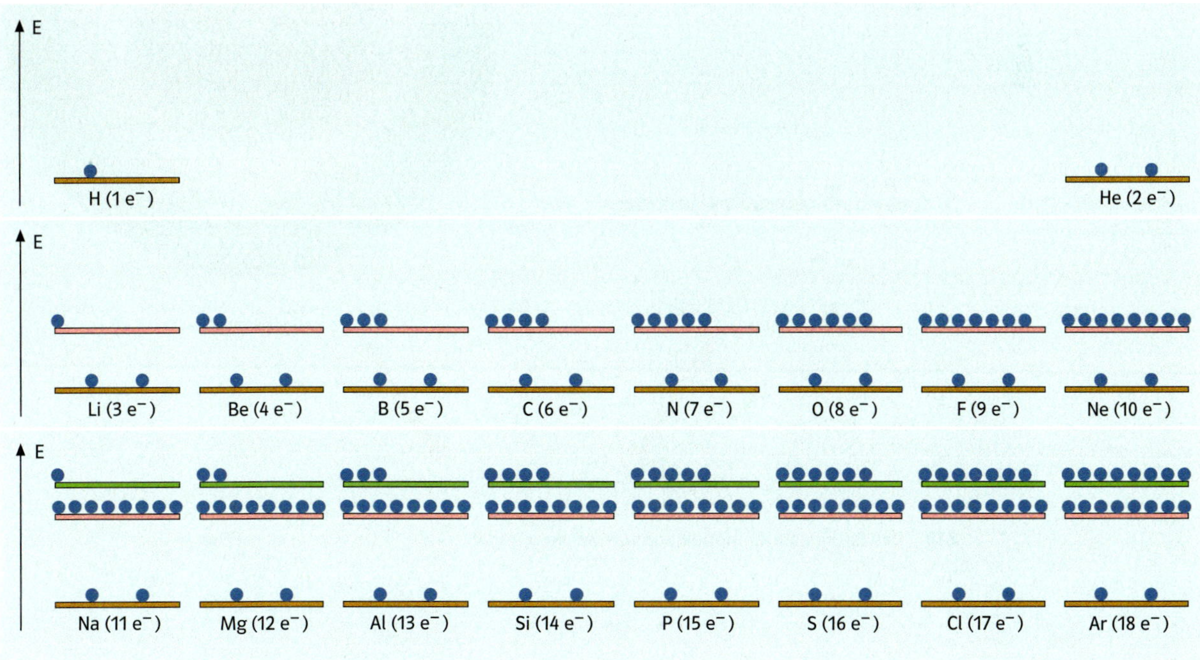

B7 Die Elektronen besetzen je nach Energiegehalt verschiedene Energiestufen

Fassen wir alle bisher erläuterten Sachverhalte über den Bau der Atomhülle zusammen, so sehen wir, dass es hierfür **zwei unterschiedliche Modelle** gibt:

1. Das **Energiestufenmodell** veranschaulicht die energetischen Zusammenhänge.

2. Das **Schalenmodell** versucht das räumliche Aussehen der Atomhülle darzustellen.

Während die Schalen, ähnlich wie Schäfchenwolken am Himmel, nicht scharf voneinander abgrenzbar sind, besitzen die Elektronen in den Energiestufen ganz bestimmte Energien.

Die Energiebeträge der Elektronen zeigen zum Teil markante Unterschiede. Diese Unterschiede weisen darauf hin, dass in der Atomhülle mehrere Energiestufen existieren.

Jeder Energiestufe kann eine Schale zugeordnet werden. Jede Schale besitzt eine gewisse Anzahl an Elektronen, die jeweils den gleichen Energiegehalt besitzen.

In den bisher bekannten Atomen kann man maximal **sieben Energiestufen** messen. Daher zeichnet man im Schalenmodell ebenfalls maximal sieben Schalen.

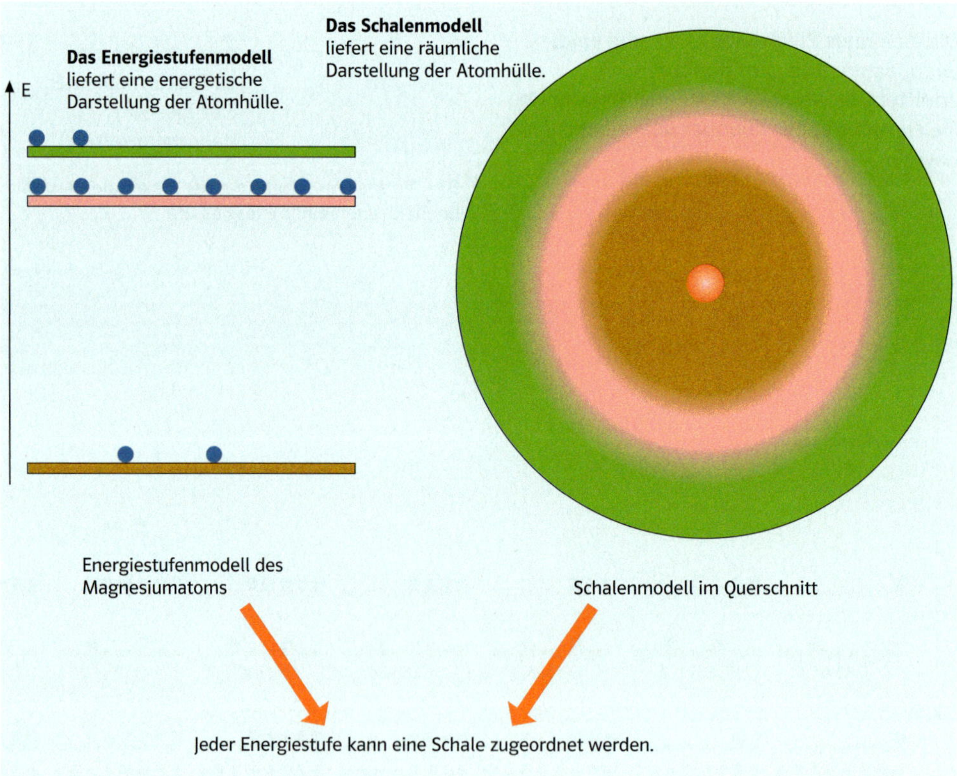

B10 Das Energiestufenmodell und das Schalenmodell

3.5 Elektronenkonfiguration

Jeder Schale des Schalenmodells können Elektronen einer bestimmten Energiestufe zugeordnet werden. Die maximale Anzahl der Elektronen (z) ergibt sich durch $z = 2\,n^2$. In der innersten Schale, welche zur ersten Energiestufe gehört, befinden sich somit maximal zwei Elektronen, in der zweiten Schale halten sich maximal acht Elektronen auf, in der dritten Schale maximal 18 Elektronen usw.

Für jedes Atom lassen sich die Elektronen in den einzelnen Schalen angeben. Dies kann durch Kreisdiagramme geschehen [B1] oder folgendermaßen:

Beispiele:

Für das Sauerstoffatom gilt:
1. Schale: 2 Elektronen
2. Schale: 6 Elektronen

Für das Schwefelatom gilt:
1. Schale: 2 Elektronen
2. Schale: 8 Elektronen
3. Schale: 6 Elektronen

Die Verteilung der Elektronen auf die einzelnen Schalen wird als **Elektronenkonfiguration des Atoms** bezeichnet.
Die Elektronen, welche die äußerste Schale und somit die energiereichste Energiestufe besetzen, nennt man **Valenzelektronen.**
Die verbleibenden Elektronen und der Atomkern werden als **Atomrumpf** bezeichnet.

Die Valenzelektronen sind entscheidend an chemischen Reaktionen beteiligt. Ihnen kommt somit eine große Bedeutung zu.

Die Elektronenkonfiguration gibt die Verteilung der Elektronen auf die einzelnen Energiestufen an. Die Elektronen der energiereichsten (äußersten) Schale werden als Valenzelektronen bezeichnet.

A1 Gib die Elektronenkonfiguration der Atome folgender Elemente an:
Kohlenstoff (C), Phosphor (P), Natrium (Na).

A2 Gib die Anzahl der Valenzelektronen folgender Elemente an:
Magnesium (Mg), Beryllium (Be), Schwefel (S), Neon (Ne).

Elektronenkonfiguration von lat. configuratio, Gestalt, Gestaltung

Valenzelektronen von lat. valere, Wert sein

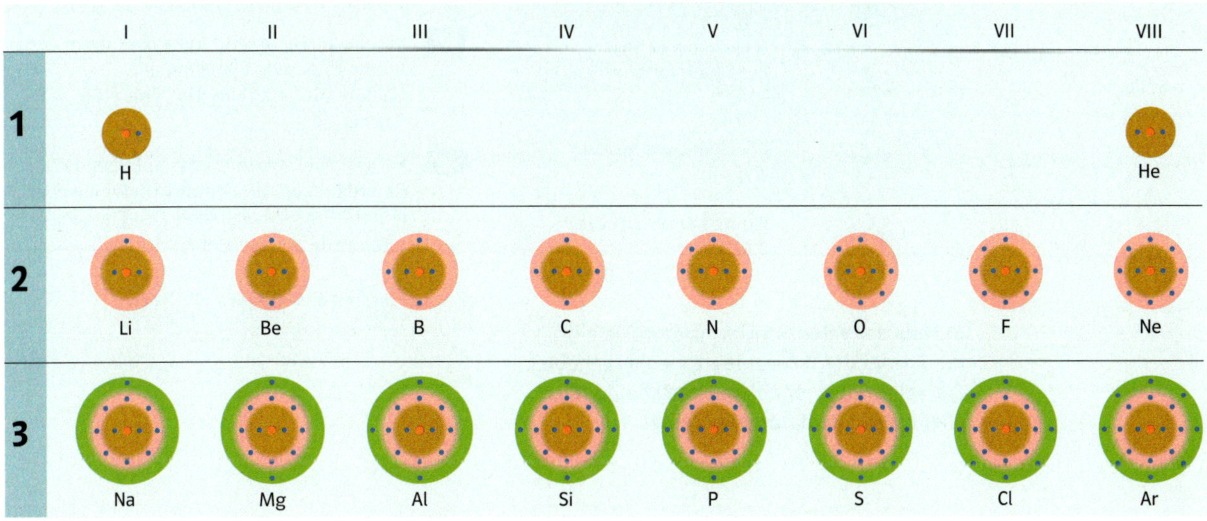

B1 Elektronenkonfigurationen einiger Elemente. Die Elektronen sind in eine Schnittebene eingezeichnet

3.6 Valenzstrichschreibweise

Da die Valenzelektronen große Bedeutung für den Ablauf chemischer Reaktionen haben und ihre Anzahl wichtig ist, wurde die **Valenzstrichschreibweise** entwickelt.

Die Valenzstrichschreibweise gibt nur die **Anzahl der Valenzelektronen** eines Elements an, nicht deren räumliche Lage. Die Valenzelektronen werden als Punkte bzw. Striche um das Elementsymbol notiert.

Beispiele:

Valenzstrichschreibweise	Bedeutung (VE = Valenzelektron)
H •	Ein Wasserstoffatom besitzt 1 VE
Li •	Ein Lithiumatom besitzt 1 VE
• Be •	Ein Berylliumatom besitzt 2 VE
• B •	Ein Boratom besitzt 3 VE
• C •	Ein Kohlenstoffatom besitzt 4 VE
• N •	Ein Stickstoffatom besitzt 5 VE
• O •	Ein Sauerstoffatom besitzt 6 VE
| F |	Ein Fluoratom besitzt 7 VE
| Ne |	Ein Neonatom besitzt 8 VE

Mittels der Valenzstrichschreibweise wird die Anzahl der Valenzelektronen angegeben. Die Valenzelektronen sind entscheidend an chemischen Reaktionen beteiligt.

Regeln zur Valenzstrichschreibweise:

1. Um das Elementsymbol (Es) denkt man sich ein Quadrat:

2. Für **ein bis vier** Valenzelektronen gilt: Stellvertretend für jedes Valenzelektron wird an jeweils eine Quadratseite ein Punkt gesetzt:

3. Für **fünf bis acht** Valenzelektronen (maximal mögliche Anzahl) werden zunächst Punkte, dann Striche an die Quadratseiten gesetzt, wobei ein Strich stellvertretend für zwei Valenzelektronen steht:

z. B. für sieben Valenzelektronen.

Auf die Darstellung des blauen Quadrats wird normalerweise verzichtet. Es dient hier nur zum besseren Verständnis.

A1 Gib die Valenzstrichschreibweise der Atome folgender Elemente an: Gallium (Ga), Natrium (Na), Chlor (Cl), Calcium (Ca).

A2 Für welche Elemente können folgende Darstellungen in Valenzstrichschreibweise gelten? Ergänze die möglichen Elementsymbole in deinem Heft!

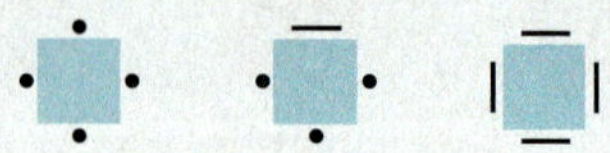

3.7 Durchblick Zusammenfassung und Übung

Atom
Ein **Atom** besteht aus einem **Atomkern** und einer **Atomhülle**.

Atomkern
Der **Atomkern** setzt sich aus **Nukleonen** zusammen. Nukleonen sind elektrisch positiv geladene **Protonen** und ungeladene **Neutronen**. Die **Nukleonenzahl** setzt sich aus der Anzahl der Protonen und der Anzahl der Neutronen zusammen.
Die **Protonenanzahl** ist gleich der **Kernladungszahl**. Sie charakterisiert die Atome eines Elements.

Elementarteilchen
Protonen, Neutronen und Elektronen werden auch **Elementarteilchen** genannt.
In einem neutralen Atom ist die Anzahl der Protonen gleich der Anzahl der Elektronen.

Nuklid
Ein Nuklid wird durch die Kernladungszahl und die Nukleonenzahl charakterisiert [B4]. Für die Charakterisierung eines Elements genügt die Kernladungszahl.

Atomhülle
Die **Atomhülle** wird von elektrisch negativ geladenen **Elektronen** gebildet, welche sich in der Atomhülle befinden. Da die Elektronen einen unterschiedlichen Energiegehalt besitzen, besetzen sie unterschiedliche **Energiestufen** [B3], die den Schalen zugeordnet werden können [B1].
Mit der **Formel** $z = 2\,n^2$ (n: Hauptquantenzahl) kann die maximale Anzahl an Elektronen (z) pro Energiestufe berechnet werden. Die Verteilung der Elektronen eines Atoms auf die einzelnen Energiestufen bezeichnet man als **Elektronenkonfiguration**.

Die **Valenzelektronen** sind die äußersten, energiereichsten und für chemische Reaktionen wichtigsten Elektronen. Ihre Anzahl kann in der **Valenzstrichschreibweise** [B2] angegeben werden.

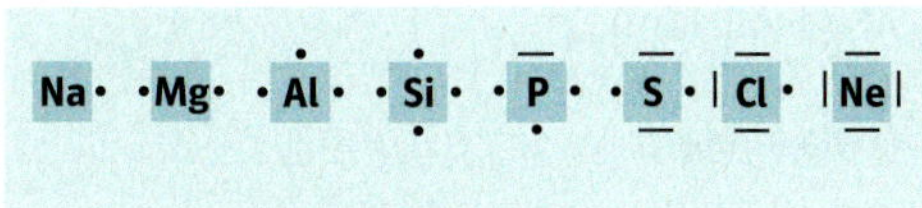

B2 Valenzstrichschreibweise

B4 Nuklidsymbol-Schreibweise für Natrium

Durch das **Schalenmodell** [B1] kann der Atombau veranschaulicht werden.

Ionen
Aus Atomen können durch Elektronenabgabe oder Elektronenaufnahme Ionen entstehen. Sie haben eine elektrische Ladung. Um Elektronen aus der Atomhülle zu entfernen, muss **Ionisierungsenergie** aufgewendet werden.

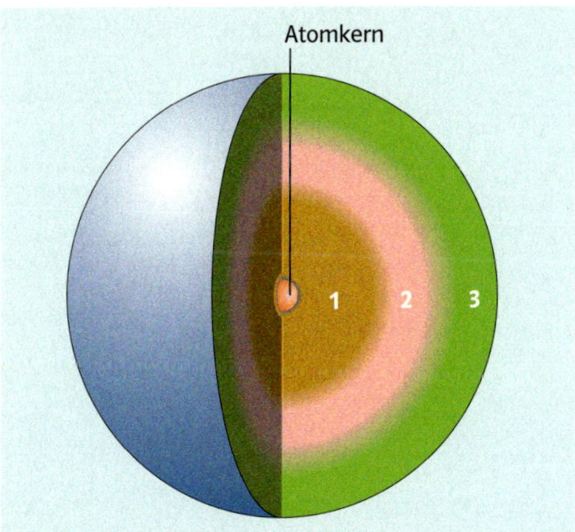

B1 Schalenmodell

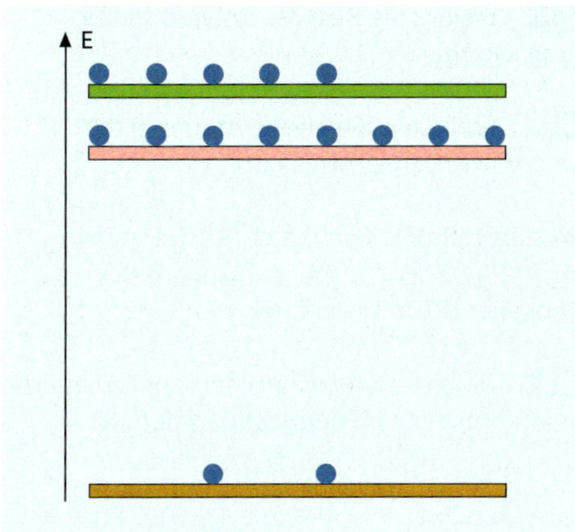

B3 Das Energiestufenmodell des Phosphoratoms

A1 Kann man mit DALTONS Teilchenmodell die Elektrizität erklären? Begründe.

A2 Was kann man über den Bau der Atome eines Elements aussagen, wenn man dessen Kernladungszahl kennt?

A3 Zeichne das Schalenmodell des Siliciumatoms und des Bromatoms.

A4 Woraus bestehen jeweils die Atomkerne und die Atomhüllen folgender Atome:

$^{11}_{5}B$ (Bor)

$^{27}_{13}Al$ (Aluminium)

$^{16}_{8}O$ (Sauerstoff)

$^{32}_{16}S$ (Schwefel)

Gib jeweils die Anzahl und Art der Elementarteilchen an.

A5 Berechne die maximale Anzahl an Elektronen in der 4. und 6. Schale.
Nenne jeweils ein Element als Beispiel.

A6 Gib die Elektronenkonfiguration der Atome folgender Elemente an:

Natrium (Na), Fluor (F), Argon (Ar), Magnesium (Mg), Phosphor (P), Silicium (Si).

A7 Erkläre die Begriffe Ion und Ionisierungsenergie.

A8 Stelle die folgenden Atome in der Valenzstrichschreibweise dar:

Wasserstoff (H), Aluminium (Al), Neon (Ne), Brom (Br), Schwefel (S), Kohlenstoff (C), Phosphor (P), Stickstoff (N).

A9 Durch welche experimentellen Befunde gelangt man zum Energiestufenmodell?

A10 Überlege, ob die Elektronen der Atome in RUTHERFORDS Versuch einen nennenswerten Einfluss auf die Bahn der α-Teilchen haben. Womit könnte dies zusammenhängen?

A11 Der Luftballon A wird mit dem Gas Krypton gefüllt, der Luftballon B mit dem Gas Helium.
Welcher Luftballon wird wahrscheinlich schneller schlaff?

A12 Nenne zwei Gemeinsamkeiten und drei Unterschiede der Atomhüllen des Natrium- und Kaliumatoms.

A13 Zeichne in ein Diagramm des Energiestufenmodells für das Lithiumatom die (ungefähre) Lage des Nullniveaus der Energie ein (vgl. Kap 3.4, B5).
Verdeutliche mit diesem Diagramm, warum zu erwarten ist, dass die erste Ionisierungsenergie des Lithiumatoms wesentlich kleiner ist als die zweite.
Die erste Ionisierungsenergie ist diejenige Energie, die aufgewendet werden muss, um aus einem Atom das erste Elektron zu entfernen.

4 Das Periodensystem

Es gibt zig Millionen chemische Verbindungen. Diese enorme Vielfalt basiert auf einer vergleichsweise kleinen Zahl chemischer Elemente. Das Periodensystem der Elemente ist das wichtigste Ordnungsschema der Chemie.

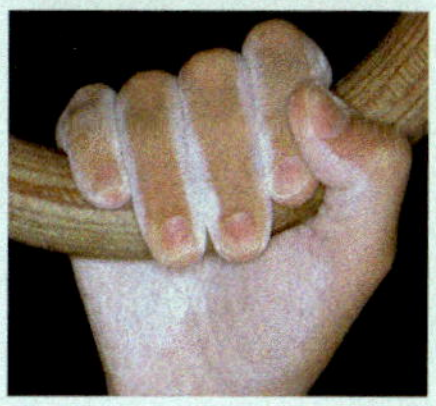

Chemische Elemente zeigen teilweise ähnliche Eigenschaften, z. B. im Reaktionsverhalten der elementaren Stoffe. Solche Elemente scheinen irgendwie miteinander verwandt zu sein.
Auch die analogen Verbindungen verwandter Elemente sind einander oft ähnlich.

Die Ursache solcher Verwandtschaften liegt im Bau der Atome. Ein einfaches Ordnungsprinzip, das auf der Kernladungszahl beruht, führt zu einem besseren Verständnis der Ähnlichkeiten.

So kann der Chemiker beispielsweise aus der Stellung eines Elements im Periodensystem in den meisten Fällen leicht ersehen, ob der zugehörige elementare Stoff ein Metall oder ein Nichtmetall ist.

4.1 Die geschichtliche Entwicklung des Periodensystems

B2 Dimitrij Mendelejew (1834 – 1907)

B3 Lothar Meyer (1830 – 1895)

Anfang des 19. Jahrhunderts waren etwa 30 Elemente bekannt, Mitte des 19. Jahrhunderts waren es bereits über 50. Aufgrund der immer stärker ansteigenden Zahl an neu entdeckten Elementen und deren Verbindungen war ein Ordnungssystem nötig. Der russische Chemiker Mendelejew [B2] und der deutsche Chemiker L. Meyer [B3] ordneten 1868/69 die Elemente nach der steigenden Atommasse und entdeckten unabhängig voneinander in der Abfolge der Elemente eine Regelmäßigkeit: Bestimmte Elemente zeigten trotz unterschiedlicher Atommasse ein ähnliches Verhalten. Sie ordneten den Elementen je ein **Elementsymbol** (Kürzel) und eine fortlaufende Nummer zu.

In Mendelejews System stehen verwandte Elemente nebeneinander [B1]. Mendelejew ordnete die ihm bekannten Elemente nicht alle fortlaufend an, sondern hielt Plätze frei, welche er mit einem Fragezeichen versah.

Durch Vergleich mit den daneben stehenden Elementen gelang es ihm, manche Eigenschaften von fehlenden Elementen, z. B. Gallium (Ga) [B4] und Germanium (Ge) vorherzusagen. Als das Metall Gallium dann 1886 entdeckt wurde, bestätigte sich Mendelejews Vermutung, dass es in der Hand schmilzt [B4]. Einige weitere Eigenschaften von Gallium, Scandium und noch unentdeckten Edelgasen konnte Mendelejew ebenfalls aufgrund der Lücken seines Systems vorhersagen, sodass es immer mehr auf das Interesse anderer Naturwissenschaftler stieß und von seiner Richtigkeit und Brauchbarkeit überzeugte.

A1 Betrachte B1 und nenne die Namen einiger Elemente, die Mendelejew bereits in seinem System aufgelistet hat.

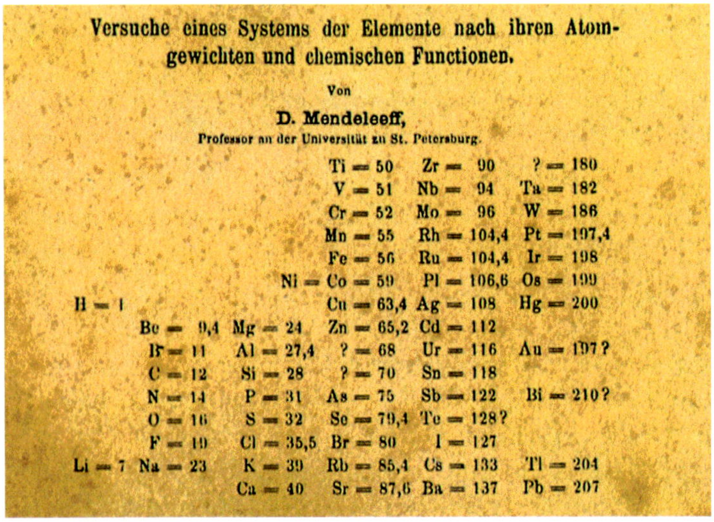

Versuche eines Systems der Elemente nach ihren Atomgewichten und chemischen Functionen.

Von

D. Mendeleeff,

Professor an der Universität zu St. Petersburg.

			Ti = 50	Zr = 90	? = 180
			V = 51	Nb = 94	Ta = 182
			Cr = 52	Mo = 96	W = 186
			Mn = 55	Rh = 104,4	Pt = 197,4
			Fe = 56	Ru = 104,4	Ir = 198
			Ni = Co = 59	Pl = 106,6	Os = 199
H = 1			Cu = 63,4	Ag = 108	Hg = 200
	Be = 9,4	Mg = 24	Zn = 65,2	Cd = 112	
	B = 11	Al = 27,4	? = 68	Ur = 116	Au = 197?
	C = 12	Si = 28	? = 70	Sn = 118	
	N = 14	P = 31	As = 75	Sb = 122	Bi = 210?
	O = 16	S = 32	Se = 79,4	Te = 128?	
	F = 19	Cl = 35,5	Br = 80	I = 127	
Li = 7	Na = 23	K = 39	Rb = 85,4	Cs = 133	Tl = 204
		Ca = 40	Sr = 87,6	Ba = 137	Pb = 207

B1 Erste Ordnung der Elemente nach steigender Atommasse von Mendelejew 1869

B4 Gallium schmilzt wie vorhergesagt in der Hand

4.2 Ordnung der Elemente im gekürzten Periodensystem

Durch die Kenntnis des Atombaus ist es gelungen, die bis heute bekannten und neu geschaffenen Elemente in ein übersichtliches Ordnungssystem – das **Periodensystem der Elemente (PSE)** – zu bringen.

Prinzip der Ordnung im PSE. Die **Kernladungszahl** eines Atoms gibt, wie in Kapitel 3.3 erörtert, die Anzahl der Protonen im Atomkern an. Die Atome verschiedener Elemente unterscheiden sich in der Protonenzahl und somit in ihrer Kernladungszahl. Die Elemente werden zunächst nach steigender Protonenzahl geordnet und erhalten eine fortlaufende Nummer – die **Ordnungszahl**. Die Ordnungszahl stimmt mit der Protonenzahl überein. Betrachtet man diese Elementreihe, so stellt man fest, dass in periodischen Abständen Elemente mit der gleichen Valenzelektronenanzahl auftreten. Alle Elemente mit gleicher Valenzelektronenzahl werden nun in senkrechte Spalten geschrieben, wobei die Reihenfolge nach steigender Ordnungszahl beibehalten wird. Hierdurch ergibt sich ein fortlaufendes System aus waagerechten Zeilen und senkrechten Spalten [B1].

Die waagerechten Zeilen, welche als **Perioden** bezeichnet werden, kennzeichnet man mit den arabischen Ziffern 1 bis 7 bzw. mit der Buchstabenfolge K bis Q des Alphabets. Die senkrechten Spalten heißen **Gruppen**.

Das vollständige Periodensystem (siehe Buchumschlag) gliedert sich in die drei Bereiche:
- Hauptgruppen,
- Nebengruppen,
- Lanthanoide und Actinoide.

Aus Gründen der vorläufigen Vereinfachung wird hier nicht das vollständige Periodensystem der Elemente betrachtet, sondern das **gekürzte PSE**, welches nur die acht **Hauptgruppen** umfasst. Diese werden entweder mit den römischen Ziffern I bis VIII oder den arabischen Ziffern 1, 2 und 13 bis 18 durchnummeriert.

Sie haben folgende **Gruppennamen**:

I. Wasserstoff und Alkalimetalle
II. Erdalkalimetalle
III. Borgruppe (Erdmetalle)
IV. Kohlenstoffgruppe
V. Stickstoffgruppe
VI. Sauerstoffgruppe (Chalkogene)
VII. Halogene
VIII. Edelgase

Im Periodensystem der Elemente (PSE) sind die Elemente nach ihrer steigenden Ordnungszahl (Protonenanzahl, Kernladungszahl) angeordnet. Die waagerechten Zeilen sind die Perioden, die senkrechten Spalten die Gruppen.

Perioden von griech. periodos, das Herumgehen

Alkalimetalle von arab. alkali, Pflanzenasche

Chalkogene von griech. chalkos, Erz; von griech. gennan, erzeugen

Halogene von griech. hals, Salz; gennan, erzeugen

Hauptgruppen							
I	II	III	IV	V	VI	VII	VIII
$_{1}H$							$_{2}He$
$_{3}Li$	$_{4}Be$	$_{5}B$	$_{6}C$	$_{7}N$	$_{8}O$	$_{9}F$	$_{10}Ne$
$_{11}Na$	$_{12}Mg$	$_{13}Al$	$_{14}Si$	$_{15}P$	$_{16}S$	$_{17}Cl$	$_{18}Ar$
$_{19}K$	$_{20}Ca$	$_{31}Ga$	$_{32}Ge$	$_{33}As$	$_{34}Se$	$_{35}Br$	$_{36}Kr$
$_{37}Rb$	$_{38}Sr$	$_{49}In$	$_{50}Sn$	$_{51}Sb$	$_{52}Te$	$_{53}I$	$_{54}Xe$
$_{55}Cs$	$_{56}Ba$	$_{81}Tl$	$_{82}Pb$	$_{83}Bi$	$_{84}Po$	$_{85}At$	$_{86}Rn$

B1 Das gekürzte Periodensystem der Elemente

Betrachtet man die eben erarbeitete Anordnung der Elemente im Periodensystem [B1], so stellt man fest, dass diese eine Weiterführung der in Kap. 3.4, B7 und Kap. 3.5, B1 erarbeiteten Darstellungen ist. Auch die Art der Nummerierung mit den Buchstaben K bis Q bzw. mit den Ziffern 1 bis 7 ist beim Bau der Atomhülle schon aufgetreten (Kap. 3.4, B8).

Dies ist nicht verwunderlich, denn bei jedem ungeladenen Atomen ist die Anzahl der Elektronen gleich der Anzahl der Protonen. Bei der Erörterung der Atomhülle wurden die Elemente nach steigender Elektronenanzahl geordnet, beim Periodensystem nach steigender Protonenzahl. Es muss sich also die gleiche Anordnung der Elemente ergeben.

Ebenso kann für beide Fälle die Beschriftung der Perioden bzw. der Energiestufen mit den Ziffern 1 bis 7 oder den Buchstaben K bis Q verwendet werden. Dies wird klar, wenn man sich nochmals mit der **Elektronenkonfiguration** der Elemente auseinandersetzt.

Die Elemente einer Gruppe besitzen die gleiche Anzahl an **Valenzelektronen**. Die Valenzelektronenanzahl stimmt mit der Hauptgruppennummer des gekürzten PSE überein [B2]. Helium macht hierbei eine Ausnahme.

	Hauptgruppen I	II	III	IV	V	VI	VII	VIII
Perioden 1	H•							He:
2	Li•	Be	B	C	N	O	F	Ne
3	Na•	Mg	Al	Si	P	S	Cl	Ar
4	K•	Ca	Ga	Ge	As	Se	Br	Kr
5	Rb•	Sr	In	Sn	Sb	Te	I	Xe
6	Cs•	Ba	Tl	Pb	Bi	Po	At	Rn
7	Fr•	Ra						

B2 Die Zahl der Valenzelektronen entspricht der Gruppennummer (mit Ausnahme des Heliums)

Die Atomhüllen haben einen sehr ähnlichen, systematischen Aufbau [B3]. Jeder Schale wird eine Periode zugeordnet.

Helium müsste nach dem allgemeinen Ordnungsprinzip in der II. Hauptgruppe stehen, da es zwei Valenzelektronen besitzt. Dennoch wurde es der VIII. Hauptgruppe zugeordnet. Der Grund liegt darin, dass die Elemente der VIII. Hauptgruppe eine chemische Besonderheit besitzen. Experimente zeigen, dass die Elemente der VIII. Hauptgruppe so gut wie keine Verbindungen eingehen. Sie sind inert, d. h. extrem reaktionsträge. Daher tragen sie auch den Namen **Edelgase**. Die jeweiligen Außenschalen der Edelgase sind mit zwei bzw. acht Elektronen besetzt. Da in der ersten Schale nur zwei Elektronen Platz finden, hat Helium, wie alle anderen Elemente der VIII. Hauptgruppe, die Wertigkeit 0 und wird daher den Edelgasen und nicht den Erdalkalimetallen zugeordnet.
Der Zustand der voll besetzten Außenschale mit zwei Elektronen heißt **Elektronenduplett** (bei Helium), der mit acht Elektronen **Elektronenoktett** (kurz Oktett).

Die besondere *Elektronenkonfiguration* der Edelgase hat einen eigenen Namen bekommen, sie wird als **Edelgaskonfiguration** bezeichnet.

Die Valenzelektronenanzahl stimmt im gekürzten Periodensystem mit der Hauptgruppennummer überein (mit Ausnahme des Heliums). Die Periodennummer ist gleich der Schalenanzahl.
Edelgase besitzen Edelgaskonfiguration, d. h. sie haben alle – außer Helium – ein Elektronenoktett. Helium besitzt ein Elektronenduplett.

Neben der eben diskutierten Position des Heliums fällt in der Anordnung der Elemente [B3] weiter auf, dass die Ordnungszahlen nicht kontinuierlich fortlaufen. Ab der 4. Periode kommt es zu einem Sprung bei den Ordnungszahlen zwischen Calcium ($_{20}Ca$) und Gallium ($_{31}Ga$), ebenso zwischen Strontium ($_{38}Sr$) und Indium ($_{49}In$) und zwischen Barium ($_{56}Ba$) und Thallium ($_{81}Tl$).

Die Ursache der Sprünge liegt darin, dass hier nur die Elemente des gekürzten Periodensystem aufgelistet sind. Die Elemente der Nebengruppen und der Lanthanoide und Actinoide sind hier herausgelassen worden, da deren Ordnungsprinzip komplizierter ist als das der Hauptgruppen.

Aus dem PSE lassen sich nicht nur die Elektronenkonfigurationen und Protonenzahlen ableiten, sondern auch Aussagen über die Größe eines Atoms machen. In einer Elementgruppe nimmt die Größe der Atome mit zunehmender Schalenzahl zu. Auch die **stöchiometrischen Wertigkeiten** (kurz Wertigkeit) der Elemente (vgl. Kap. 2.10 und Kap. 2.18) kann man dem PSE entnehmen. Die Wertigkeit ist eine wichtige Größe zur Ermittlung von chemischen Formeln. Vergleicht man die Wertigkeit der Elemente mit der Zahl ihrer Valenzelektronen, so findet man eine Übereinstimmung von den Alkalimetallen (Wertigkeit I, Valenzelektronenanzahl 1) bis einschließlich der Kohlenstoffgruppe (Wertigkeit IV, Valenzelektronenanzahl 4). Die Wertigkeit der Elemente der Stickstoffgruppe bis zu den Halogenen erhält man aus der Differenz aus der Zahl Acht und der Zahl der Valenzelektronen.
Möchte man beispielsweise die Wertigkeit von Sauerstoff ermitteln, so rechnet man:

8 – 6 (Valenzelektronenanzahl) = 2
Die Wertigkeit von Sauerstoff beträgt II.

Es gibt auch Verbindungen, in denen manche Elemente andere Wertigkeiten annehmen als die gerade ermittelten.

Mithilfe des Periodensystems kann für alle Hauptgruppenelemente die jeweilige bevorzugte stöchiometrische Wertigkeit, die Anzahl an Protonen und Elektronen und die Elektronenkonfiguration abgelesen werden.

Für die Zahlenwerte gilt:
Ordnungszahl = Kernladungszahl = Protonenanzahl = Elektronenanzahl

		Gruppen							
Perioden	Schale	I	II	III	IV	V	VI	VII	VIII
		$_{1}$H							$_{2}$He
1	1.	1							2
		$_{3}$Li	$_{4}$Be	$_{5}$B	$_{6}$C	$_{7}$N	$_{8}$O	$_{9}$F	$_{10}$Ne
2	1.	2	2	2	2	2	2	2	2
	2.	1	2	3	4	5	6	7	8
		$_{11}$Na	$_{12}$Mg	$_{13}$Al	$_{14}$Si	$_{15}$P	$_{16}$S	$_{17}$Cl	$_{18}$Ar
3	1.	2	2	2	2	2	2	2	2
	2.	8	8	8	8	8	8	8	8
	3.	1	2	3	4	5	6	7	8
		$_{19}$K	$_{20}$Ca	$_{31}$Ga	$_{32}$Ge	$_{33}$As	$_{34}$Se	$_{35}$Br	$_{36}$Kr
4	1.	2	2	2	2	2	2	2	2
	2.	8	8	8	8	8	8	8	8
	3.	8	8	18	18	18	18	18	18
	4.	1	2	3	4	5	6	7	8
		$_{37}$Rb	$_{38}$Sr	$_{49}$In	$_{50}$Sn	$_{51}$Sb	$_{52}$Te	$_{53}$I	$_{54}$Xe
5	1.	2	2	2	2	2	2	2	2
	2.	8	8	8	8	8	8	8	8
	3.	18	18	18	18	18	18	18	18
	4.	8	8	18	18	18	18	18	18
	5.	1	2	3	4	5	6	7	8
		$_{55}$Ca	$_{56}$Ba	$_{81}$Tl	$_{82}$Pb	$_{83}$Bi	$_{84}$Po	$_{85}$At	$_{86}$Rn
6	1.	2	2	2	2	2	2	2	2
	2.	8	8	8	8	8	8	8	8
	3.	18	18	18	18	18	18	18	18
	4.	18	18	32	32	32	32	32	32
	5.	8	8	18	18	18	18	18	18
	6.	1	2	3	4	5	6	7	8
		$_{87}$Fr	$_{88}$Ra						
7	1.	2	2						
	2.	8	8						
	3.	18	18						
	4.	32	32						
	5.	18	18						
	6.	8	8						
	7.	1	2						

B3 Elektronenkonfigurationen und Anordnungen der Elemente im PSE

4.3 Metalle, Nichtmetalle und Halbmetalle

Die elementaren Stoffe links unten im gekürzten Periodensystem der Elemente (PSE) leiten den elektrischen Strom und besitzen einen metallischen Glanz, während alle elementaren Stoffe rechts oben elektrische Nichtleiter sind und bis auf Iod keinen metallischen Glanz besitzen. Daher teilt man die elementaren Stoffe in Metalle und Nichtmetalle ein. Im PSE kann zwischen den Metallen und Nichtmetallen keine scharfe Grenze gezogen werden, da es elementare Stoffe gibt, die weder den Metallen noch den Nichtmetallen eindeutig zugeordnet werden können. Dies sind die Halbmetalle [B1].

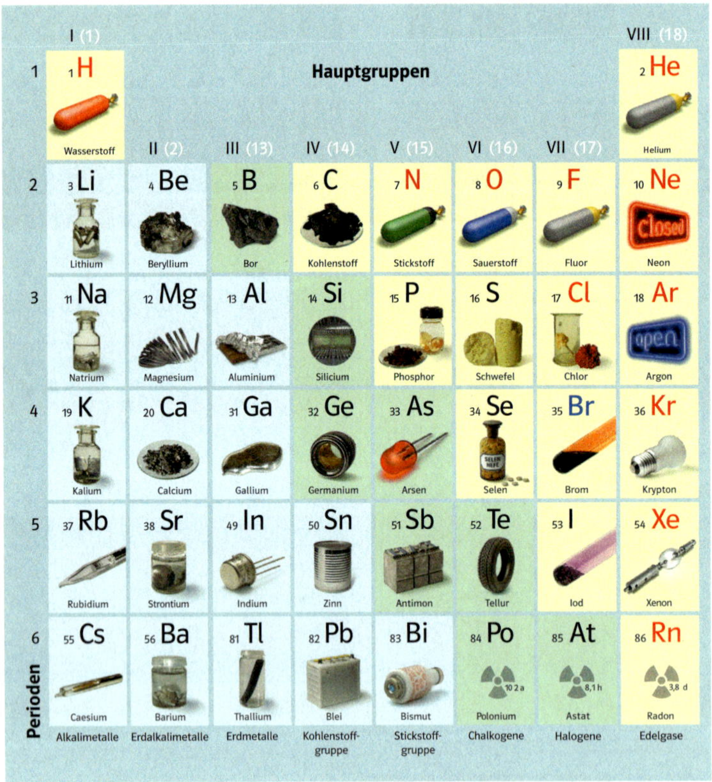

B1 Aussehen bzw. Verwendung der elementaren Stoffe

Metalle. Bisher sind insgesamt 88 Metalle bekannt, wobei davon 18 künstlich hergestellt wurden. Die Metalle stehen im PSE tendenziell links unten und haben folgende Eigenschaften:
- Elektrische Leitfähigkeit,
- Gute Wärmeleitfähigkeit,
- Metallischer Glanz,
- Verformbarkeit,
- Feststoffe (Ausnahme: Quecksilber).

Nichtmetalle. Bisher kennt man 17 Nichtmetalle. Sie stehen im PSE tendenziell rechts oben. **Wasserstoff** ist trotz seiner Stellung im PSE ein Nichtmetall. Die Nichtmetalle haben folgende Eigenschaften:
- Elektrische Nichtleiter,
- Schlechte Wärmeleitfähigkeit,
- Kein metallischer Glanz (außer Iod),
- Sprödigkeit (bei festem Zustand).

Im Allgemeinen sind die Eigenschaften der Nichtmetalle nicht so einheitlich wie die der Metalle.

Halbmetalle. Halbmetalle sind: Bor (B), Silicium (Si), Germanium (Ge), Arsen (As), Antimon (Sb), Tellur (Te), Polonium (Po) und Astat (At).
Die Halbmetalle liegen mit ihren Eigenschaften zwischen denen der Metalle und denen der Nichtmetalle.

A1 Notiere die Namen aller Nichtmetalle, gib mithilfe von B1 deren bevorzugte stöchiometrische Wertigkeit an und unterstreiche die gasförmigen Nichtmetalle.

4.4 Ionenbildung bei Metall- und Nichtmetallatomen

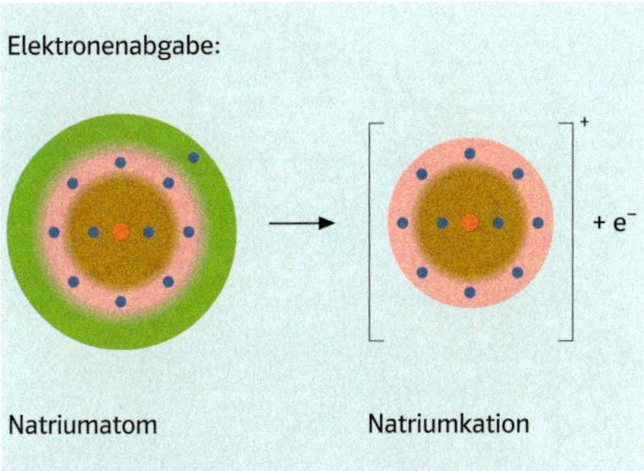

B1 Metallatome geben Elektronen ab

Metalle und Nichtmetalle besitzen nicht nur unterschiedliche physikalische Eigenschaften, sondern zeigen auch unterschiedliches chemisches Verhalten.

Die Alkalimetalle haben ein Valenzelektron. Gibt das Natriumatom sein Valenzelektron ab, bildet sich ein Natriumion [B1], welches in der Elektronenkonfiguration mit dem Neonatom übereinstimmt. Das Natriumion und das Neonatom haben jeweils ein Oktett.

Die **Metallatome** geben bei Reaktionen mit Nichtmetallatomen ihre Valenzelektronen an die Reaktionspartner ab. Dabei entstehen **elektrisch positiv geladene Teilchen**, da nun die Anzahl der Protonen größer als die Anzahl der Elektronen ist. Positiv geladene Atomrümpfe nennt man **Kationen**.

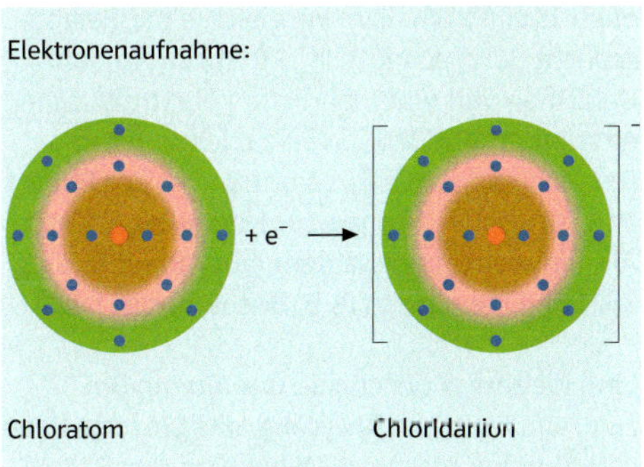

B2 Nichtmetallatome nehmen Elektronen auf

Alkalimetallatome bilden Kationen durch Elektronenabgabe:

$Li\cdot \longrightarrow Li^{+} + e^{-}$

$Na\cdot \longrightarrow Na^{+} + e^{-}$

Halogenatome bilden Anionen durch Elektronenaufnahme:

$|\overline{\underline{F}}\cdot + e^{-} \longrightarrow |\overline{\underline{F}}|^{-}$

$|\overline{\underline{Cl}}\cdot + e^{-} \longrightarrow |\overline{\underline{Cl}}|^{-}$

B3 Alkalimetall- und Halogenatome in chemischen Reaktionen

Die Halogenatome haben sieben Elektronen in der äußeren Schale. Nimmt das Chloratom ein Elektron auf, bildet sich ein Chloridion [B2]. Dieses hat die gleiche Elektronenkonfiguration wie das Argonatom, also ebenfalls ein Elektronenoktett.

Die **Nichtmetallatome** nehmen bei Reaktionen mit Metallatomen Elektronen von ihrem Reaktionspartner auf und werden dadurch zu **elektrisch negativ geladenen Teilchen**, den **Anionen**.

Metallatome geben bei Reaktionen mit Nichtmetallatomen Elektronen ab und werden zu Kationen. Nichtmetallatome nehmen Elektronen von Metallatomen auf und werden zu Anionen. Aufgrund der Elektronenübergänge besitzen dann sowohl Anionen als auch Kationen Edelgaskonfiguration.

A1 Welche Elektronenkonfiguration der Edelgase nehmen folgende Elemente nach der Bildung von Ionen an? Welche Ladungen haben diese Ionen nach Erreichen der Edelgaskonfiguration?
a) Brom (Br), **b)** Sauerstoff (O),
c) Magnesium (Mg).

Atomrumpf heißt ein positiv geladenes Teilchen, das aus einem Atom durch Abgabe seiner Valenzelektronen entsteht

4.5 Alltagsrelevante Elemente und ihre Verbindungen

Natrium und seine Verbindungen. Natrium ist ein weiches, sehr reaktives Metall [B1] und spielt als elementarer Stoff im Alltag keine große Rolle. Ein Beispiel ist der Einsatz in Natriumdampflampen, z. B. um Unterführungen zu beleuchten [B3]. In Form seiner Verbindungen tritt Natrium jedoch sehr häufig auf.

Alkalimetallverbindungen zeigen beim Verbrennen charakteristische **Flammenfärbungen.** Natriumverbindungen erzeugen dabei eine intensive Gelbfärbung. Einem Feuerwerk verleihen Alkalimetalle zusammen mit Erdalkalimetallen die bunten Farben.

B1 Natrium ist relativ weich und reagiert rasch mit dem Sauerstoff der Luft

Natronlauge wird industriell in großen Mengen produziert, da sie für die Herstellung von Aluminium, Farben, Kunststoffen, Papier, Seife und Textilien wichtig ist. Natronlauge ist eine wässrige Lösung von **Natriumhydroxid**, welches in Plätzchenform gepresst wird [B2]. Natronlauge besitzt wie die Lösungen aller Alkalimetallhydroxide ätzende Wirkung. Daher treten sie in vielen Backofen- und Rohrreinigern auf.
Der rohe, geformte Teig von Laugengebäck wird kurz in verdünnte Natronlauge getaucht. Beim Backen wird die Natronlauge in ungefährliche Stoffe verwandelt, die den charakteristischen Geschmack des Laugengebäcks verursachen.

Natriumchlorid (Kochsalz) macht viele Speisen schmackhaft und länger haltbar und dient deshalb auch als Konservierungsmittel.

B2 Natriumhydroxidplätzchen

B3 Natriumdampflampen in einer Unterführung

B4 Aluminium – ein Leichtmetall

Aluminium und seine Verbindungen. Aluminium ist ein Leichtmetall, da es eine sehr geringe Dichte besitzt. Zur Gewichtsersparnis wird Aluminium als Legierungsbestandteil z. B. im Flugzeugbau und Sportartikelbedarf eingesetzt. Allerdings ist Aluminium nicht so reißfest wie andere Metalle. Da Aluminium im Gegensatz zu Eisen eine sehr harte, zug- und druckfeste Oxidschicht bildet, eignet es sich zur Aufbewahrung von Lebensmitteln (Alufolie, Joghurtdeckel).

Aluminium kommt in der Erdkruste relativ häufig vor, allerdings nur in Form seiner Verbindungen, wie z. B. Aluminiumoxid („Tonerde"). Daraus wird Aluminium unter sehr hohem Energieaufwand in Aluminiumhütten durch Elektrolyse gewonnen. Zur Herstellung von 1 t dieses Aluminiums benötigt man etwa 15 000 kWh. Zum Vergleich: Eine Person braucht durchschnittlich 19 000 kWh im Jahr. Geht man von einer jährlichen elektrolytischen Aluminiumproduktion von ca. 500 000 t in Deutschland aus [B6], so entspricht der Bedarf an elektrischer Energie zur Herstellung dieses Alumininiums in etwa dem einer Stadt mit ca. 390 000 Einwohnern (z. B. Bochum) pro Jahr.

Eine weitere Möglichkeit, um Aluminium zu produzieren, ist **Recycling**, das Einschmelzen von Aluminiumschrott. Dabei wird der Bedarf an elektrischer Energie um ca. 95 % gesenkt. Zudem können Ressourcen geschont werden, da weniger Aluminiumoxid abgebaut werden muss.

B5 Ohne Silicium gäbe es kein Computerzeitalter

	2002	2003	2004	2005	2006
Aluminium durch Elektrolyse in t	652 800	660 800	667 900	647 900	515 500
Aluminium durch Elektrolyse in t	666 100	680 400	703 800	718 300	795 700

B6 Aluminiumproduktion in Deutschland

Silicium und seine Verbindungen. Silicium nimmt in Form seiner Silicium-Sauerstoff-Verbindungen (Quarz, Silicate, Kieselsäure) im Vergleich zu anderen Elementen den mit knapp 26 % größten Massenanteil in der Erdkruste ein. Zu 95 % besteht alles Gestein der Erde aus **Silicaten** und Quarz (Siliciumdioxid). Sand ist nichts anderes als fein zermahlener Quarz. Zum Häuserbau [B8] werden Zement, Beton, Ziegel und Glas benötigt – alles aufgearbeitete Silicate. Auch Porzellan, Steingut und Schmucksteine (z. B. Opal) beinhalten gebundenes Silicium.

Dass wir im Zeitalter der Elektronik leben können, ermöglicht letztlich der elementare Stoff Silicium, denn die **Computerchips** [B5] werden alle daraus hergestellt. Silicium ist als Halbmetall ein **Halbleiter**, und damit ein schlechter elektrischer Leiter. Seine Leitfähigkeit nimmt im Gegensatz zu der der Metalle beim Erwärmen zu. Die Halbleitereigenschaft wird in der Elektronik ausgenützt.

Silikone sind Siliciumverbindungen, aus denen sehr hitzestabile Öle oder auch sehr strapazierfähige, gummiähnliche Werkstoffe (Schläuche, Dichtungsmanschetten, Backzubehör) hergestellt werden können.

Schwefel und seine Verbindungen. Schwefel besitzt als elementarer Stoff im Alltag wenig Bedeutung und ist für den menschlichen Organismus ungiftig. Die gasförmigen Verbindungen **Schwefelwasserstoff** und **Schwefeldioxid** sind jedoch giftig. Schwefeldioxid wird zum Konservieren von Trockenobst eingesetzt. Außerdem desinfiziert man Weinfässer damit [B7].

Möchte man Kautschuk in **Gummi** umwandeln, so muss dieser vulkanisiert werden. Naturbelassener Kautschuk ist wenig elastisch und eher brüchig. Durch Reaktion des Naturkautschuks mit Schwefel und anderen Stoffen erhält man Gummi mit den gewünschten Eigenschaften.

A1 Nenne Lebensmittel, die in Aluminium verpackt sind oder die in Verpackungen aufbewahrt werden, welche einen Aluminiumanteil enthalten.

A2 In B6 ist dargestellt, wie viele Tonnen Aluminium durch Elektrolyse und Recycling von 2002 bis 2006 in Deutschland hergestellt wurden. **a)** Stelle in einem geeigneten Stabdiagramm die in B6 angegebenen Werte dar. **b)** Berechne jeweils den Anteil des durch Recycling gewonnenen Aluminiums an der gesamten Aluminiumproduktion für die Jahre 2002 bis 2006. Was stellst du fest?

B7 Mit Schwefeldioxid werden Weinfässer desinfiziert

B8 Silicate spielen in der Baubranche eine große Rolle

B9 Die drei Modifikationen des Kohlenstoffs: Diamant, Fulleren (Molekülmodell), Graphit

Modifikation von lat. modificatio, richtige Abmessung

Teilchenebene Die kugelförmigen Moleküle nennt man Fullerene

Stoffebene Aus Fullerenen aufgebaute Stoffe heißen Fullerite

Kohlenstoff und seine Verbindungen. Dem Element Kohlenstoff sind drei elementare Stoffe zuzuordnen: Graphit, Diamant und Fullerit – man nennt sie **Modifikationen** (s. auch Struktur-Eigenschafts-Konzept, S. 138). Betrachtet man **Graphit** mit dem Mikroskop, sieht man kleine verschiebbare schwarze Plättchen. Wegen dieses Aufbaus ist Graphit relativ weich und porös. Er findet Einsatz z. B. in Bleistiftminen. Durch Verkohlen von z. B. Holz oder Torf entsteht ein poröses Material, das als sehr gutes Filtriermittel (**Aktivkohle**) verwendet wird. Als einziges Nichtmetall leitet Graphit den elektrischen Strom. Man stellt daher **Graphitelektroden** her, die beispielsweise für Elektrolysen verwendet werden. Bei fast jeder Verbrennung von kohlenstoffhaltigen Verbindungen (Holz, Erdöl, Kerzenwachs) entsteht auch Ruß. In **Ruß** sind u. a. kleine, fein verteilte Graphitkristalle enthalten. Wird die Graphitstruktur sehr stark zusammengepresst, dann erhält man die Modifikation Diamant. Der **Diamant** ist sehr hart und leitet den elektrischen Strom nicht. Da alle Kohlenstoffmodifikationen brennbar sind, ist der Spruch „Diamanten sind unvergänglich“ falsch.
Die **Fullerene** haben die Naturwissenschaftler erst vor relativ kurzer Zeit entdeckt. Die Kohlenstoffatome bilden käfigartige Moleküle, welche eine fußballähnliche Struktur besitzen. Welche Einsatzmöglichkeiten in der Technik sich für die Fullerite ergeben, wird sich in der Zukunft zeigen.

Bezüglich seiner Verbindungen zeigt Kohlenstoff eine schier unendlich große Vielfalt [B10]. Ein großes Gebiet der Chemie gründet auf Kohlenstoffverbindungen: die **organische Chemie**. Das Element Kohlenstoff ist in fast allen lebensnotwendigen Molekülen enthalten. Dies sind die Moleküle von z. B. Kohlenhydraten, Fetten, Proteinen, Nukleinsäuren (Erbinformation), Chlorophyll und Kohlenstoffdioxid. Alle Kunststoffe, viele Farbstoffe und Waschmittel sind Kohlenstoffverbindungen. Kohlenstoffmonooxid ist für alle Säugetiere ein giftiges Gas, da es die roten Blutkörperchen blockiert und somit die Sauerstoffversorgung des Körpers unterdrückt. Kohlenstoffmonooxid entsteht bei Verbrennungen, die bei zu geringer Sauerstoffzufuhr ablaufen. Der Katalysator der Autos vermindert den Ausstoß von Kohlenstoffmonooxid.

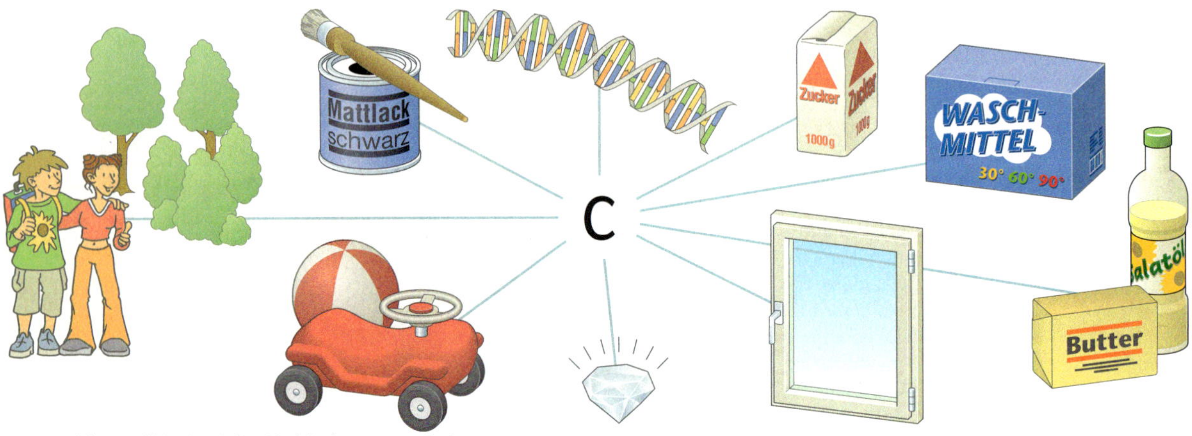

B10 Kohlenstoff ist in vielen Verbindungen enthalten

4.6 Durchblick Zusammenfassung und Übung

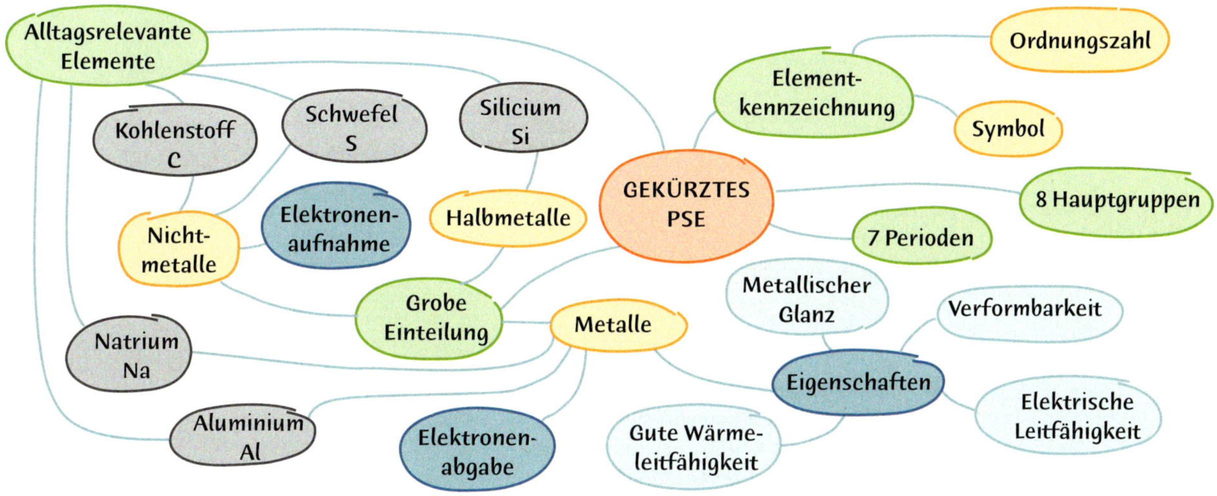

B1 Mindmap zum Periodensystem

Das Periodensystem der Elemente (PSE) zeigt alle bisher entdeckten und künstlich hergestellten Elemente. Aus dem PSE kann die Anzahl der Protonen und Elektronen der Atome abgelesen werden.

Elemente
Jedes Element besitzt ein **Elementsymbol** und eine **Ordnungszahl** (Kernladungszahl). Die Ordnungszahl eines Atoms ist gleich der Protonenanzahl und somit auch gleich der Elektronenanzahl des Atoms. Sie charakterisiert die Atome eines Elements. Die Ordnungszahl steht links unten am Elementsymbol.

Hauptgruppen
Die Hauptgruppen sind die senkrechten Spalten des gekürzten Periodensystems und heißen:

I. Wasserstoff und Alkalimetalle
II. Erdalkalimetalle
III. Borgruppe (Erdmetalle)
IV. Kohlenstoffgruppe
V. Stickstoffgruppe
VI. Sauerstoffgruppe (Chalkogene)
VII. Halogene
VIII. Edelgase

Die Anzahl der **Valenzelektronen** stimmt mit der **Hauptgruppennummer** überein.

Die **stöchiometrische Wertigkeit** und die **Elektronenkonfiguration** der Atome kann aus dem Periodensystem abgeleitet werden.

Perioden
Die Perioden sind die sieben waagerechten Zeilen. Die Atome der Elemente einer Periode haben die gleiche Anzahl an Schalen. Die Perioden werden mit den Ziffern 1 bis 7 oder den Buchstaben K bis Q gekennzeichnet.

Edelgase
Edelgase sind inert, da sie ein **Elektronenoktett** bzw. **Elektronenduplett** (Helium), d. h. **Edelgaskonfiguration** haben.
Alle anderen Elemente erhalten durch chemische Reaktionen meist ebenfalls eine Edelgaskonfiguration (**Oktettregel**).

Metalle, Nichtmetalle, Halbmetalle
Je nach den physikalischen und chemischen Eigenschaften werden die Elemente des Periodensystems in Metalle, Halbmetalle und Nichtmetalle eingeteilt. **Metallatome** reagieren durch Elektronenabgabe zu positiv geladenen **Kationen**, **Nichtmetallatome** reagieren durch Elektronenaufnahme zu negativ geladenen **Anionen**. Halbmetalle liegen mit ihren Eigenschaften zwischen denen der Metalle und denen der Nichtmetalle.

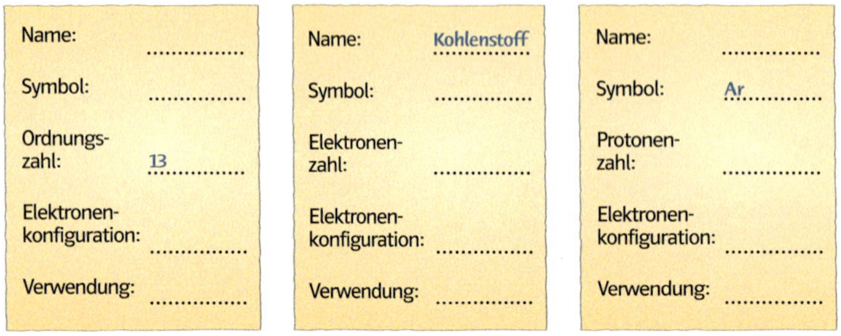

B1 Zu Aufgabe 1

A1 Elemente gesucht! Übertrage die Steckbriefe [B1] in dein Heft und vervollständige mithilfe des PSE die Angaben zu den gesuchten Elementen. Nenne jeweils eine Verwendungsmöglichkeit, bei der das entsprechende Element als elementarer Stoff oder in Form einer Verbindung eine Rolle spielt.

A2 Was kann man aus der Stellung eines Elements im PSE über seine Elektronenkonfiguration aussagen?

A3 Welches Ordnungsprinzip wurde bei der Aufstellung des Periodensystems berücksichtigt?

A4 Ordne den folgenden Bildern [B2,1-4] das passende Element (Atomart) und die Erklärung (a-d) zu und finde mithilfe des Periodensystems heraus, ob das vorliegende Element ein Metall, Nichtmetall oder Halbmetall ist.

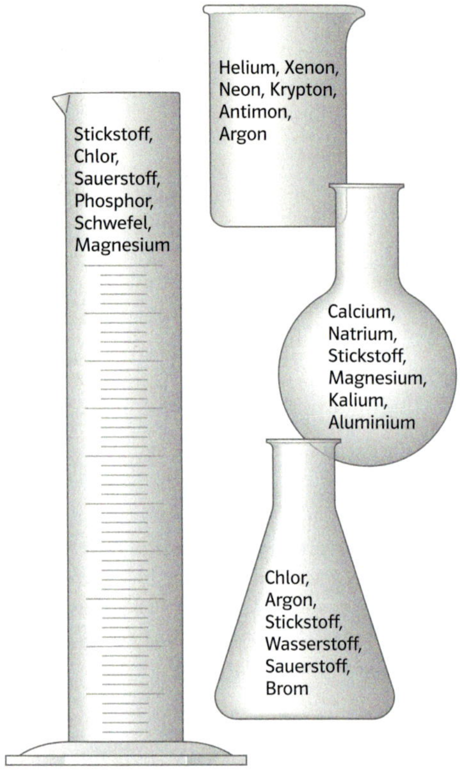

B3 Zu Aufgabe 5

A5 Einer gehört nicht dazu! In jedem Gefäß befinden sich sechs elementare Stoffe [B3]. Jeweils fünf davon haben eine Gemeinsamkeit, die dem sechsten fehlt. Finde diese Gemeinsamkeiten heraus und nenne den jeweils nicht dazupassenden elementaren Stoff.

1
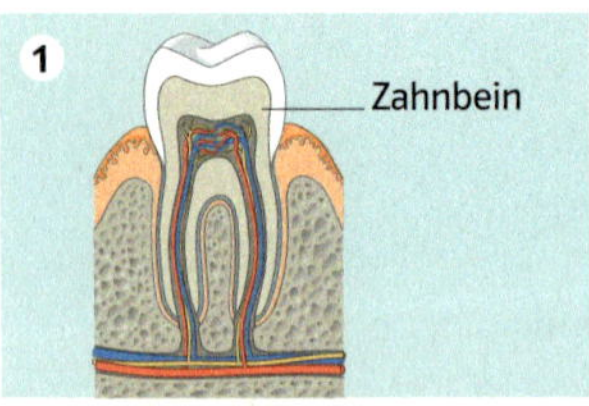

a Als elementarer Stoff eine Grundchemikalie. Bleichmittel für Papier, Trink- und Abwasserentkeimung, Kunststoffproduktion (PVC).

3

c Als Verbindung in Knochen, Zähnen, im Futterkalk, im Mörtel; als „Schlämmkreide" in Farben.

2

b Zu Phosphorsäuren und Phosphaten (Wasserenthärter) verarbeitet. In Streichhölzern; militärischer Brandstoff.

4
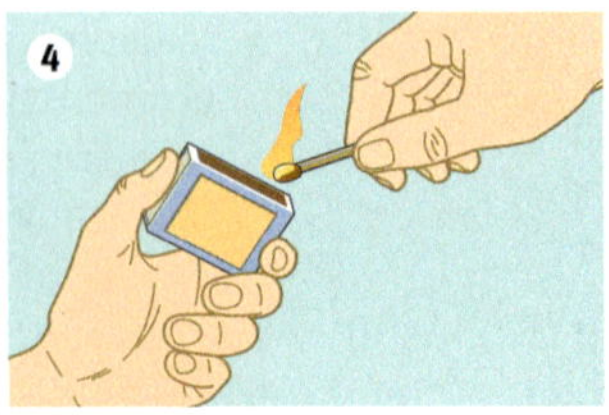

d Hauptbestandteil von Sand und Quarz und somit von Glas, Porzellan, Steingut und Zement; in reinster Form als Halbleiter in Solarzellen.

B2 Zu Aufgabe 4

5 Salze und Ionenbindung

Das bekannteste Salz ist sicherlich das Kochsalz. Die Chemiker bezeichnen es als Natriumchlorid.

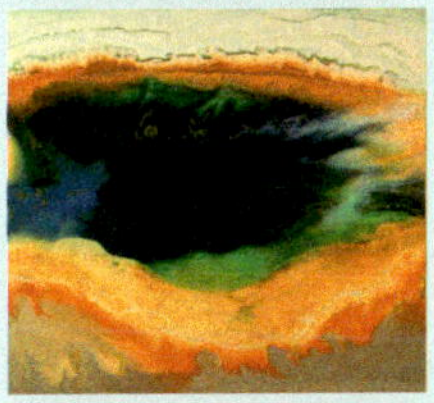

Im Altertum und Mittelalter war Kochsalz so kostbar, dass es als Tauschobjekt und Zahlungsmittel verwendet wurde.

Außerdem war Kochsalz für den Reichtum vieler Städte verantwortlich und ist daher oftmals in Städtenamen verewigt.

Kochsalz ist für den menschlichen Körper lebensnotwendig, denn man muss täglich 2–3 g zu sich nehmen. Verletzte Personen mit hohem Blutverlust erhalten als Ersatz eine Kochsalz-Infusionslösung. Kochsalz wird als Konservierungsmittel, das die Lebensfähigkeit von Mikroorganismen verringert, genutzt.

Ferner verwendet man diesen Stoff zum Regenerieren der Wasserenthärter in Spülmaschinen. Im Winter ist er ebenfalls von großer Bedeutung. Allerdings gibt es noch viele weitere Salze, die in der Natur und der Technik eine große Rolle spielen.

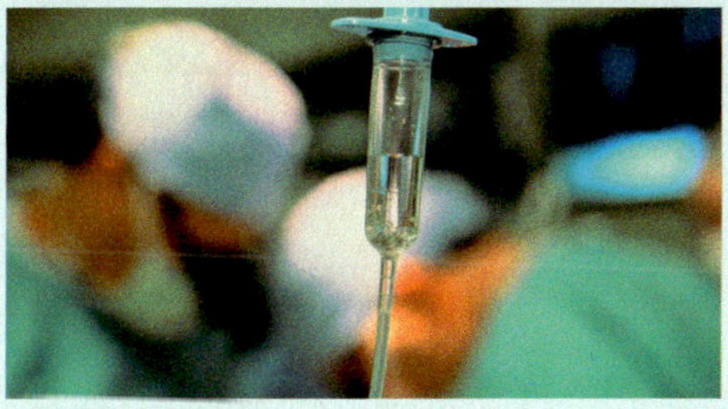

5.1 Bildung von Salzen

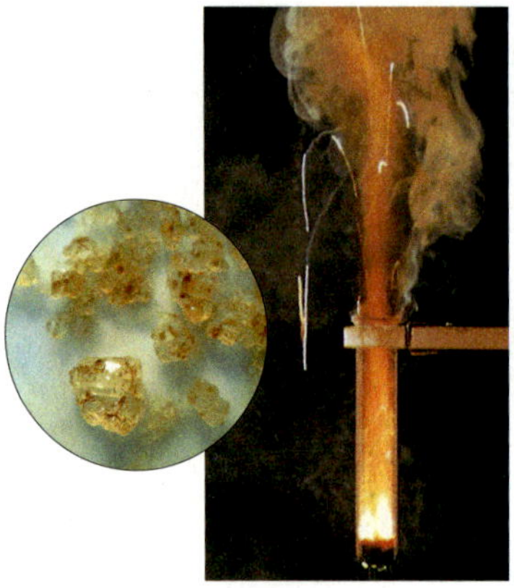

B2 Reaktion von Aluminium und Brom zu Aluminiumbromid

B3 Reaktion von Natrium und Chlor zu Natriumchlorid

B4 Zink und Schwefel reagieren heftig zu Zinksulfid

B1 Kochsalz gibt es in verschiedenen Varianten im Handel

Jeder Mensch kennt **Natriumchlorid** – also Kochsalz – als wichtigen Stoff, der im täglichen Leben unentbehrlich ist [B1]. Das Salz kann auf spektakuläre Weise hergestellt werden, wenn die elementaren Stoffe Natrium und Chlor zur Reaktion gebracht werden [V1, B3].

2 Na	+	Cl_2	⟶	2 NaCl
Natrium	+	Chlor	⟶	Natriumchlorid

Ein weiteres Salz ist **Zinksulfid**. Es wird beispielsweise als Zusatz für Malerfarbe verwendet oder auch für Leuchtschirmbeschichtungen zum Sichtbarmachen von Röntgenstrahlen.
Dieses Salz entsteht als Produkt der Reaktion von Zink mit Schwefel [V2, B4].

Zn	+	S	⟶	ZnS
Zink	+	Schwefel	⟶	Zinksulfid

Reagieren Aluminium und Brom miteinander, wird Aluminiumbromid – ein weißes Salz – gebildet [V3, B2].

2 Al	+ 3 Br_2	⟶	2 $AlBr_3$
Aluminium	+ Brom	⟶	Aluminiumbromid

Salze können gebildet werden, wenn ein Metall mit einem Nichtmetall reagiert.

Die Salze stellen eine eigene Verbindungsklasse dar, deren Vertreter spezielle Eigenschaften haben.

V1 ⚠ In ein Reagenzglas mit einem Loch von ca. 1 cm Durchmesser, das sich etwa 3 cm oberhalb des Bodens befindet, gibt man ein kleines Stück entkrustetes Natrium und erhitzt. Dann gibt man das Reagenzglas in einen Zylinder mit Chlor (Abzug).

V2 ⚠ In einem kleinen Becherglas werden 5 g Zink- und 2,5 g Schwefelpulver innig vermengt und auf eine feuerfeste Unterlage (am besten Dreifuß und Drahtnetz) zu einem Kegel angehäuft. Nun zündet man mit einer glühenden Fahrradspeiche.

V3 ⚠ Ein Reagenzglas wird ca. 1 cm hoch im Abzug mit Brom befüllt. Unter das Reagenzglas stellt man eine mit Sand gefüllte Schale. Dann wird ein Stück Aluminiumfolie zugegeben.

5.2 Eigenschaften von Salzen

Salze sind **spröde**, das heißt, sie sind hart, unelastisch und brechen leicht. Diese Eigenschaft wird deutlich, wenn man mit einem Hammer auf einen Salzkristall schlägt – er zerspringt in unzählige Stücke, was z. B. ein Wachsblock oder ein Stück Metall nicht täte.

Salze bilden **Kristalle**, man sagt auch, sie sind kristallin aufgebaut [B3].

Prüft man die *Leitfähigkeit* verschiedener Stoffe, erkennt man, dass das Metall Eisen den elektrischen Strom leitet. Die Ladungsträger sind die Elektronen.
Beim Stromdurchgang verändert sich das Metall nicht. Metalle werden daher **Leiter 1. Ordnung** genannt.
Ein weiterer Versuch [V1] zeigt, dass Verbindungen, die im festen Aggregatzustand den Strom nicht leiten, in wässriger Lösung elektrische Leitfähigkeit aufweisen können. Kochsalz ist dafür ein Beispiel. Andere Verbindungen wie beispielsweise Zucker können weder in Lösung noch im festen Aggregatzustand den Strom leiten.
Die Erklärung findet man auf der Teilchenebene. Immer wenn eine wässrige Lösung elektrische Leitfähigkeit besitzt, müssen **Ionen** vorhanden sein. Eine wässrige Lösung von Natriumchlorid enthält demzufolge Ionen (von griech. ionos, das Wandernde), eine Lösung von Zucker dagegen nicht.
Das Kochsalz selbst ist wie jedes andere Salz aus geladenen Teilchen, den Ionen aufgebaut, die sich in einer Lösung frei bewegen.

Eine weitere wesentliche Eigenschaft der Salze sind ihre hohen Schmelztemperaturen.
So liegt beispielsweise die Schmelztemperatur von Kochsalz bei 800 °C [B1].

Salze sind Verbindungen, die aus Ionen aufgebaut sind. Der Chemiker sagt, Salze sind Ionenverbindungen.

Name des Salzes	Formel	Schmelztemperatur in °C
Lithiumfluorid	LiF	870
Natriumchlorid	NaCl	800
Calciumoxid	CaO	2570
Magnesiumoxid	MgO	2800

B1 Schmelztemperaturen

A1 Formuliere die Reaktionsgleichungen für die Synthesen von folgenden Salzen:
a) Calciumchlorid ($CaCl_2$)
b) Aluminiumsulfid (Al_2S_3)
c) Magnesiumoxid (MgO)

A2 Entscheide, ob folgende Stoffe Salze sind: Kohlenstoffdioxid, Kaliumiodid, Schwefel.

A3 Aus dem Sprachgebrauch ist der Begriff Zuckerkristalle bekannt. Überlege, wie du prüfen könntest, ob Zucker aus Ionen aufgebaut ist?

V1 Verschiedene Stoffe (Zucker, Kochsalz, Zinkiodid) werden im festen Aggregatzustand und in wässriger Lösung auf ihre elektrische Leitfähigkeit überprüft [B2].

V2 Schlage mit einem Hammer vorsichtig von oben auf Kochsalzkristalle. Betrachte die Bruchstücke unter der Lupe oder dem Mikroskop.

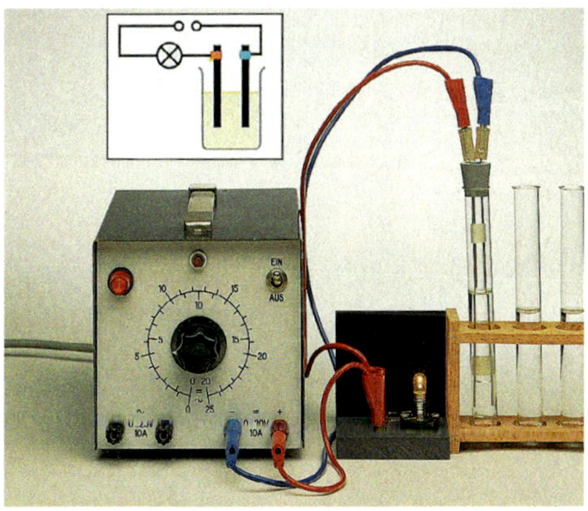

B2 Test der Leitfähigkeit wässriger Lösungen

B3 Kristalliner Bau von Kochsalz

5.3 Ionen in Salzlösungen und Salzen

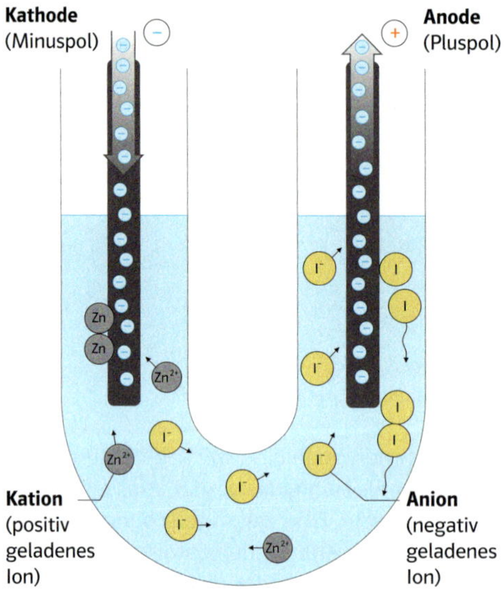

B1 Elektrodenvorgänge bei der Elektrolyse

Elektrolyse von Zinkiodidlösung. In das mit Zinkiodidlösung gefüllte U-Rohr tauchen zwei Leiter aus Graphit ein, die jeweils mit einem Pol einer Gleichspannungsquelle verbunden sind (Kap. 2.14, V3). Diese Leiter werden **Elektroden** genannt.
Die Flüssigkeit, in die die beiden Elektroden eintauchen, heißt **Elektrolyt**.

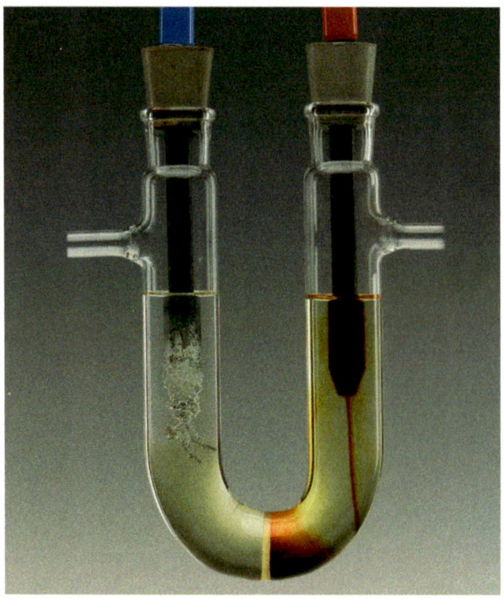

B2 Elektrolyse von Zinkiodidlösung

Bei dieser Elektrolyse entsteht am Minuspol ein so genannter Metallbaum, am Pluspol können bräunlich gelbe Schlieren beobachtet werden. In wässriger Lösung sind die Ionen frei beweglich. Da diese Ionen zu entgegengesetzt geladenen Polen wandern, müssen sie unterschiedlich geladen sein.

Die Bildung des Metallbaums aus Zinkatomen lässt sich nur dadurch erklären, dass positiv geladene Zinkionen zum Minuspol wandern und dort Elektronen aufnehmen. Die Iodidionen, die zum Pluspol wandern, sind negativ geladen. Iodidionen geben am Pluspol Elektronen ab. Die Ionen werden also an den Polen entladen. An den Elektroden entstehen die jeweiligen elementaren Stoffe Zink und Iod [B1, B2].

An den Elektroden finden auf der Teilchenebene folgende Vorgänge statt:

Minuspol (Kathode):
$Zn^{2+} + 2\,e^- \longrightarrow Zn$
Zinkionen + Elektronen ⟶ Zinkatome

Pluspol (Anode):
$2\,I^- \longrightarrow I_2 + 2\,e^-$
Iodidionen ⟶ Iodmoleküle + Elektronen

Der *Pluspol* heißt hier auch **Anode** (von griech. anodos, Aufstieg). Über eine Spannungsquelle (Elektronenpumpe) werden Elektronen am Minuspol nach unten bewegt. Der *Minuspol* wird hier **Kathode** genannt (von griech. kathodos, Abstieg).

Positiv geladene Ionen nennt man Kationen. Sie wandern zur Kathode. Negativ geladene Ionen heißen Anionen. Sie wandern zur Anode.

V1 Ein U-Rohr wird mit einer Zinkiodidlösung gefüllt. Zwei Graphitelektroden werden mit einer Spannungsquelle verbunden und in die Lösung getaucht. Bei einer Spannung von 4 V wird elektrolysiert [B2].

Zinkiodid ist aus Zinkionen und Iodidionen aufgebaut, Natriumchlorid aus Natriumionen und Chloridionen. Salze bestehen also aus unterschiedlich geladenen Ionen. Die Anziehung zwischen den Kationen und den Anionen führt zu dem stabilen kristallinen Aufbau des Salzes. Die aus den Atomen durch Elektronenabgabe bzw. -aufnahme entstandenen Ionen besitzen die Elektronenkonfigurationen der im Periodensystem benachbarten Edelgasatome.

Die Metallatome der 1. Hauptgruppe erlangen alle das Elektronenoktett durch Abgabe des einzigen Valenzelektrons, die Atome der 2. Hauptgruppe durch Abgabe ihrer zwei Valenzelektronen, Bor und Aluminium sowie die restlichen Atome der dritten Hauptgruppe durch Abgabe der drei Elektronen, die auf der höchsten Energiestufe sind.

Elektronenübergänge. Nichtmetallatome wie Chlor können dagegen durch Aufnahme von Elektronen in die höchste Energiestufe die Elektronenanordnung des im Periodensystem folgenden Edelgases erhalten. Sie werden zu Anionen.
Ionen können also durch Elektronenübergänge entstehen. Das Natriumatom besitzt ein Außenelektron auf der dritten Energiestufe. Wird dieses Valenzelektron abgegeben, bleibt ein einfach positiv geladenes Natriumkation übrig, das eine mit acht Elektronen vollbesetzte zweite Energiestufe hat. Das abgegebene Elektron wird von einem Chloratom in seine dritte Energiestufe, die mit sieben Valenzelektronen besetzt ist, aufgenommen. Dadurch entsteht ein einfach negativ geladenes **Chloranion (Chloridion)** mit einem Elektronenoktett. Insgesamt hat ein Elektronenübergang vom Natrium- zum Chloratom stattgefunden. Das Natriumatom stellt einen **Elektronendonator** dar, während das Chloratom als **Elektronenakzeptor** wirkt [B3].

Ein Atom kann Elektronen abgeben und dadurch zu einem Kation werden (Elektronendonator). Durch Aufnahme von Elektronen wird aus einem Atom ein Anion gebildet (Elektronenakzeptor). Die Ionen besitzen jeweils ein Elektronenoktett.

Natriumchlorid hat ganz andere Eigenschaften als die Stoffe Natrium und Chlor. Natrium ist ein hochreaktives Metall, Chlor ein giftiges Gas und Natriumchlorid ein Salz, das zum Würzen von Speisen verwendet wird.

Zwischen dem Metall und dem Nichtmetall einerseits und dem daraus gebildeten Salz andererseits bestehen drastische Eigenschaftsunterschiede. Sie sind durch den Elektronenübergang verursacht.

Donator
von lat. donare, geben

Akzeptor
von lat. acceptare, annehmen

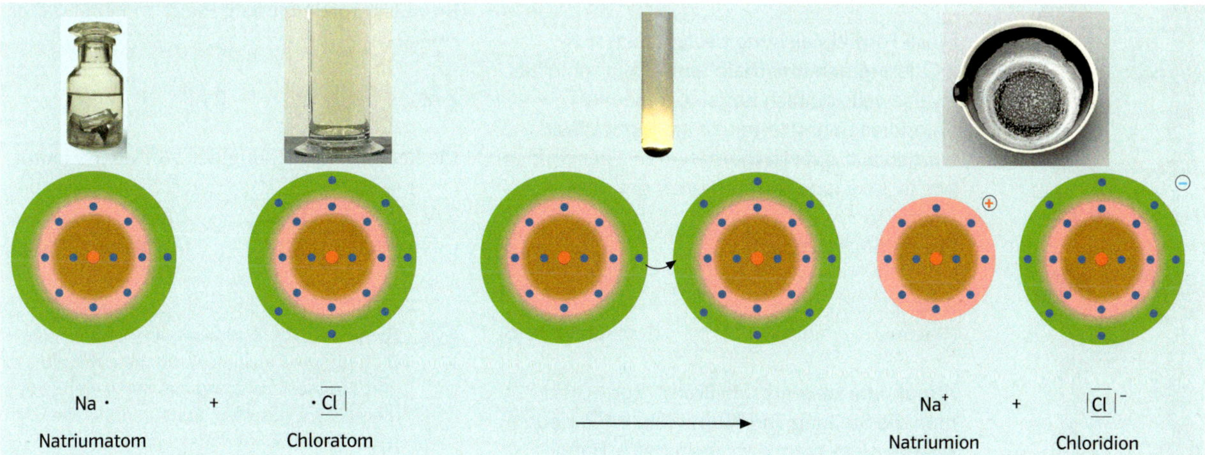

B3 Die Ionenbildung am Beispiel von Natriumionen und Chloridionen

Auf der *Teilchenebene* laufen folgende Einzelschritte ab.

Das Natriumatom gibt ein Elektron ab (Elektronendonator):

$Na\cdot \longrightarrow Na^+ + e^-$

Das Chloratom nimmt ein Elektron auf (Elektronenakzeptor):

$|\overline{\underline{Cl}}\cdot + e^- \longrightarrow |\overline{\underline{Cl}}|^-$

Insgesamt findet ein Elektronenübergang statt:

$Na\cdot + |\overline{\underline{Cl}}\cdot \longrightarrow Na^+ + |\overline{\underline{Cl}}|^-$

Aus Gründen der Vereinfachung und Übersichtlichkeit werden bei der Bildung von Salzen bzw. Ionen in der Regel nur die Ladungen geschrieben:

$Na + Cl \longrightarrow Na^+ + Cl^-$

Da Chlor bei Zimmertemperatur gasförmig und genauso wie beispielsweise Sauerstoff oder Wasserstoff aus zweiatomigen Molekülen aufgebaut ist, muss die Reaktionsgleichung wie folgt korrigiert werden:

$2\,Na + Cl_2 \longrightarrow 2\,Na^+ + 2\,Cl^-$

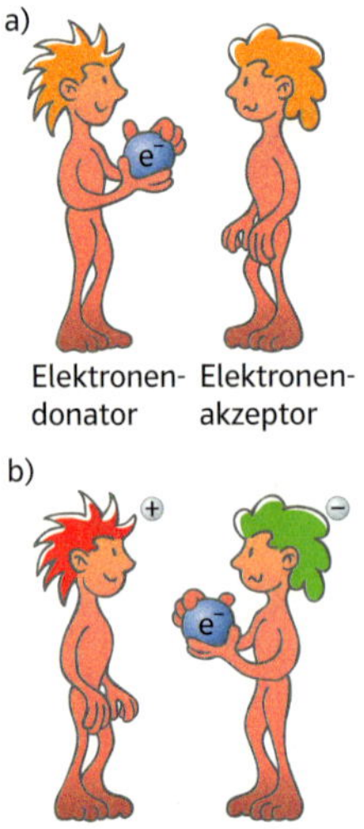

B4 Elektronenübergang-Cartoon

Diese Formelgleichung besagt, dass aus 2 Chloratomen innerhalb eines Chlormoleküls zwei jeweils einfach negativ geladene Chloridionen entstehen. In analoger Weise wurden aus zwei Natriumatomen zwei einfach positiv geladene Natriumionen gebildet.

Für die *Stoffebene* gilt:

$2\,Na$	+	Cl_2	$\longrightarrow$	$2\,NaCl$
(Natrium)		(Chlor)		(Natriumchlorid)

Aluminium reagiert mit Brom. Betrachtet man die Stellung von Aluminium im Periodensystem, sieht man, dass es in der 3. Hauptgruppe steht und drei Valenzelektronen hat. Das Elektronenoktett erreichen Aluminiumatome jeweils durch Abgabe dieser 3 Elektronen. Es werden Al^{3+}-Ionen gebildet.
Diese Elektronen werden von Bromatomen aufgenommen, die somit zu einfach negativ geladenen **Bromidionen** werden.

Bei der Erstellung der vollständigen Reaktionsgleichung ist darauf zu achten, dass die Zahl der abgegebenen Elektronen gleich der Zahl der aufgenommenen Elektronen ist, sodass die *Bilanz ausgeglichen* ist. Die Teilreaktionsgleichung für die Bildung der Bromidionen muss also mit dem Faktor *drei* multipliziert werden, da Aluminiumatome (3. Hauptgruppe) drei Elektronen abgeben, während Bromatome (7. Hauptgruppe) nur jeweils ein Elektron aufnehmen.

Die Reaktionsgleichung wird aus diesen Gründen folgendermaßen geschrieben:

Elektronenabgabe:
$Al \longrightarrow Al^{3+} + 3\,e^-$

Elektronenaufnahme:
$Br + e^- \longrightarrow Br^- \quad | \cdot 3$

$3\,Br + 3\,e^- \longrightarrow 3\,Br^-$

Elektronenübergang:
$Al + 3\,Br \longrightarrow Al^{3+} + 3\,Br^-$

Brom ist molekular aufgebaut und liegt daher zweiatomig vor:

$2\,Al + 3\,Br_2 \longrightarrow 2\,Al^{3+} + 6\,Br^-$

Die Reaktionsgleichung der Stoffebene lautet:

$2\,Al$	+	$3\,Br_2$	$\longrightarrow$	$2\,AlBr_3$
(Aluminium)		(Brom)		(Aluminiumbromid)

A1 Formuliere die Reaktionsgleichung für die Bildung von Calciumchlorid, Kaliumiodid und Magnesiumfluorid aus den jeweiligen elementaren Stoffen. Erstelle dabei die jeweiligen Teilreaktionsgleichungen für Elektronenabgabe und -aufnahme.

5.4 Erklärung der Eigenschaften

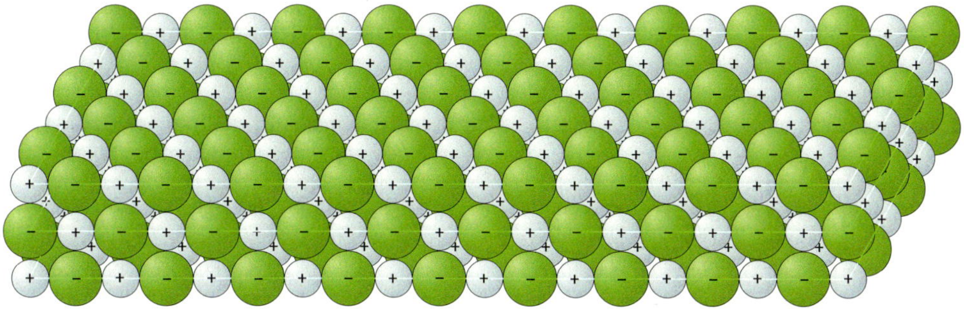

B1 Modell eines Ionengitters

Salzschmelzen sind elektrisch leitfähig. Da bei V1 eine elektrische Leitfähigkeit nachgewiesen werden kann, müssen auch in der Salzschmelze Ionen vorhanden sein.

In wässrigen Lösungen von Salzen oder Salzschmelzen wird elektrische Ladung durch Ionen transportiert. Diese Ionenleiter werden durch Elektrodenvorgänge stofflich verändert. Daher werden sie Leiter 2. Ordnung genannt.

Die entgegengesetzt geladenen Ionen, aus denen ein Salz gebildet wird, ziehen sich an. Da die Ladungen in alle Richtungen wirken, können von einem Kation mehrere Anionen angezogen werden bzw. ein Anion zieht mehrere Kationen an. Ionen mit gleicher Ladung dagegen stoßen sich gegenseitig ab.

Reagieren die elementaren Stoffe Natrium und Chlor miteinander, entsteht eine riesige Anzahl von Ionen. Sie ordnen sich so im Raum an, dass eine größtmögliche gegenseitige Anziehung realisiert wird.

In der Folge gruppieren sich so viele Chloridionen im Feststoff um ein Natriumkation wie Platz vorhanden ist [B1]. Es entsteht ein **Ionengitter**, in dem die Ionen regelmäßig und symmetrisch angeordnet sind. Der Zusammenhalt erfolgt durch elektrostatische Anziehungskräfte zwischen Anionen und Kationen, man spricht von einer Ionenbindung.

Die regelmäßige Anordnung von Ionen nennt man Ionengitter. Die Ionen werden durch die Ionenbindung zusammengehalten.

Dieser räumliche Bau der Salze erklärt die Eigenschaften der Härte und Sprödigkeit [B2].

Bei Schlageinwirkung o. Ä. auf einen Salzkristall verschieben sich Ionenschichten so gegeneinander, dass sich gleich geladene Ionen gegenüberstehen. Diese stoßen sich ab und eine Abspaltung einer ganzen Ionenschicht ist leicht möglich.

V1 Man gibt in ein schwer schmelzbares Reagenzglas oder eine Porzellanschale so viel Natriumchlorid, dass zwei Stahlelektroden in das Salz eintauchen. Nun wird der Stromkreis bei Anlegen einer Gleichspannung von 10 V über ein Stromstärkemessgerät geschlossen. Die Porzellanschale wird dann mit dem Gasbrenner stark erwärmt und die elektrische Stromstärke gemessen [B3].

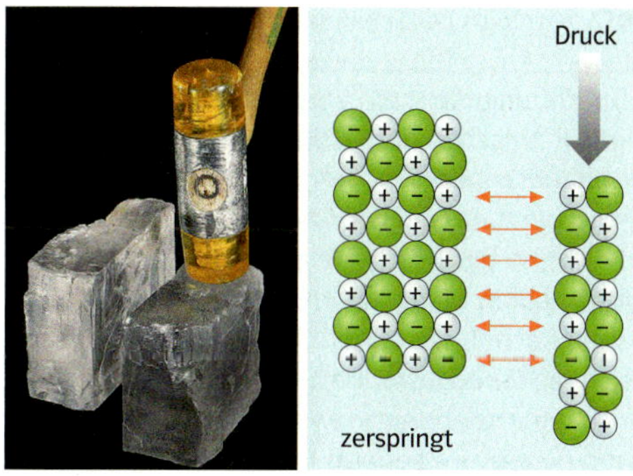

B2 Sprödigkeit der Salzkristalle

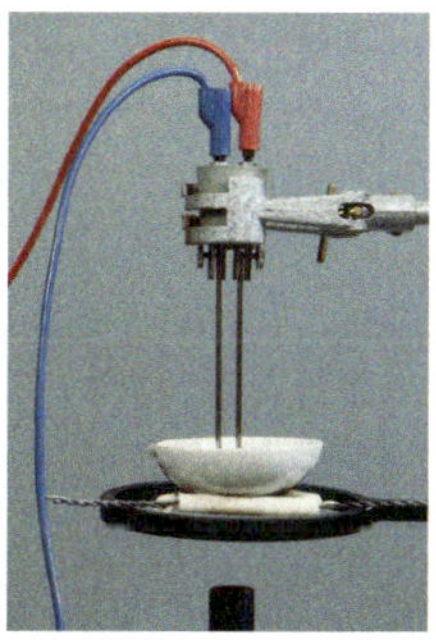

B3 Schmelzflusselektrolyse von Natriumchlorid

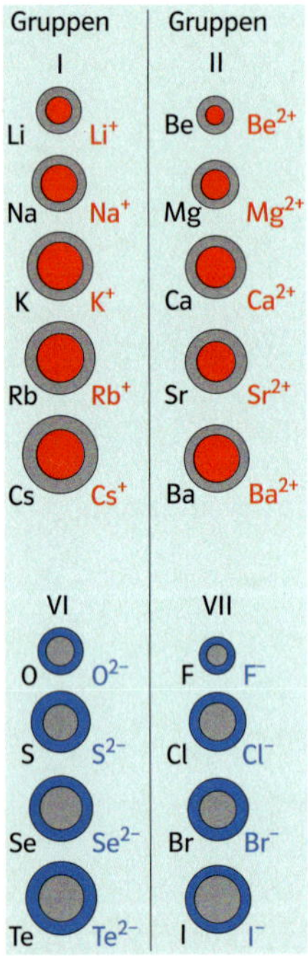

B4 Vergleich der Radien von Atomen und Ionen der Elemente der 1., 2., 6. und 7. Hauptgruppe

Die fehlende elektrische Leitfähigkeit der Salze im festen Aggregatzustand hat ihre Ursache darin, dass die Ionen ihre Gitterplätze nicht verlassen können, sodass im Kristall kein Ladungstransport möglich ist.

Schmelztemperaturen. Die elektrostatischen Anziehungskräfte bewirken die sehr hohen Schmelztemperaturen der Salze. Durch Temperaturerhöhung wird Energie zugeführt. Dadurch nimmt die Eigenbewegung der Ionen zu, sodass sie immer stärker schwingen. Bei weiterer Energiezufuhr können die Ionen ihre festen Plätze innerhalb des Ionengitters verlassen und sind dann in der Schmelze beweglich. Betrachtet man die Schmelztemperaturen der Natrium- und der Kaliumhalogenide, ist eine Abnahme dieser Temperaturen jeweils von den Chloriden bis zu den Iodiden festzustellen [B5].

Name des Salzes	Formel	Schmelztemperatur in °C
Natriumchlorid	NaCl	800
Natriumbromid	NaBr	747
Natriumiodid	NaI	660
Kaliumchlorid	KCl	770
Kaliumbromid	KBr	734
Kaliumiodid	KI	681
Calciumoxid	CaO	2570
Strontiumoxid	SrO	2430
Bariumoxid	BaO	1920

B5 Vergleich der Schmelztemperaturen

Zur Klärung dient ein Vergleich der Anziehungskräfte zwischen den jeweiligen Ionen. Diese sind umso stärker, je geringer der Abstand zwischen den Ionenzentren ist. Da die Radien der Ionen der Halogene ebenso wie die Atomradien (Kap. 4.2) im Periodensystem von oben nach unten zunehmen [B4], vergrößern sich die *Ionenabstände* und daher verringern sich die Anziehungskräfte zwischen den positiv und negativ geladenen Ionen. Daneben beeinflussen auch Abstoßungskräfte zwischen gleich geladenen Ionen die Schmelztemperatur. Dies trifft vor allem dann zu, wenn große Anionen durch kleine Kationen getrennt werden.

Vergleicht man die Schmelztemperaturen der Erdalkalimetalloxide mit denen der Alkalimetallhalogenide, wird ein deutlicher Unterschied offensichtlich [B5]. Da die Temperaturwerte der Erdalkalimetalloxide deutlich höher sind, müssen dort stärkere Anziehungskräfte existieren. Sie entstehen dadurch, dass die zweifach geladenen Kationen die ebenfalls zweifach geladenen Anionen stärker anziehen.

Die Anziehungskräfte sind von zwei Faktoren abhängig:

a) Ladung der Ionen,
b) Ionenabstand.

Je höher die Ionenladung und je kleiner der Abstand der Ionenzentren zueinander sind, umso stärker sind die elektrostatischen Anziehungskräfte.

Der Aufbau auf Teilchenebene erklärt auch bei den Salzen ihre verschiedenen sichtbaren oder messbaren Eigenschaften auf Stoffebene.

Mit anderen Worten: Die Struktur der Salze bedingt die Eigenschaften dieser Stoffklasse. Es gilt grundsätzlich, dass die Eigenschaften von Stoffen auch von der Anordnung der Teilchen bestimmt werden. Man spricht auch von der Struktur-Eigenschafts-Beziehung.

Die *Struktur* der Salze, also deren Aufbau aus Ionen ist Bestandteil der *Teilchenebene*, die *Eigenschaften* (Härte, Sprödigkeit, Leiter 2. Ordnung, Schmelztemperaturen) zählen zur *Stoffebene*. In der Chemie ist es generell wichtig die Stoff- und Teilchenebene auseinander zu halten.

A1 Welche Eigenschaften der Ionen haben einen Einfluss auf die Schmelztemperatur des Salzes?

5.5 Die Benennung von Salzen

Bei der Benennung der Salze wird der **unveränderte Elementname des kationischen Bestandteils vorangestellt** und der **Anionenname nachgestellt.**
Beispiele: **Kaliumchlorid**, **Natriumbromid**.
Neben den bereits bekannten Anionen wie beispielsweise die Chlorid-, Bromid- oder Sulfidionen gibt es auch Anionen, in denen mehrere verschiedene Atomarten vorkommen. Zu dieser Gruppe zählen Sulfat-, Nitrat- oder Carbonationen.

Ionen, die jeweils nur aus einem Atom entstehen, sind **Atomionen**. Ionen, die aus mehreren Atomen aufgebaut sind, sind **Molekülionen**.

Die folgenden Tabellen geben einen Überblick über die wichtigsten negativ geladenen Atomionen [B1] und Molekülionen [B2].

Name des Atomions	Formel
Fluoridion	F^-
Chloridion	Cl^-
Bromidion	Br^-
Iodidion	I^-
Sulfidion	S^{2-}
Oxidion	O^{2-}
Nitridion	N^{3-}
Phosphidion	P^{3-}

B1 Atomionen

Name des Molekülions	Formel
Hydrogencarbonation	HCO_3^-
Carbonation	CO_3^{2-}
Sulfation	SO_4^{2-}
Sulfition	SO_3^{2-}
Phosphation	PO_4^{3-}
Nitration	NO_3^-
Nitrition	NO_2^-

B2 Molekülionen

Ammoniumchlorid. Während anionische Molekülionen sehr oft vorkommen, sind kationische Molekülionen ausgesprochen selten. Ein wichtiger Vertreter leitet sich vom Ammoniakmolekül (NH_3) ab. Das **Ammoniumion** hat die Formel NH_4^+. Eines der bekanntesten Ammoniumsalze ist **Ammoniumchlorid**, in der Umgangssprache Salmiak genannt. Das Salz wirkt schleimlösend und ist daher in manchen Halspastillen [B3] enthalten.

Formeln von Salzen. Ionen können unterschiedliche Ladungen haben. Um die Formel eines Salzes korrekt anzuschreiben, müssen diese Unterschiede berücksichtigt werden, da Salze elektrisch neutral sind. Calciumionen sind zweifach positiv geladen (Ca^{2+}), Chloridionen einfach negativ (Cl^-). Für das entsprechende Salz werden pro Calciumion zwei Anionen benötigt. Die Formel für das Salz **Calciumchlorid** lautet also $CaCl_2$. Aus ihr ist ersichtlich, dass das Anzahlverhältnis der Kationen zu den Anionen 1:2 ist. Man spricht deshalb auch von der **Verhältnisformel**.
Beim Erstellen der Formel für Calciumnitrat ist zu beachten, dass für ein Calciumion (Ca^{2+}) zwei Nitrationen (NO_3^-) benötigt werden. Da das Nitration ein Molekülion ist, muss das gesamte Ion in runde Klammern gesetzt werden, damit die Anzahl angeschrieben werden kann. Die Anzahl dieser Ionen wird nach der Klammer als tief gesetzter Index angegeben. **Calciumnitrat** hat die Verhältnisformel $Ca(NO_3)_2$.

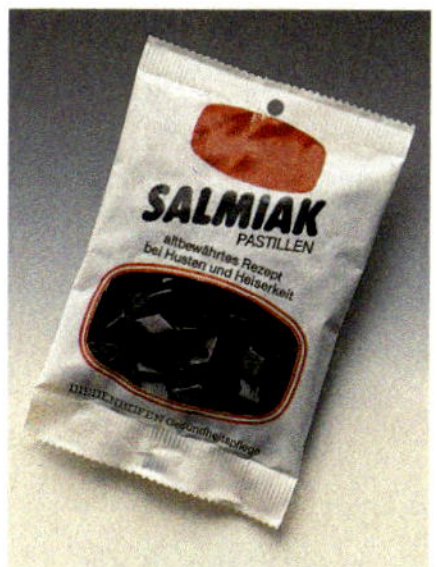

B3 Salmiakpastillen

A1 Gib für die folgenden Salze die Formel an:
a) Natriumsulfat, **b)** Calciumnitrit, **c)** Aluminiumsulfid, **d)** Bariumsulfit, **e)** Calciumfluorid, **f)** Natriumcarbonat, **g)** Ammoniumphosphat

A2 Benenne folgende Salze
a) $NaNO_2$, **b)** $Ca(HCO_3)_2$, **c)** $BaSO_4$, **d)** NH_4NO_3, **e)** Al_2O_3, **f)** AgCl, **g)** KI

5.6 Durchblick Zusammenfassung und Übung

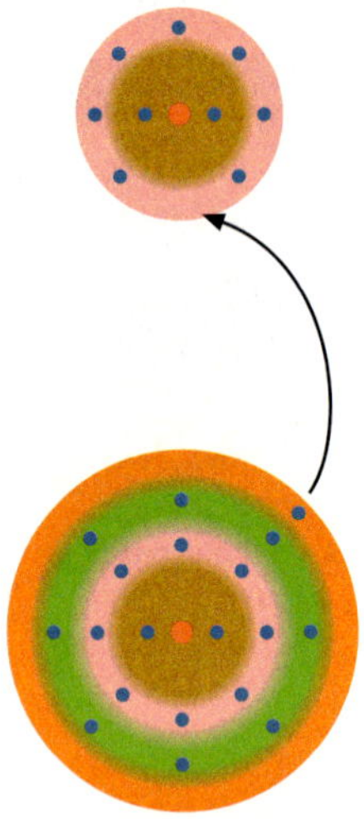

B1 Zu Aufgabe 5

Eigenschaften und Bau von Salzen

Salze sind spröde und im festen Aggregatzustand nicht leitende Stoffe. Sie sind aus Kationen und Anionen aufgebaut. Ionen entstehen durch Elektronenübergänge zwischen den an der Reaktion beteiligten Atomen. Metallatome sind Elektronendonatoren, Nichtmetallatome sind Elektronenakzeptoren.

Ionengitter

Der Zusammenhalt der unterschiedlich geladenen Ionen heißt Ionenbindung. Die Ionen ordnen sich in einem regelmäßigen Ionengitter [B2] so an, dass sich ungleich geladene Ionen nebeneinander befinden.

Veranschaulichung der Reaktionsgleichung auf Teilchenebene

Beispiel: Bildung von Natriumchlorid [B2].

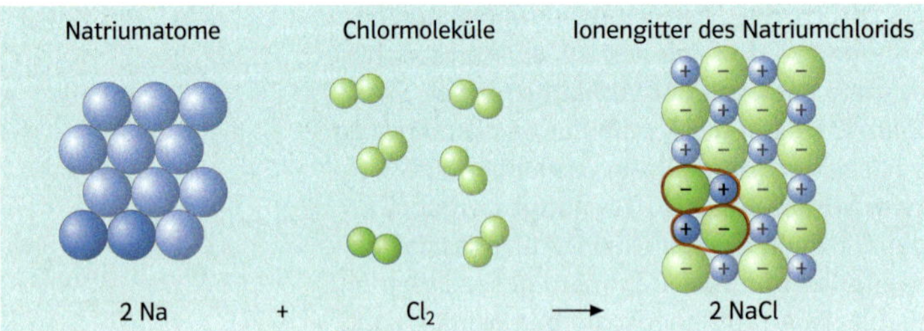

B2 Bildung von Natriumchlorid

A1 Welche Stoffe entstehen an der Kathode und der Anode, wenn Schmelzen von Lithiumbromid, Calciumiodid und Aluminiumoxid jeweils einer Elektrolyse unterzogen werden?

A2 Welche Verhältnisformeln ergeben sich für folgende Ionenverbindungen (Kap. 5.5)?
a) Magnesiumsulfit, **b)** Lithiumoxid,
c) Calciumphosphat, **d)** Natriumsulfid.

A3 Gib die Anzahl der Elektronen folgender Ionen an: Na^{+}, Al^{3+}, N^{3-}, F^{-}.
Wie viele Elektronen befinden sich bei diesen Ionen auf der höchsten Energiestufe?

A4 Erkläre den Unterschied zwischen Leitern 1. und 2. Ordnung.

A5 Welcher Vorgang wird durch B1 beschrieben? Wie heißt das Produkt?

A6 Bilde aus den Begriffspaaren fachlich und grammatikalisch korrekte Sätze.
a) Strontiumionen – Strontiumatome,
b) Natriumatome – Elektronenoktett,
c) Anionen – Elektronen,
d) Elektrolyse – Elektroden,
e) Kation – Anion.

A7 Erkläre, warum die Schmelztemperatur von Magesiumfluorid 1263 °C ist, während Kaliumiodid eine Schmelztemperatur von 681 °C besitzt.

A8 Warum haben Salze vergleichsweise hohe Schmelztemperaturen?

A9 Ordne den Elementen (rot) die entsprechenden Begriffe (grün) zu. Mehrfachzuordnungen sind genauso möglich wie keine Zuordnung.

- Element der 2. Hauptgruppe
- Barium
- 13 Valenzelektronen
- 7 Außenelektronen
- 6 Valenzelektronen
- Fluor
- Aluminium
- Bildet durch Abgabe eines Elektrons ein Kation, das ein Elektronenoktett besitzt.
- 1 Elektron fehlt zum Erreichen des Oktetts.
- Natrium
- Die 3. Energiestufe ist mit 8 Außenelektronen besetzt.
- Die Anzahl der Neutronen ist gleich der Anzahl der Protonen.
- 10 Neutronen
- Selen
- Argon
- 3 Elektronen auf der höchsten Energiestufe

6 Metalle und Metallbindung

Metalle sind wichtige Werkstoffe und daher aus unserem Alltag nicht mehr wegzudenken. Kupferdrähte verwendet man für elektrische Leitungen. Auto- und Flugzeugteile, Eisenbahnschienen und Brücken, aber auch Dosen, Essbestecke und Uhren bestehen aus Metallen.

Durch das Zusammenschmelzen verschiedener Metalle bekommt man Stoffgemische mit neuen Eigenschaften, die als Legierungen bezeichnet werden. So ist eine Legierung aus Kupfer und Zinn – die Bronze – härter als die jeweiligen Ausgangsmetalle. Die für Zahnfüllungen verwendeten Amalgame sind Quecksilberlegierungen.

Viele Metalle, wie z.B. Eisen und Aluminium, lassen sich recyceln und belasten daher die Umwelt nur wenig. Metalle wie Quecksilber, Blei und Cadmium und die meisten ihrer Verbindungen sind giftig.

Eisen rostet, Magnesium überzieht sich mit einer Oxidschicht. Alle Metalle, die mit dem Sauerstoff der Luft reagieren, bezeichnet der Chemiker als unedel. Platin, Gold und Silber sind Edelmetalle. Sie sind gegenüber Sauerstoff beständig.

6.1 Geschichte der Metallgewinnung

Erze In der Natur vorkommende Feststoffgemische, aus denen es sich lohnt, Metalle wirtschaftlich zu gewinnen

Gediegen Kommt ein Element in der Erdkruste als elementarer Feststoff vor, so liegt es gediegen vor

B1 Kultwagen in Bronze aus Acholshausen (Bayern) um 1000 v. Chr.

B3 Waffen der frühen Eisenzeit. Von links nach rechts: Dolchscheide, Dolch, Lanze, 6. – 5. Jh. v. Chr.

Die Frühgeschichte der Menschheit wird häufig eingeteilt in die Steinzeit, Bronzezeit und Eisenzeit, je nachdem, aus welchem Material die Werkzeuge, Geräte und Waffen [B1 bis B3] überwiegend gefertigt waren, die in der jeweiligen Zeit und in den verschiedenen Regionen verwendet wurden. Es ist anzunehmen, dass der Mensch zunächst nur Metalle wie Gold, Silber und Kupfer bearbeitet hat, weil diese in der Natur, wenngleich in geringem Umfang, auch im gediegenen Zustand vorkommen. Erste bearbeitete Gegenstände aus Kupfer wurden in Anatolien und Ägypten gefunden.

B2 Quarzit – Faustkeil aus Pösing (Bayern), ca. 250 000 – 130 000 v. Chr.

Die Menschheit machte einen großen Fortschritt, als sie entdeckte, dass man Kupfer auch aus seinen **Erzen** gewinnen kann. Ein Erz ist ein in der Natur vorkommendes Feststoffgemisch aus Metallverbindungen und Stoffen wie etwa Kalk, Feldspat, Quarz und Dolomit.

Kupfer. In Mitteleuropa wurde das Kupfer zunächst aus Erzen mithilfe von Holz in einem geschlossenen Ofen gewonnen. Dann wurde das Holz durch Holzkohle ersetzt. Unter Luftzufuhr kann man aus den Erzen mit brennender Holzkohle schneller flüssiges Kupfer gewinnen. Später wurden die Verhüttungsöfen an Berghängen errichtet, um so den Hangwind direkt zum Feuer leiten zu können.

B4 Metallgewinnung im alten Ägypten

Bronze. Weil sich aus Kupfer gefertigte Werkzeuge und Waffen leicht verbiegen lassen und schnell stumpf werden, war die Herstellung von Bronze ein großer Fortschritt. Diese ist härter als Kupfer, und Äxte und Messer aus diesem Material lassen sich leicht schärfen. Bronze ist eine Legierung aus Kupfer und Zinn, wobei der Zinnanteil etwa 10 bis 15 Prozent beträgt. Sie kann leicht geschmolzen und in Formen gegossen werden, und feste Bronze lässt sich gut hämmern. Auch heute noch wird sie zur Herstellung von Schmuck, Gefäßen und Denkmälern verwendet.

In Mitteleuropa dauerte die Bronzezeit ungefähr von 2200 bis 800 v. Chr. In dieser Zeit wurde der Bergbau für Kupfer- und Zinnerze intensiviert, die **Verhüttung** weiterentwickelt und die Technik der Metallverarbeitung verfeinert.

Eisen. Weil Eisen besser für die Herstellung von Nägeln, Pflügen und Waffen geeignet ist, wurde Bronze allmählich durch den Werkstoff Eisen abgelöst. Die Eisenverhüttung führt bereits zum gewünschten Material und erfordert deshalb kein zusätzliches Legierungsverfahren. Außerdem gibt es in der Natur mehr Erze, die Eisenverbindungen enthalten, als dies bei Kupfer und Zinn der Fall ist [B5].

In der Eisenzeit, die in Mitteleuropa um 800 v. Chr. einsetzte, begann der Mensch mit der Verhüttung von Eisenerzen.

Massenanteil	Element
über 10 %	O, Si
1–10 %	Fe, Al, Ca, Na, K, Mg
0,1–1 %	Ti, H, P, Mn
0,01–0,1 %	Cu, Zn, C, S, Ni, Cr
0,001–0,01 %	Sn, Li, Pb

B5 Massenanteile verschiedener Elemente an der Erdkruste

Der in Mitteleuropa derzeit älteste bekannte Fundort für Eisengewinnung liegt im nördlichen Schwarzwald. In niedrigen Lehmöfen wurden die Eisenerze im Holzkohlefeuer unter kräftiger Luftzufuhr erhitzt. Es bildete sich dabei ein Klumpen aus Eisen und Schlacke. Die Schlacke wurde durch Aushämmern entfernt. Durch wiederholtes Erhitzen und *Schmieden* konnte das Eisen anschließend in die gewünschte Form gebracht werden. Weil für das Schmelzen von Eisen die erforderliche hohe Temperatur von 1535 °C noch nicht erbracht werden konnte, war das Eisen noch schwer zu verarbeiten. Erst im 14. Jahrhundert wurde ein Verfahren entwickelt, mit dem man das Eisen schmelzen und in vorgegebene Formen *gießen* konnte.

Heute ist Eisen in Form von **Stahl** ein sehr wichtiger Werkstoff. Dieser lässt sich gut schmieden, in Formen pressen, sich kostengünstig und vielseitig zu verschiedenen Gegenständen verarbeiten.

Eisen kommt in der Erdkruste nicht gediegen, sondern nur in Form von Eisenverbindungen vor. Ihr Vorhandensein zeigt sich in den Rot- und Braunfärbungen vieler Böden und Gesteine. Ist der Eisenanteil eines Gesteins *höher als 20 %*, so spricht man von einem *Eisenerz*. Von besonderer Bedeutung für die Gewinnung von Eisen sind Erze wie Magnetit, Hämatit und Limonit [B6], die *Eisenoxide* enthalten, während Pyrit aus *Eisensulfiden* besteht. Vor der eigentlichen Eisengewinnung werden die Erze von störendem Begleitgestein befreit, das man als **Gangart** bezeichnet.

Eisen wird heute in Hochöfen aus Eisenerz mithilfe von **Koks** gewonnen. Es entsteht zunächst das Roheisen, das aufgrund seiner Herstellung mit Koks noch etwa 3 bis 4 % Kohlenstoff enthält und deshalb spröde ist. Deshalb wird anschließend beim so genannten „Frischen" in das flüssige Roheisen Sauerstoff eingeblasen, um den enthaltenen Kohlenstoff weitgehend zu Kohlenstoffdioxid zu verbrennen. Das zurückbleibende kohlenstoffarme Eisen ist schmiedbar und wird als Stahl bezeichnet.

Stahl ist eine Legierung, deren Hauptbestandteil Eisen ist und die durch Schmieden und Walzen plastisch verformbar ist

Verhüttung ist die kommerziell betriebene Metallgewinnung aus Erzen

Koks ist ein grauer, poröser Brennstoff, der als Zersetzungsprodukt von Braun- oder Steinkohle, der man den Schwefel entzogen hat, entsteht. Koks besteht aus fast reinem Kohlenstoff

Magneteisenerz (Magnetit)

Roteisenerz (Hämatit)

Brauneisenerz (Limonit)

B6 Wichtige Eisenerze, die zur Gewinnung von Eisen eingesetzt werden

6.2 Ötzi und sein Kupferbeil

B1 Die Mumie wird aus dem Eis freigelegt

B3 Das Kupferbeil des Ötzi, das weltweit einzigartig ist

Im Herbst 1991 fand ein Bergsteigerehepaar am Tisenjoch in den Ötztaler Alpen [B4] eine Mumie, von der man heute weiß, dass sie 5300 Jahre alt ist. Sie wird aufgrund des Fundortes als „Ötzi" oder auch als „Frozen Fritz" bezeichnet. Durch das Abtauen des Gletschers ist Ötzi mit seinen Kleidungs- und Ausrüstungsgegenständen aus dem Eis wieder zum Vorschein gekommen [B1, B2]. Heute befindet sich die Mumie in einem Museum in Bozen und wurde schon über 150-mal mithilfe moderner Methoden von Ärzten und Wissenschaftlern untersucht. Sie wollten mehr über Ötzi und die Zeit, in der er gelebt hat, erfahren.

B2 So war Ötzi im Hochgebirge gekleidet und ausgestattet (Modell)

Ötzi [B2] hat im Übergang von der Stein- zur Bronzezeit gelebt. Die Forscher sind sich heute darüber einig, dass Ötzi im Alter von ca. 47 Jahren eines gewaltsamen Todes gestorben ist, weil unter seinem linken Schulterblatt eine Pfeilspitze steckte und an seiner Kleidung das Blut von vier verschiedenen Menschen klebt. Man fand bei der Gletscherleiche neben einer Bärenfellmütze, einer kleinen Ledertasche, einem Fellmantel und einem Gefäß aus Birkenrinde auch ein Kupferbeil [B3].

B4 Vor 5300 Jahren stieg ein Mann in die eisigen Höhen der Ötztaler Alpen

B5 Malachit (grün)

Weil es im Alpenraum keine Kupfervorräte in gediegener Form gibt, ist davon auszugehen, dass die Menschen dort bereits vor 5000 Jahren in der Lage waren, aus den entsprechenden Erzen Kupfer zu gewinnen. Nur so ist zu erklären, dass Ötzi ein Kupferbeil bei sich tragen konnte [B2].

Kupferdarstellung. In den Alpen kommt **Malachit** vor [B5]. Er ist ein Mineral, welches Kupfer(II)-carbonat enthält. Dieses Salz hat die Verhältnisformel $CuCO_3$. Der grüne Malachit wird heute vor allem zur Herstellung von Schmuck verwendet.

Erhitzt man gepulverten Malachit in einem Reagenzglas [V 1], so entsteht aus dem in ihm enthaltenen *Kupfer(II)-carbonat* unter Freisetzung von *Kohlenstoffdioxid* das schwarze *Kupfer(II)-oxid*.

$$CuCO_3(s) \longrightarrow CuO(s) + CO_2(g)$$

Durch die Reaktion mit Holzkohlepulver (Kohlenstoff) wird das schwarze Kupfer(II)-oxid in *elementares Kupfer* überführt, das sich an der Reagenzglaswand niederschlägt. Gleichzeitig entsteht Kohlenstoffdioxid, das mit Kalkwasser nachgewiesen werden kann.

$$2\,CuO(s) + C(s) \longrightarrow 2\,Cu(s) + CO_2(g)$$

Kohlenstoff ist ganz offensichtlich in der Lage, dem Kupfer(II)-oxid den Sauerstoff zu entziehen, wobei das Metall Kupfer entsteht.

Ötzi und seine Zeitgenossen konnten also Kupfer aus Malachit herstellen. Die Metallarbeiter haben Malachit damals im Feuer erhitzt und das entstandene Produkt mit Holzkohle versetzt. So konnten sie den Werkstoff Kupfer gewinnen, aus dem sie dann Werkzeuge und Waffen herstellten.

Die Entdeckung der Kupferdarstellung war vermutlich einem Zufall zu verdanken. In bestimmten Regionen überzogen jungsteinzeitliche Töpfer ihre Tongefäße gerne mit einer Farbschicht. Als sie Gefäße beim Brennen in Holzkohle mit einem grünen Farbüberzug aus Malachit färben wollten, stellten sie fest, dass das Tonmaterial keine grüne Lasur bekam, sondern ein glänzender, vollkommen neuer Stoff entstanden war. Somit war die Gewinnung von Kupfer aus einem Mineral bzw. Erz vollzogen.

Metallgewinnung mithilfe von Kohlenstoff. Weil Kohlenstoff nicht nur Kupfer(II)-oxid, sondern auch anderen Metalloxiden den Sauerstoff entzieht, wurde er in der Bronze- und Eisenzeit auch zur Herstellung von Zinn und Eisen eingesetzt. Dies gelang zunächst mithilfe von Holzkohle. Später verwendete man Koks, der durch Zersetzung von Stein- und Braunkohle entsteht und fast reiner Kohlenstoff ist. Auch heute noch dient Kohlenstoff als Hilfsmittel zur Gewinnung von einigen Metallen.

V1 **a)** Gib in ein schwer schmelzbares Reagenzglas 3 g Malachit in gepulverter Form und erhitze über der Brennerflamme, bis die grüne Farbe des Malachits vollständig verschwunden ist. Füge nun 0,16 g Holzkohlepulver dazu und vermenge das Feststoffgemisch innig mithilfe eines Glasstabes. Nun wird erneut kräftig erhitzt, bis ein Aufglühen erkennbar ist.
Was stellst du fest?
b) Schütte nach Beendigung der Reaktion den Reagenzglasinhalt in ein mit Wasser gefülltes Becherglas.
Was kannst du beobachten?

Ein **Mineral** ist eine in der Erdkruste vorkommende feste Substanz.
Steinkohle, Diamant, Quarz und Malachit sind Beispiele für Mineralien

6.3 Moderne Verfahren der Metallherstellung

Sulfidische Erze sind Erze, die Sulfide enthalten

Ötzi hat sein Kupfer mithilfe von Holzkohle aus Malachit gewonnen. Dieser wird zur Herstellung von Schmuck verwendet. Heute gewinnt man Kupfer aus **Kupferkies**, der aus dem Sulfid $CuFeS_2$ besteht. Mit Kohle lassen sich Metalle nur aus oxidhaltigen Erzen gewinnen. Deshalb müssen sulfidische Erze zuerst mithilfe von Sauerstoff in Oxide übergeführt werden, wobei Schwefeldioxid entsteht. Diesen Vorgang bezeichnet man als Rösten.

Metallsulfid + Sauerstoff ⟶ Metalloxid + Schwefeldioxid

Erst dann kann die eigentliche Metallgewinnung mit Kohlenstoff beginnen.
Um aus einem Metalloxid das entsprechende Metall zu gewinnen, verwendet man heute nicht nur *Kohlenstoff*, sondern auch Gase wie *Wasserstoff*, *Kohlenstoffmonooxid* und sogar *andere Metalle*. Die Gewinnung von Eisen aus Eisen(III)-oxid mithilfe der genannten Stoffe wird durch folgende Reaktionsgleichungen beschrieben.

$$2\,Fe_2O_3 + 3\,C \longrightarrow 4\,Fe + 3\,CO_2$$

$$Fe_2O_3 + 3\,H_2 \longrightarrow 2\,Fe + 3\,H_2O$$

$$Fe_2O_3 + 3\,CO \longrightarrow 2\,Fe + 3\,CO_2$$

$$Fe_2O_3 + 2\,Al \longrightarrow 2\,Fe + Al_2O_3$$

Außerdem kann ein Metall durch Elektrolyse aus geschmolzenen Salzen gewonnen werden. Man spricht von der **Schmelzflusselektrolyse**, die besonders zur Herstellung von Natrium und Aluminium angewendet wird.

Exkurs Der Hund und der Schuh

Stell dir vor, du bist am Morgen etwas spät dran, musst dich beeilen, um noch pünktlich zur Schule zu kommen. Gerade als du deine Schuhe anziehen willst, schnappt dein Hund nach einem der Schuhe, weil er mit ihm spielen will.

Er hat den Schuh fest in seiner Schnauze und gibt ihn nicht mehr her. Je mehr du versuchst, ihm den Schuh zu entreißen, umso mehr verbeißt er sich in ihn.

Was tust du, um den Schuh so schnell wie möglich zu erwischen? Richtig, du lockst deinen Hund mit einem Knochen, denn dann lässt er den Schuh los und schnappt nach dem Knochen. Du kannst deinem Hund natürlich auch sein Lieblingsfutter anbieten.

Nun, was hat diese Geschichte mit der Gewinnung von Metallen aus Metalloxiden zu tun?

Es ist das Ziel, den Schuh zu bekommen. Dieser steht symbolisch für das Metall, das aus dem entsprechenden Metalloxid gewonnen werden soll. Der Hund selbst steht in dem Gleichnis für den Sauerstoff der Luft.

A1 Der Hund schnappt nach dem Schuh. Was bedeutetet dies auf der chemischen Ebene?

A2 Stell die Geschichte mit dem Hund, dem Schuh und dem Knochen durch ein „Reaktionsschema" dar. Lies aus dem von dir formulierten Schema die „Edukte" und die „Produkte" ab.

A3 Der Hund wird mit dem Knochen gelockt. Was symbolisiert der Knochen? Nenne einige Stoffe bei der Metallgewinnung, die in der Geschichte durch den Knochen vertreten werden.

A4 Der Hund hat zuletzt den Knochen im Maul. Was wird dadurch symbolisiert?

6.4 Exkurs Wichtige Metalle

Metall	Eigenschaften/Verwendung
	**Aluminium** (ϱ = 2,70 g/cm³; ϑ_{sm} = 660 °C) ist ein silber glänzendes Leichtmetall. Wegen seiner geringen Dichte wird Aluminium als Bau- und Konstruktionsmetall (z. B. für Bauverkleidungen, Reflektoren, Stromschienen) verwendet. Es dient auch als Verpackungsmaterial, z. B. für Dosen oder Folien. Aluminium ist gut elektrisch leitfähig und witterungsbeständig.
	**Blei** (ϱ = 11,34 g/cm³; ϑ_{sm} = 327 °C) ist ein dunkelblaugraues, weiches Schwermetall. Es ist ein wichtiges Gebrauchsmetall für Gewichte (siehe Bild: Senkblei), Dachabdeckungen und Autobatterien. Auch als Strahlenschutz (Bleischürze) wird es eingesetzt. Als Staub und Rauch ist Blei giftig.
	**Chrom** (ϱ = 7,19 g/cm³; ϑ_{sm} = 1857 °C) ist ein silber glänzendes, zähes Schwermetall. Wegen seines schönen, glänzenden Aussehens wird es häufig zum Verkleiden von Gegenständen (z. B. Radkappe, Stoßstange, Küchengeräte) verwendet.
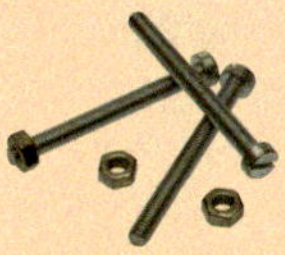	**Eisen** (ϱ = 7,87 g/cm³, ϑ_{sm} = 1535 °C) und seine Legierungen (Stähle) sind die häufigsten Gebrauchsmetalle unserer Zeit. Brücken, Tore, Nägel, Zäune und vieles mehr werden aus Eisenmetallen gefertigt. Gegenstände aus reinem Eisen rosten, wenn sie längere Zeit feuchter Luft ausgesetzt sind.
	**Gold** (ϱ = 19,32 g/cm³; ϑ_{sm} = 1064 °C) ist ein weiches, sehr dehnbares, gelb glänzendes Edel- und Schmuckmetall. In der Zahnmedizin verwendet man Zahngold, das ist mit Platin legiertes Gold. Als dünne Folie (Blattgold) wird Gold zum Vergolden von Stuck, Bilderrahmen usw. eingesetzt. Ferner wird es auch oft für Anschlüsse von Computerchips verwendet.
	**Kupfer** (ϱ = 8,93 g/cm³; ϑ_{sm} = 1083 °C) ist ein rot glänzendes Buntmetall. Wegen seiner hohen elektrischen Leitfähigkeit wird es für Stromkabel verwendet. Auch viele Dächer, Brauereikessel, Wasserleitungen und Kunstgegenstände sind aus Kupfer. Es bildet nach jahrelanger Verwitterung Patina, einen hellgrünen, giftigen Belag. Große Bedeutung hat Kupfer auch in seinen Legierungen wie Rotgold, Messing, Neusilber, Zinn- und Aluminiumbronze.
	**Quecksilber** (ϱ = 13,55 g/cm³; ϑ_{sm} = −39 °C) ist silbrig glänzend und bei Zimmertemperatur flüssig. Verwendet wird Quecksilber als Füllung in vielen Flüssigkeitsthermometern und für Mini-Stromquellen in „Knopf-Zellen". Quecksilberdämpfe sind giftig.
	**Silber** (ϱ = 10,50 g/cm³; ϑ_{sm} = 962 °C) ist ein hell glänzendes Edelmetall und wird z. B. für Münzen, Schmuckstücke oder Bestecke verwendet. Der Silbergehalt lässt sich bei Schmuck und Besteck aus einem eingedrückten Stempel ersehen. Die Zahl 800 gibt z. B. an, dass eine Legierung mit einem Silbergehalt von 800 ‰ vorliegt. Der Restbestandteil ist Kupfer. Als Kernmaterial dient Neusilber (Legierung aus Kupfer, Nickel und Zink) oder Edelstahl. Mit Quecksilber legiertes Silber, Silberamalgam, wird häufig für Zahnfüllungen verwendet.
	**Titan** (ϱ = 4,51 g/cm³; ϑ_{sm} = 1660 °C) ist ein grau glänzendes, zähes Metall. Titan wird als Verkleidung im Flugzeug- und Raketenbau oder in der Medizin für künstliche Gelenke (siehe Bild) verwendet. Aber auch als Schmuckmetall (z. B. für Brillengestelle oder Schmuck) ist es in Mode gekommen.

6.5 Eigenschaften der Metalle

B1 In welcher Reihenfolge fallen die Erbsen?

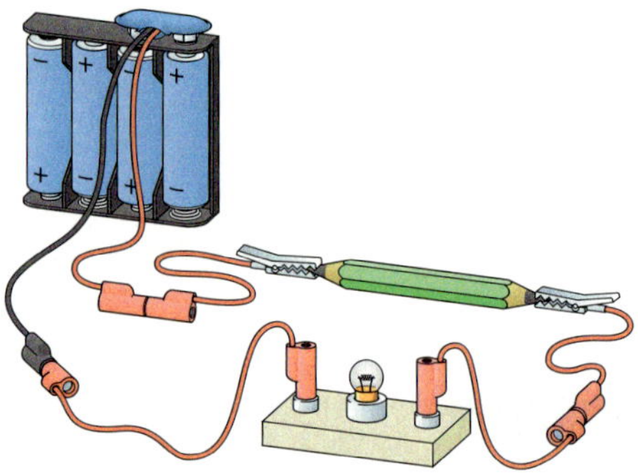

B3 Elektrische Leitfähigkeitsmessung

Elektrische Leitfähigkeit. Metalle wie Kupfer, Aluminium, Eisen und Magnesium leiten den elektrischen Strom [V1]. Da Kupfer und Aluminium eine gute elektrische Leitfähigkeit haben, werden diese Metalle zur Herstellung elektrischer Leitungen verwendet. In Kap. 5 haben wir gesehen, dass auch eine wässrige Kochsalzlösung den Strom leitet. Genauere Untersuchungen mit einem Stromstärkemessgerät, das in den Stromkreis geschaltet wird, zeigen, dass Metalle eine wesentlich höhere Leitfähigkeit besitzen als Salzlösungen.

Wärmeleitfähigkeit. Wenn du ein Glas Tee trinken willst und dabei den Metalllöffel in die Flüssigkeit stellst, wirst du beobachten, dass der Teelöffel auch oben heiß wird [V2]. Heizkörper, die sich an den Zimmerwänden befinden, werden aus Metallen hergestellt, weil sie die Wärme des in ihnen zirkulierenden heißen Wassers gut aufnehmen und wieder an die Umgebung abgeben können. In einem Bügeleisen wird elektrische in thermische Energie umgewandelt. Die Wärme wird von der metallischen Gleitfläche des Bügeleisens auf die Wäsche übertragen [B2]. Diese Beispiele zeigen, dass Metalle gute Wärmeleiter sind. Weil Metalle den elektrischen Strom leiten und gute Wärmeleiter sind, werden sie in vielen Haushaltsgeräten eingesetzt.

Verformbarkeit. An einem Kupferdraht oder Magnesiumband kannst du demonstrieren, dass sich Metalle gut biegen und verformen lassen. Aufgrund ihrer leichten Verformbarkeit werden Metalle als Werkstoffe zur Herstellung von Büroklammern, Dosen und Münzen verwendet. Autokarosserien [B6] werden aus dünnen Stahlblechen [B4] gefertigt, die mit riesigen Pressen in die gewünschte Form gebracht werden.

B2 Metalle sind gute Wärmeleiter

V1 Es wird ein elektrischer Stromkreis aufgebaut [B3]. Zwischen den Krokodilklemmen werden nacheinander Bleche aus Kupfer, Aluminium und Eisen, ein Magnesiumband, ein Glasstab und ein Holzstab befestigt. Welche Stoffe sind elektrisch leitfähig?

V2 Befestige jeweils einige Erbsen mit Butter an Löffeln aus Stahl, Kunststoff und Silber [B1]. Stelle diese in eine mit heißem Wasser gefüllte Tasse, die du mit einem Brettchen abdeckst. In welcher Reihenfolge fallen die Erbsen nach unten?

Metallischer Glanz. Alle Metallstücke haben eine glänzende Oberfläche. Man spricht vom Metallglanz. Wegen ihres Aussehens werden Metalle deshalb auch zu Schmuckstücken und Münzen verarbeitet.

Alle Metalle sind elektrisch leitfähig und gute Wärmeleiter, auch sind sie gut verformbar und zeigen eine glänzende Oberfläche.

Nach Bedarf lassen sich neue Werkstoffe mit gewünschten Eigenschaften herstellen, indem man verschiedene Metalle zusammenschmilzt. Auf diese Weise entstehen homogene Gemische, die ebenfalls metallische Eigenschaften besitzen. Sie werden als **Legierungen** bezeichnet.

Eine Legierung aus Kupfer und Zinn wird als **Bronze** bezeichnet. Wenn man Kupfer und Zink zusammenschmilzt, so entsteht das gelblich glänzende **Messing**. Aus Messing fertigt man vor allem Tür- und Fenstergriffe, Münzen [B5, B7] und Schrauben.

Merkhilfe:
Die Bronzestatue am Inn enthält viel Kupfer und auch Zinn. Dagegen ist im Messingbolzen das Kupfer mit dem Zink verschmolzen.

Durch ein Zusammenschmelzen von Eisen mit etwas Chrom und Nickel kann man „Nirosta", nichtrostenden Stahl, herstellen.

Name der Legierung	Verwendungsbeispiele	Zusammensetzung Massenanteile
Neusilber (Alpaka)	Modeschmuck, Kern von versilbertem Besteck	30–70% Kupfer 11–26% Nickel 12–44% Zink
Glockenbronze	Glocken, Skulpturen	75–80% Kupfer 20–25% Zinn
Messing	Beschläge, Armaturen Schrauben, Schmuck	60–70% Kupfer 30–40% Zink
Nordisches Gold	10-, 20-, 50-Ct-Münzen	89% Kupfer 5% Aluminium 5% Zink 1% Zinn
Stahl (Edelstahl, V2a)	„rostfreie" Gegenstände aus Eisen, Besteck	68–88% Eisen 12–18% Chrom 0–14% Nickel

B5 Legierungen

Reines Gold, das ein weiches Metall ist, kann durch Zusammenschmelzen mit Silber zu **Weißgold** bzw. mit Kupfer zu **Rotgold** härter gemacht werden. Das „Zahngold" stellt eine Legierung aus Gold und Platin dar. Die in der Zahnmedizin verwendete und umstrittene Amalgamfüllung ist eine Legierung aus Silber, Zink und Quecksilber. Legierungen, die Quecksilber enthalten, werden als **Amalgame** bezeichnet.

B7 Münzmetalle sind meistens Legierungen

B4 Stahlblechrollen zur Herstellung von Autokarosserien

B6 Eine Autokarosserie wird aus etwa 400 geformten Blechteilen zusammengebaut

6.6 Die Metallbindung

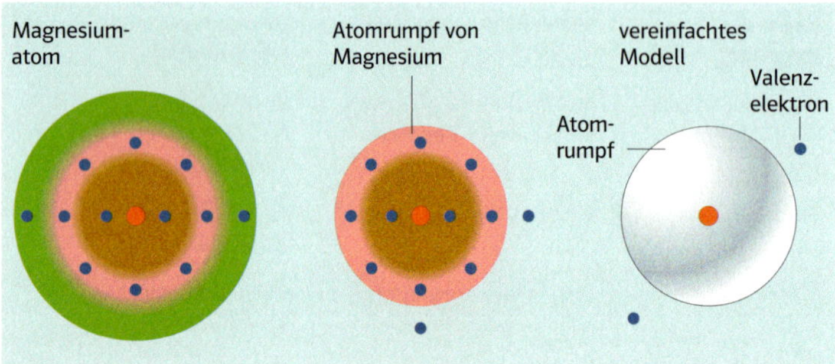

B1 Magnesiumatom: Atomrumpf und Valenzelektronen

Eine wässrige Natriumchloridlösung leitet den elektrischen Strom, während dies bei festem Natriumchlorid nicht der Fall ist. Diese Fähigkeit haben wir auf die frei beweglichen Ionen in der Lösung zurückgeführt.

Erklärung der elektrischen Leitfähigkeit von Metallen. Die hohe elektrische Leitfähigkeit von Metallen kann aber nicht auf dem Vorhandensein frei beweglicher Ionen beruhen, weil Metalle bei Zimmertemperatur – mit Ausnahme von Quecksilber – Feststoffe sind. Demnach müssen andere Ladungsträger im Metall den Stromfluss bewirken.

Metallatome haben meist nur wenige Valenzelektronen. Diese lassen sich leicht vom restlichen Teil des Atoms entfernen. Bei den Magnesiumatomen entstehen aus den neutralen Atomen durch Abgabe von jeweils zwei Elektronen zweifach positiv geladene **Atomrümpfe** [B1].

Im Metall werden die positiven Atomrümpfe, die sich aufgrund ihrer gleichen Ladung abstoßen würden, durch die negativ geladenen Elektronen zusammengehalten [B2, links]. Die Elektronen können sich zwischen den Atomrümpfen frei bewegen und sind nicht mehr an einzelne Metallatome gebunden. Man sagt, die Elektronen sind **delokalisiert**.

Weil sich die Elektronen im Metall wie die Teilchen eines Gases bewegen, spricht man von einem **Elektronengas**. In dieses sind die Atomrümpfe eingebettet. Sie sind, ähnlich wie die Ionen in einem Salzkristall, in einem **Metallgitter** angeordnet. Durch die Einbettung in das Elektronengas haben sie aber erheblich mehr Bewegungsmöglichkeiten als die Kationen und Anionen eines Ionengitters. Der Zusammenhalt wird durch die Anziehung zwischen den positiv geladenen Atomrümpfen und den negativ geladenen Elektronen bewirkt und als **Metallbindung** bezeichnet.

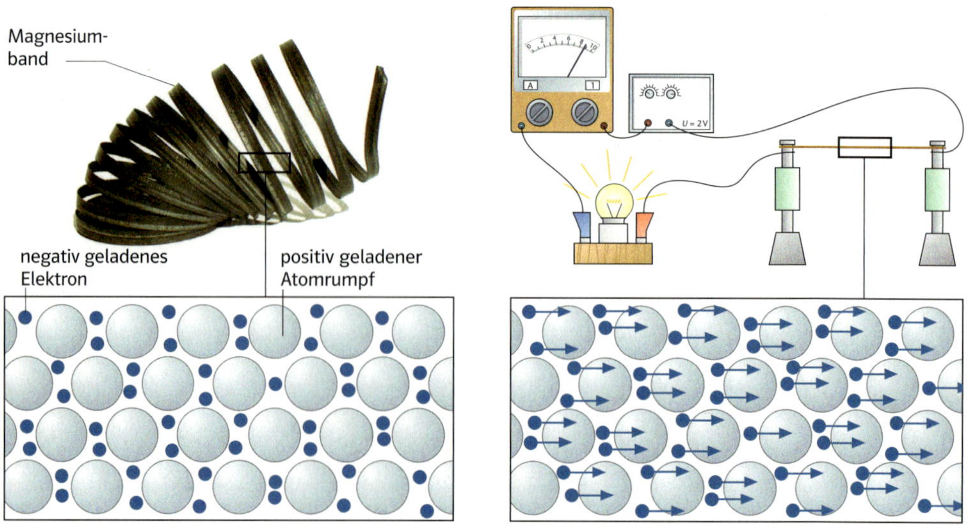

B2 Atomrumpfmodell und Verhalten der Elektronen bei Anlegen einer elektrischen Spannung

Die hohe Beweglichkeit der Elektronen zwischen den Atomrümpfen bewirkt die elektrische Leitfähigkeit der Metalle. Elektrischer Strom im Metall ist nichts anderes als der Fluss von Elektronen [B2, rechts].

Eine Metallbindung wird durch die Anziehung zwischen positiv geladenen Atomrümpfen und negativ geladenen Elektronen (Elektronengas) bewirkt.

Untersuchungen zeigen, dass Metalle bei niedrigen Temperaturen den elektrischen Strom besser leiten als bei hohen. Das hängt damit zusammen, dass die Atomrümpfe im Metallgitter durch Energiezufuhr zum stärkeren Schwingen gebracht werden und dadurch der Zwischenraum zwischen ihnen geringer wird. Der freie Elektronenfluss zwischen den Atomrümpfen wird auf diese Weise behindert und so die elektrische Leitfähigkeit des Metalls herabgesetzt.

Erklärung der Wärmeleitfähigkeit. Erhitzt man ein Metall, so wird sowohl den Atomrümpfen als auch dem Elektronengas Energie zugeführt. Die positiv geladenen Metallatome beginnen zu vibrieren und schwingen. Dadurch können sie sich gegenseitig anstoßen und so die Energie auf benachbarte Teilchen übertragen. Die Folge ist, dass sich die Wärmeenergie über das ganze Metall ausbreitet. An der Wärmeleitung nehmen aber auch die delokalisierten Elektronen teil, wenn sie zusätzlich Bewegungsenergie bekommen. Bei hohen Temperaturen überwiegt die Energieübertragung durch die Atomrümpfe, bei niedrigen Temperaturen die durch die frei beweglichen Elektronen.

Erklärung der Verformbarkeit. Im Ionengitter eines Salzes sind die Kationen und Anionen fest an ihre Plätze gebunden. Elektrostatische Anziehungskräfte zwischen ihnen bewirken den Zusammenhalt. In Metallen dagegen haben die Teilchen eine größere Bewegungsfreiheit. Beim Verformen eines Metalls werden die Atomrümpfe und Elektronen immer so verschoben, dass – im Gegensatz zu einem Ionengitter – keine neuen Bindungssituationen entstehen können. Das Elektronengas hält weiterhin die Atomrümpfe zusammen [B3].

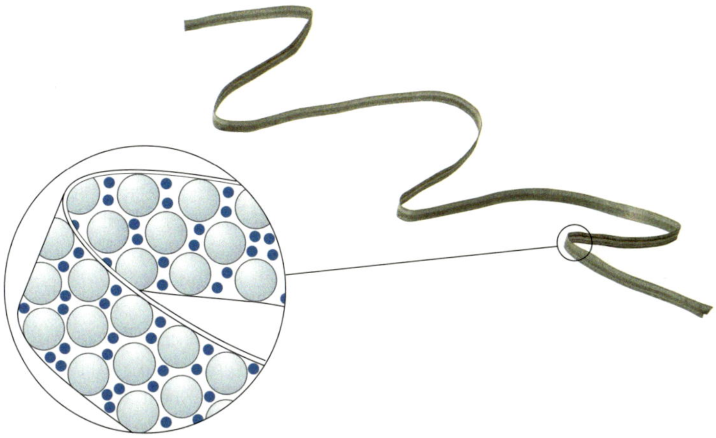

B3 Metalle lassen sich gut verformen

Legierungen. Metallschmelzen mischen sich gut. Beim Abkühlen entstehen Legierungen. Das Metallgitter der Legierung besteht aus Atomrümpfen verschiedener Metalle. Es werden also unterschiedliche Atomrümpfe durch das Elektronengas zusammengehalten [B4].

Weil eine Legierung einen ähnlichen Aufbau wie ein reines Metall hat, ist auch sie elektrisch leitfähig, ein guter Wärmeleiter, verformbar und zeigt eine glänzende Oberfläche. Aber Eigenschaften wie Dichte, Härte und Beständigkeit gegenüber Chemikalien können im Vergleich zu den reinen Metallen weitgehend andere sein.

B4 Schicht im Metallgitter einer Legierung aus drei verschiedenen Metallen

6.7 Unedle und edle Metalle

B1 Magnesium reagiert mit Salzsäure, Kupfer nicht

Magnesiumpulver erzeugt in der Gasbrennerflamme einen gleißenden Funkenregen [V1, B2]. Lässt man Magnesium an der Luft liegen, so wird es allmählich rau und überzieht sich mit einer Oxidschicht. Eisen rostet an feuchter Luft. Auch die Oberfläche von Blei und Zink wird mit der Zeit matt. Platin und Gold reagieren dagegen nicht mit Sauerstoff und behalten ihren metallischen Glanz auch über einen längeren Zeitraum bei.

Metall und Sauerstoff. Bläst man Pulver der Metalle Magnesium [V1], Eisen und Kupfer [V2] in die nicht leuchtende Brennerflamme [B2], so zeigen sich deutliche Unterschiede in der Helligkeit der Flamme und damit der Heftigkeit der Reaktion. Von den genannten Metallen hat Magnesium die größte und Kupfer die kleinste Bindungsfestigkeit in den Oxiden.

Kupfer, Eisen, Magnesium →
Zunahme der Bindungsfestigkeit mit Sauerstoff

Metalle, die mit Sauerstoff reagieren, heißen **unedle Metalle**. Dazu gehören Magnesium, Eisen und Aluminium. Metalle, die nicht oder nur äußerst langsam mit Sauerstoff reagieren, nennt man **edle Metalle**. Solche Edelmetalle sind Silber, Gold und Platin.

Metall und verdünnte Säure. Unedle Metalle reagieren mit verdünnten Säuren, wie z. B. Salzsäure, unter Bildung einer Salzlösung und Wasserstoff [V3, B1]. Die Reaktion von Magnesium mit verdünnter Salzsäure verläuft beispielsweise nach folgender Gleichung:

$$Mg(s) + 2\,HCl(aq) \longrightarrow MgCl_2(aq) + H_2(g)$$

Dagegen werden edle Metalle von verdünnten Säuren nicht angegriffen. Insofern kann das

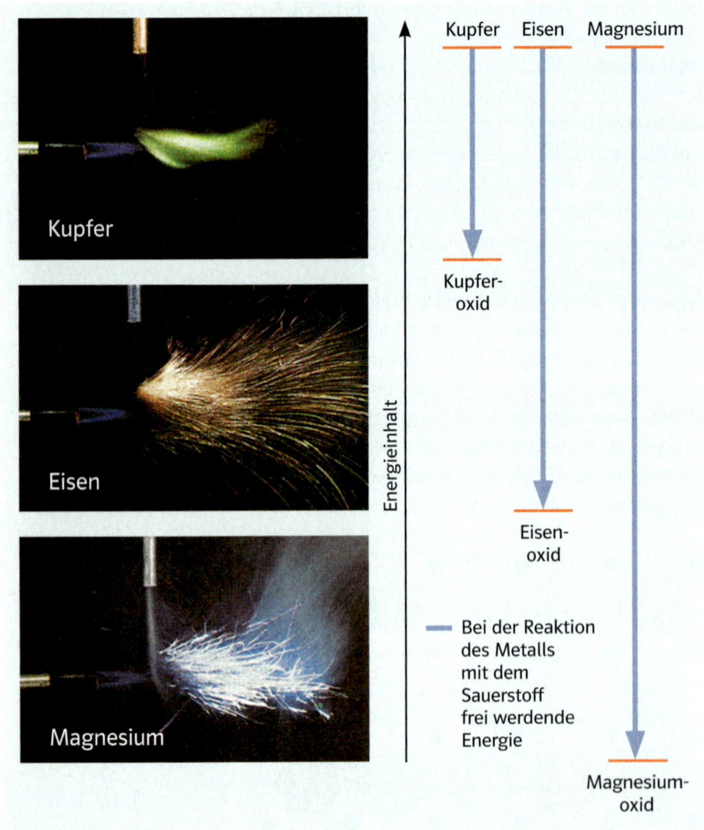

B2 Kupfer, Eisen und Magnesium verbrennen mit unterschiedlicher Heftigkeit

V1 ⚠ Mit einem Glasrohr wird eine geringe Menge Magnesiumpulver aufgenommen und in die nicht leuchtende Gasbrennerflamme geblasen. Feuerfeste Unterlage! Sicherheitsabstand! Nicht direkt in die Flamme schauen!

V2 V1 wird mit Eisenpulver und Kupferpulver gleicher Korngröße wiederholt. Vergleiche das Reaktionsverhalten der Metalle.

V3 ⚠ Gib in ein Reagenzglas, in dem sich verdünnte Salzsäure befindet, ein Stück Magnesiumband [B1]. Verschließe das Reagenzglas mit einem durchbohrten Stopfen, in den eine Glasdüse gesteckt ist. In der Düse befindet sich ein kleines Stück Kupfer-Drahtnetz. Was ist zu beobachten? Führe die Knallgasprobe mit dem austretenden Gas durch. Nach negativem Ausgang kann es angezündet werden. Das Kupfer-Drahtnetz dient als Rückschlagsicherung.

V4 Wiederhole V3 mit einem Stück Kupferblech. Was stellst du fest?

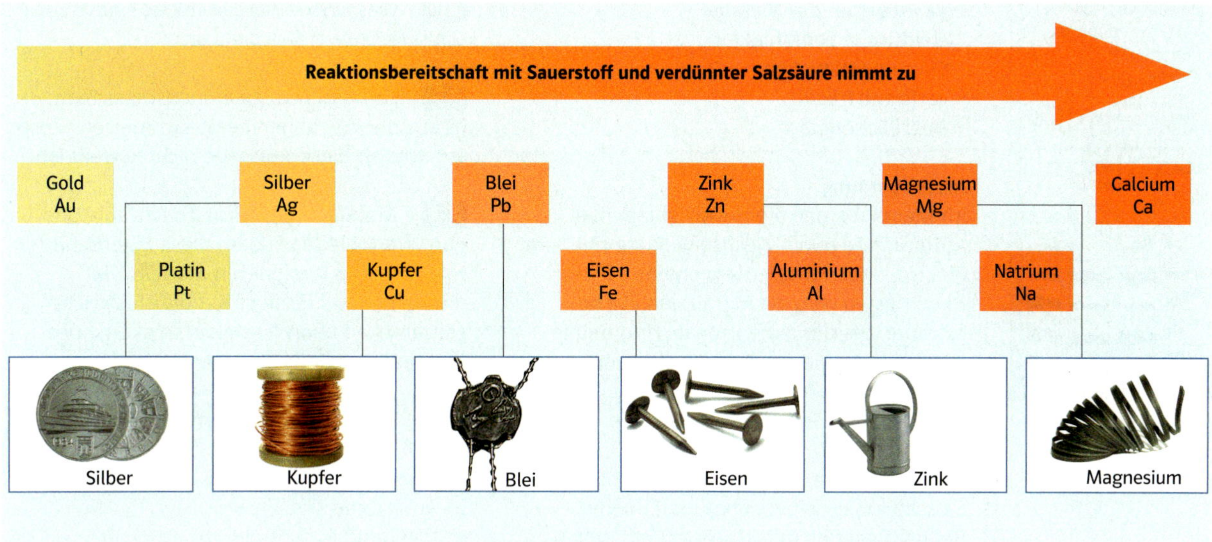

B3 Reihenfolge einiger Metalle hinsichtlich ihrer Reaktionsbereitschaft mit Sauerstoff und verdünnter Salzsäure

Reaktionsverhalten der Metalle gegenüber verdünnter Salzsäure ebenfalls dazu dienen, eine Einteilung in unedle und edle Metalle vorzunehmen [B3].
Ein Gemisch aus Kupferoxid und Eisenpulver glüht beim Erhitzen auf [V5a], die Glühzone durchwandert anschließend das ganze Gemisch. Das heißt, die Reaktion läuft nach dem Start freiwillig weiter. Nach dem Erkalten erkennt man rote Kupferkügelchen und grauschwarzes Eisenoxid [B4].

$$4\ CuO(s) + 3\ Fe(s) \longrightarrow 4\ Cu(s) + Fe_3O_4(s)$$

Erhitzt man umgekehrt Eisenoxid mit Kupfer [V5b], so setzt keine Reaktion ein.

Ein Gemisch aus Kupferoxid und Zinkpulver glüht unter Bildung von Kupferkügelchen und Zinkoxidpulver heftig auf, wobei das Zinkoxid aus dem Reagenzglas geschleudert wird [V6].

$$CuO(s) + Zn(s) \longrightarrow Cu(s) + ZnO(s)$$

Wenn wir diese Versuchsergebnisse mit der Stellung der Metalle in der Anordnung [B3] vergleichen, stellen wir fest, dass mit einem unedlen Metall das edle Metall aus dessen Metalloxid gewonnen werden kann.

Das unedle Metall treibt das edle Metall aus seinem Oxid aus. Unedle Metalle sind deshalb zur Gewinnung von Edelmetallen geeignet.

V5 ⚠ **a)** Ein Gemisch aus 3 g schwarzem Kupferoxid und 1,5 g Eisenpulver wird über einer feuerfesten Unterlage bis zum ersten Aufglühen in einem Reagenzglas erhitzt und dieses dann sofort aus der Flamme genommen. Schutzbrille!
b) Nun wird ein Gemisch aus 3 g rotem Eisenoxid und 1,5 g Kupferpulver in einem Reagenzglas, wie im ersten Versuch, erhitzt. Das Gemisch wird mehrmals zum Glühen gebracht.

V6 ⚠ Ein Gemisch aus 2 g Kupferoxid und 1,6 g Zinkpulver wird hergestellt und in einem schwer schmelzbaren Reagenzglas bis zum ersten Aufglühen erhitzt. Schutzbrille!

B4 Eisenoxid mit eingeschlossenem Kupfer aus der Reaktion von Kupferoxid mit Eisen

6.8 Durchblick Zusammenfassung und Übung

Eigenschaften der Metalle
- elektrische Leitfähigkeit
- Wärmeleitfähigkeit
- Verformbarkeit
- Oberflächenglanz

Metallbindung
Im Metall werden die positiv geladenen Atomrümpfe durch Wechselwirkung mit dem Elektronengas zusammengehalten. Dieser Bindungstyp wird als Metallbindung bezeichnet. Die dreidimensionale Anordnung der positiven Metallatomrümpfe nennt man Metallgitter.

Unedle Metalle
Metalle, die mit Sauerstoff oder verdünnter Salzsäure reagieren, nennt man unedel. Bei der Reaktion mit Sauerstoff entstehen Metalloxide, bei der Reaktion mit verdünnter Salzsäure die entsprechenden Salzlösungen und Wasserstoff. Je unedler ein Metall ist, desto stärker ist seine Bindungsfestigkeit mit Sauerstoff. Beispiele: Eisen, Zink, Magnesium.

Edle Metalle
Reagieren Metalle nicht oder nur sehr langsam mit Sauerstoff, so werden sie als edle Metalle bezeichnet. Sie werden von verdünnten Säuren nicht angegriffen. Beispiele: Silber, Gold, Platin.

Metalldarstellung
Die Gewinnung eines Metalls aus seinem Metalloxid gelingt mit Kohlenstoff, Wasserstoff, Kohlenstoffmonooxid und unedlen Metallen. Weil ein unedles Metall das edle Metall aus dessen Oxid austreibt, sind unedle Metalle zur Gewinnung von Edelmetallen geeignet. Außerdem können Metalle wie Natrium und Aluminium durch Elektrolyse ihrer geschmolzenen Salze gewonnen werden.

A1 Gegeben sind Gold, Aluminium, Kupfer, Eisen und Zink. Welche der Metalle können in verdünnter Salzsäure aufgelöst werden? Formuliere die entsprechenden Reaktionsgleichungen.

A2 Was sind Mineralien? Was sind Erze? Gib jeweils zwei Beispiele an.

A3 „Um Eisen zu gewinnen, muss man es aus den Gesteinen herausschmelzen." Zeige auf, was an dieser Aussage nicht korrekt ist.

A4 Metalle sind elektrisch leitfähig und gute Wärmeleiter. Erkläre diese Eigenschaften mithilfe eines geeigneten Modells. Hat die Temperatur Einfluss auf die elektrische Leitfähigkeit und Wärmeleitfähigkeit eines Metalls? Begründe deine Antwort.

A5 Was verbindest du mit folgenden Begriffen?
a) Nirosta,
b) Amalgame,
c) Weißgold.

A6 Gold und Platin kommen in der Natur in gediegenem Zustand vor, Eisen und Calcium dagegen nur in Form von Oxiden und anderen Verbindungen. Welche der genannten Metalle sind als edel zu bezeichnen? Begründe deine Antwort.

A7 Entscheide und begründe, ob zwischen den angegebenen Stoffen eine Reaktion erfolgt. Sollte dies der Fall sein, so formuliere die entsprechende Reaktionsgleichung.
a) Kupferoxid und Magnesium
b) Eisenoxid und Zink
c) Magnesiumoxid und Eisen
d) Zinkoxid und Blei

A8 Metalle werden oft in Schwer- und Leichtmetalle eingeteilt. Metalle, deren Dichte $\rho = 4{,}50\,g/cm^3$ oder größer ist, werden als **Schwermetalle** bezeichnet. Alle anderen Metalle nennt man **Leichtmetalle**. Gib jeweils zwei Schwer- und Leichtmetalle an und beschreibe ihre Eigenschaften und Verwendungsmöglichkeiten.

A9 Formuliere die Reaktionsgleichung für die Gewinnung von Kupfer aus schwarzem Kupferoxid (CuO) mit Wasserstoff.

7 Molekular gebaute Stoffe und Elektronenpaarbindung

Betrachtet man die Stoffe, die wir im Alltag verwenden, findet man viele Molekülverbindungen unter ihnen. Beispiele sind Wasser, Aceton, Methan, Essigsäure und die für die Vererbung so wichtige DNA.

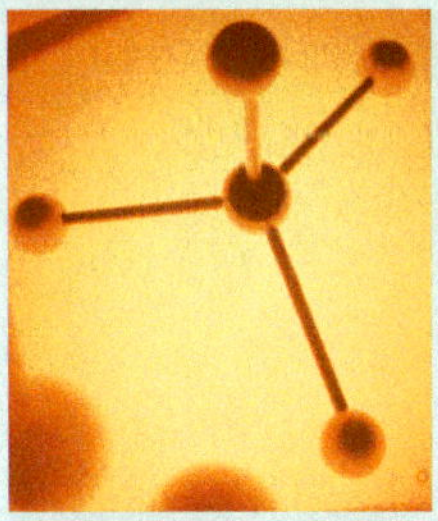

Das am einfachsten gebaute Molekül mit Elektronenpaarbindung ist das Wasserstoffmolekül H_2. Wasserstoff wird in Brennstoffzellen als Brennstoff verwendet. Der elementare Stoff Schwefel besteht ebenfalls aus Molekülen. Die meisten leicht flüchtigen Stoffe sind Molekülverbindungen.

Worin unterscheiden sich Molekülverbindungen von Ionenverbindungen? Moleküle sind Teilchen, die aus verschiedenen oder gleichen Atomen aufgebaut sind. Ihre genaue Zusammensetzung gibt die Molekülformel wieder. Für Methan lautet diese CH_4.

Die Atome der Moleküle sind über Elektronenpaarbindungen miteinander verbunden. Was macht diese Elektronenpaarbindung aus?

7.1 Schwefel – ein typisches Nichtmetall

B1 Natürlich vorkommender Schwefel

Abbau von gediegenem Schwefel. Nicht nur Metalle wie Gold und Silber, sondern auch Nichtmetalle können in der Natur gediegen vorkommen. Ein Beispiel dafür ist der *Schwefel* [B1], der neben *Salz*, *Kalk*, *Kohle* und *Erdöl* zu den fünf wichtigsten Rohstoffen der chemischen Industrie zählt.
Das Gestein sizilianischer Schwefelgruben enthält bis zu 40 Prozent des begehrten Nichtmetalls.
In Texas und Louisiana gibt es ausgedehnte, bis zu 100 Meter dicke Schwefellager. Sie befinden sich einige Hundert Meter unter der Erdoberfläche und sind von einer Schwemmsandschicht bedeckt, sodass ein bergmännischer Abbau mit Stollen und Schächten nicht möglich ist. Die Gewinnung gelingt mit einer von dem deutsch-amerikanischen Chemiker FRASCH entwickelten Technik.
Dabei leitet man durch ein Rohr 180 °C heißen Wasserdampf in die Lagerstätte. Der so geschmolzene Schwefel wird mit heißer Pressluft durch ein weiteres Rohr an die Oberfläche gedrückt [B4].
Gut die Hälfte der weltweit benötigten Schwefelmenge von etwa 50 Millionen Tonnen jährlich kommt aus dem Abbau gediegenen Schwefels.

B2 Modell des S_8-Moleküls (Ring)

B3 Handelsformen des Schwefels

Darstellung von Schwefel aus Schwefelverbindungen. Im Erdgas befindet sich in geringen Mengen ein übelriechendes, giftiges Gas mit dem Namen Schwefelwasserstoff (H_2S), das vor Verwendung des Erdgases entfernt werden muss. Bei eingeschränkter Luftzufuhr und unter Mitwirkung des Katalysators Bauxit reagiert Schwefelwasserstoff mit Sauerstoff zu Wasser und Schwefel. Diese nach ihrem Entdecker als „CLAUS-Prozess" benannte Reaktion läuft in zwei Schritten ab. Zunächst bildet sich aus Schwefelwasserstoff und Sauerstoff Wasser und Schwefeldioxid. Dann reagiert das Schwefeldioxid mit weiterem Schwefelwasserstoff zu Schwefel und Wasser [V1]. Der so gewonnene Schwefel ist eigentlich nur ein willkommenes Nebenprodukt. Denn aus technischen Gründen und wegen des Umweltschutzes muss eine „Entschwefelung" von Erdgas und auch Erdöl zwangsläufig erfolgen.

Eigenschaften des Schwefels. Untersucht man ein Stück Stangenschwefel [B3], so stellt man fest: Der geruchlose, „schwefelgelbe" Schwefel besitzt weder elektrische Leitfähigkeit noch hat er solche Eigenschaften wie hohe Wärmeleitfähigkeit, Biegsamkeit oder metallischen Glanz. Damit zeigt er alle Kennzeichen eines typischen Nichtmetalls. Untypisch dagegen ist das Verhalten des Schwefels beim Erhitzen [V2]. Erwartungsgemäß schmilzt er zunächst und wird dünnflüssig, bei weiterer Wärmezufuhr aber wird die Schmelze zähflüssig und ändert ihre Farbe von Gelb nach Rotbraun. Erklären lässt sich diese Beobachtung auf der Teilchenebene. In Reaktionsgleichungen wird Schwefel zwar übereinkunftsgemäß mit „S" dargestellt, tatsächlich liegt er aber nicht atomar, sondern molekular vor. Je acht Schwefelatome bilden ein ringförmiges Molekül [B2]. Bei 160 °C brechen die S_8-Ringe auf zu S_8-Ketten, deren „lose Enden" sich verbinden, wodurch lange, ineinander verflochtene und daher schwer bewegliche Atomketten entstehen und die Schmelze fast schlagartig zähflüssig wird. Es hat also, streng genommen, beim Erhitzen eine chemische Reaktion der Schwefelmoleküle miteinander stattgefunden.

B4 Förderung von flüssigem Schwefel

Modifikationen des Schwefels. Bei Zimmertemperatur gibt es drei *Schwefelmodifikationen*. Der **plastische** Schwefel [B6] entsteht beim Abschrecken einer Schwefelschmelze. Er ist aus langen, völlig ungeordneten Kettenmolekülen aufgebaut. Beim langsamen Erstarren einer Schwefelschmelze oberhalb von 95 °C entstehen *nadelförmige Schwefelkristalle* [B7], der **monokline** Schwefel. Unterhalb von 95 °C bilden sich Kristalle in der Gestalt einer *Doppelpyramide* [B8], der **rhombische** Schwefel. Die beiden letztgenannten Modifikationen sind aus regelmäßig angeordneten S_8-Molekülen aufgebaut, wobei sie sich in der Anordnung der Moleküle zueinander unterscheiden. Rhombischer Schwefel ist bei Zimmertemperatur die stabilste Modifikation, deshalb wandeln sich die beiden anderen Schwefelformen langsam in diese um.

Verwendung von Schwefel. Der weitaus größte Teil des Schwefels wird zu *Schwefelsäure* weiterverarbeitet. Nur ein geringer Teil kommt als elementarer Stoff zum Einsatz: In Zündhölzern, in Medikamenten und im Schwarzpulver. Große Bedeutung hat Schwefel beim Vulkanisieren von Kautschuk. Mit diesem Verfahren gelang es dem amerikanischen Chemiker CHARLES NELSON GOODYEAR 1839 erstmals Gummi herzustellen. Hartgummi [B5] enthält bis zu 30 Prozent Schwefel.

B5 Ohne Schwefel kein Gummi

V1 ⚠ In einem Reagenzglas mischt man einen Spatel Zinksulfid mit der doppelten Menge Natriumhydrogensulfit. Im Abzug füllt man mit einer Pipette so viel konzentrierte Salzsäure ein, dass die Mischung ca. 3 cm hoch mit Säure bedeckt ist. Dann verschließt man rasch das Glas mit einem Gummistopfen, in dem ein Gärröhrchen steckt. Das Gärröhrchen hat man vorher mit konzentrierter Eisen(III)-chlorid-Lösung befüllt.

V2 In einem großen, mit Glaswolle lose verschlossenen Reagenzglas erhitzt man langsam eine größere Menge Schwefelpulver und beobachtet dabei Farbe und Viskosität. Man hält den Schwefel kurz am Sieden, sodass sich Kristalle an der Glaswolle abscheiden. Dann gießt man einen Teil des flüssigen Schwefels rasch in ein Becherglas mit Wasser. Den entstandenen plastischen Schwefel untersucht man sofort und nach einigen Tagen erneut. Den Rest der Schwefelschmelze lässt man langsam abkühlen. Wenn sich eine Kruste gebildet hat, durchstößt man diese mit einem Glasstab und gießt noch flüssigen Schwefel möglichst vollständig ab. Die Schwefelkristalle am Boden des Reagenzglases werden mit denen verglichen, die sich an der Glaswolle abgeschieden haben.

A1 Erörtere die folgenden Aussagen.
a) In Aachen und Wiessee gibt es heilsame Schwefelquellen.
b) Die Abgase von Kohlekraftwerken müssen entschwefelt werden.
c) In der Nähe von Kiefernwäldern kann man im Frühjahr oft einen Schwefelregen beobachten.

A2 Erstelle die Reaktionsgleichungen für die Teilreaktionen des CLAUS-Prozesses.

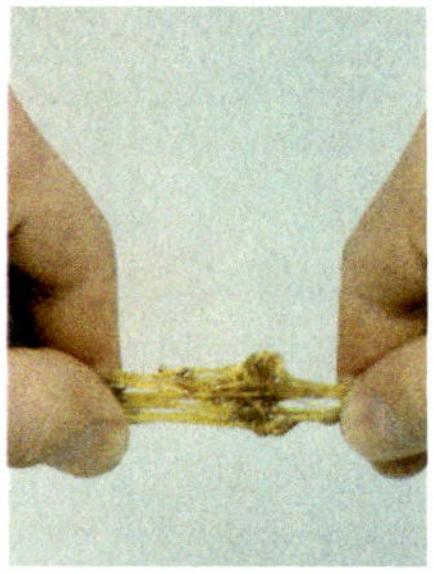

B6 Plastischer Schwefel

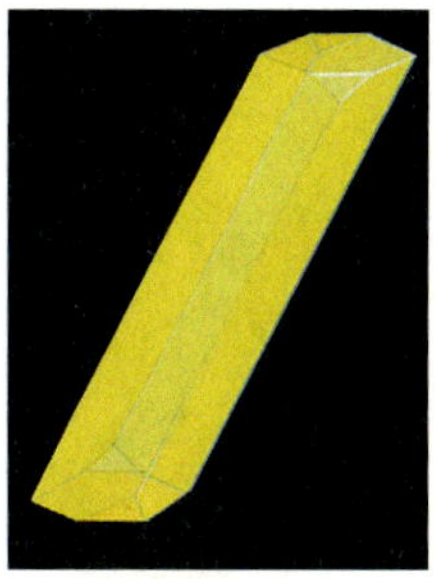

B7 Monokliner Schwefelkristall

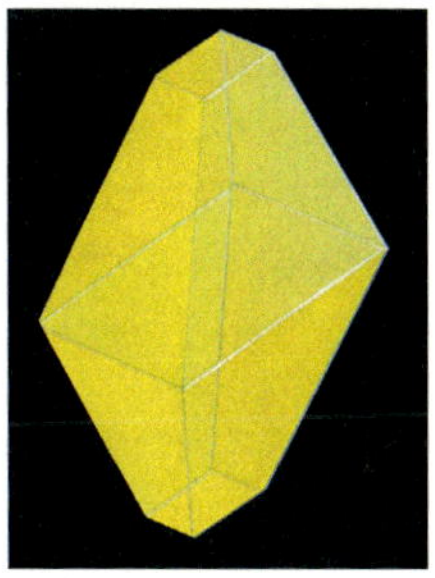

B8 Rhombischer Schwefelkristall

7.2 Die Elektronenpaarbindung

B1 Donatoren und Akzeptoren

Bindungsarten. Wenn Atome Bindungen miteinander ausbilden, dann geht dies mit Veränderungen in ihrer Elektronenhülle einher. Bei der Reaktion eines Metalls mit einem Nichtmetall geben die Metallatome (Elektronendonatoren) Elektronen ab und werden zu Kationen. Die Nichtmetallatome (Elektronenakzeptoren) nehmen Elektronen auf und werden zu Anionen. Aus der Anziehung zwischen diesen Kationen und Anionen entsteht die **Ionenbindung**.
Die **Metallbindung** kommt dadurch zustande, dass die Metallatome ihre Außenelektronen abgeben. Die Elektronen bilden ein **Elektronengas**, das die Atomrümpfe zusammenhält. Welche Bindungsart liegt aber vor, wenn sich Nichtmetallatome, also Elektronenakzeptoren, vereinigen?

Das Wasserstoffmolekül. Messungen haben ergeben, dass in einem Wasserstoffmolekül der Abstand der beiden Atomkerne kleiner ist als die Summe der beiden Atomradien [B3]. Die Elektronenhüllen der beiden Wasserstoffatome müssen sich also teilweise durchdringen. In diesem Durchdringungsbereich sind die zwei Elektronen im Anziehungsbereich beider Kerne und werden sich hier bevorzugt aufhalten. Dadurch kommt es an dieser Stelle gleichsam zu einer „Verdichtung" negativer Ladung, die die beiden Kerne zusammenhält. Die beiden Elektronen, die diese Bindung bewirken, bezeichnet man als **bindendes Elektronenpaar**. Es wird mit zwei Punkten oder einem Strich symbolisiert:

H : H oder H—H

Die so entstehende Bindung nennt man **Elektronenpaarbindung** oder **Atombindung** oder **kovalente Bindung**.

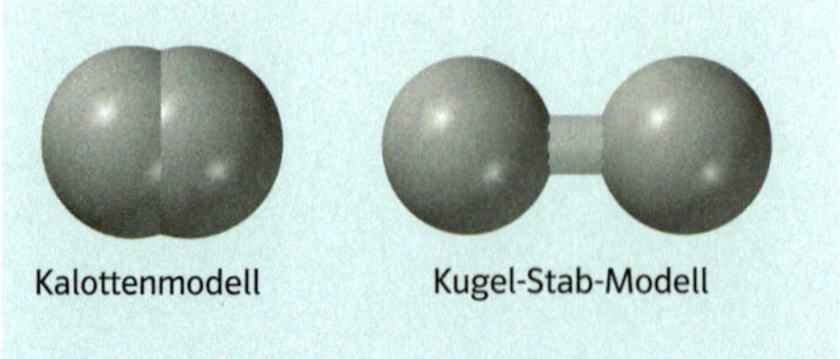

B2 Modelle des Wasserstoffmoleküls

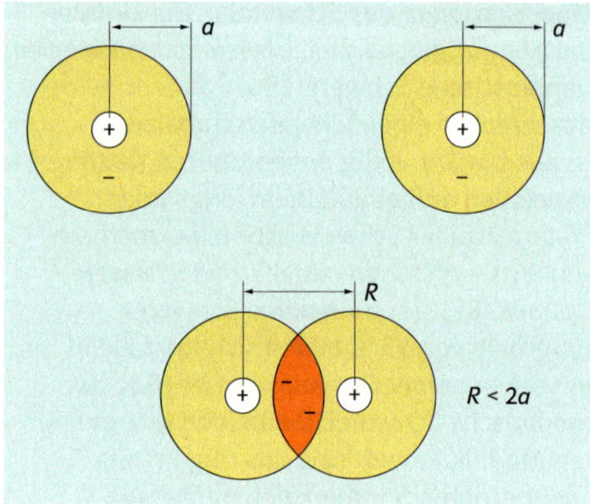

B3 Bildung eines Wasserstoffmoleküls

Das bindende Elektronenpaar wird auch als **gemeinsames Elektronenpaar** bezeichnet. Tatsächlich gehören die beiden Elektronen ja beiden Atomen an. Daher besitzt jedes der Wasserstoffatome, für sich betrachtet, die Elektronenkonfiguration des Heliums.

Elektronenpaarbindungen beruhen auf der Bildung von gemeinsamen Elektronenpaaren. Bei der Verknüpfung von Atomen entstehen zwei- oder mehratomige Moleküle.

Molekülbaukästen. Zur modellhaften Darstellung von Molekülen gibt es Baukästen. Sehr verbreitet sind **Kalottenmodelle** und **Kugel-Stab-Modelle** [B2]. Das Kalottenmodell zeigt recht anschaulich die wechselseitige Durchdringung der Elektronenhüllen der Bindungspartner. Beim Kugel-Stab-Modell wird hingegen Wert auf die Abbildung der bindenden Elektronenpaare gelegt.

A1 In B1 sind „Begegnungen" von Atomen als Cartoon dargestellt.
Fasse die Darstellungen in Worte und zeichne jeweils ein weiteres Bild für die Reaktionsprodukte (mit Sprechblase).
Welcher Bindungstyp entsteht jeweils bei **a**, **b** bzw. **c**?

A2 Zeichne die Valenzstrichformeln der folgenden Moleküle I_2 (Iod), C_2H_6 (Ethan), C_2H_4 (Ethen) und HF (Hydrogenfluorid).

Valenzstrichformel. Moleküle werden oft mit **Valenzstrichformeln** dargestellt. Bei diesen Formeln, die auf einen Vorschlag des Amerikaners G. N. LEWIS (1875–1946) zurückgehen und daher auch LEWIS-Formeln genannt werden, werden alle Valenzelektronen mit Punkten und Strichen dargestellt. Der Punkt symbolisiert ein einzelnes Elektron und ein Strich ein Elektronenpaar (vgl. Kap. 3.6). Steht das Strichsymbol zwischen zwei Elementsymbolen, dann meint es ein **bindendes (gemeinsames)** Elektronenpaar. Steht es hingegen ganz bei einem Elementsymbol, dann spricht man von einem **nicht bindenden (freien)** Elektronenpaar [B4].

Einfach- und Mehrfachbindungen. In den bisher behandelten Molekülbeispielen sind die Atome jeweils durch ein gemeinsames Elektronenpaar verbunden. Bei bestimmten Atomen kann die Bindung aber auch durch zwei oder drei gemeinsame Elektronenpaare erfolgen [B5]. Man spricht im ersten Fall von einer **Doppelbindung**, im zweiten von einer **Dreifachbindung**. Diese Mehrfachbindungen sind kürzer als Einfachbindungen, da sich die Atomhüllen noch stärker durchdringen. Eine Doppelbindung ist aber länger als eine halbe Einfachbindung, denn die gegenseitige Abstoßung der Atomkerne nimmt mit abnehmender Entfernung stark zu.

Molekülformel und Verhältnisformel. Die Formel von Natriumchlorid lautet NaCl. Allerdings gibt es im Salzkristall kein reales Teilchen, das aus genau einem Natriumkation und einem Chloridanion besteht. NaCl ist eine **Verhältnisformel**. Dies besagt, dass in einem Salzkristall die Ionen in einem ganz bestimmten Zahlenverhältnis vorliegen. Streng genommen müsste die Kochsalzformel Na_nCl_n lauten, da die tatsächliche Anzahl der Ionen unvorstellbar groß ist. Man sollte hier nicht von einem Molekül sprechen. Anders ist es bei Hydrogenchlorid. Die Formel HCl ist eine **Molekülformel (Summenformel)** und beschreibt ein konkretes, in genau dieser Zusammensetzung existierendes Teilchen. Kurz gesagt: Formeln aus Elementsymbolen eines Metalls und eines Nichtmetalls sind normalerweise als Verhältnisformeln gemeint, Formeln aus Elementsymbolen zweier oder mehrerer Nichtmetalle als Molekülformeln.

Molekülformel	Valenzstrichformel	Erreichte Edelgaskonfigurationen
HCl	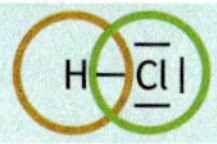	He, Ar
F_2		Ne, Ne
H_2O	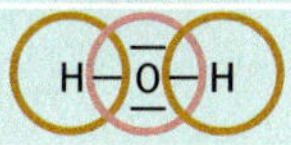	He, Ne, He

B4 Beispiele für Valenzstrichformeln

Molekülformel	N_2	CO_2	C_2H_2
Valenzstrichformel	|N≡N|	⟨O=C=O⟩	H—C≡C—H

B5 Moleküle mit Mehrfachbindungen

Erstellen einer Valenzstrichformel. Das Erstellen einer Valenzstrichformel erfolgt nach Regeln [B6]. Man beginnt damit, dass die Elementsymbole sinnvoll mit Bindungsstrichen verbunden werden. Dabei ist die Anzahl der Bindungen, die ein Nichtmetallatom eingeht, in vielen Fällen gleich seiner Wertigkeit. Zum Beispiel Wasser [B4]: Das zweiwertige Sauerstoffatom verbindet sich mit zwei einwertigen Wasserstoffatomen über je eine Einfachbindung. Damit besitzt jedes Wasserstoffatom das Elektronenduplett des Heliumatoms. Das Sauerstoffatom wird noch mit freien Elektronenpaaren zum Oktett „aufgefüllt".

1. Die Anzahl der Valenzelektronen von Stickstoff ist 5.

2. Die Anzahl der noch benötigten Elektronen entspricht der hauptsächlichen Wertigkeit von Stickstoff, also 3.

3. Anzahl der Valenzelektronen minus Anzahl bindende Elektronen ist gleich 2. Dies ergibt ein nicht bindendes Elektronenpaar pro Stickstoffatom.

B7 Valenzstrichformel des Stickstoffmoleküls

1. Für jedes Atom gilt: Die Anzahl der Valenzelektronen ist gleich der Hauptgruppennummer.
2. Durch die Ausbildung von Atombindungen erreichen die Bindungspartner Edelgaskonfiguration (Oktett, bei Wasserstoff Duplett). Daher gilt: Die Anzahl der für die Edelgaskonfiguration noch benötigten Elektronen ist gleich der Anzahl der bindenden Elektronen.
3. Zieht man von der Anzahl der Valenzelektronen die Anzahl der bindenden Elektronen ab, so bleibt die Anzahl der nicht bindenden Elektronen übrig.

B6 Regeln zum Erstellen von Valenzstrichformeln

7.3 Exkurs Vielfalt molekular gebauter Stoffe

B2 Methangewinnung

Methan (CH_4) ist der Hauptbestandteil von Erdgas (85 – 90 %). Hauptproduzenten von Methan sind Bakterien. Sie zersetzen pflanzliche und tierische Reste und setzen dabei in Kläranlagen Klär- bzw. Faulgas (Methananteil ≈ 75 %) oder Biogas (Anteil ≈ 60 %) frei. Diese Gase können zur Energiegewinnung genutzt werden und somit die fossilen Energieträger (z. B. Erdöl, Erdgas und Kohle) schonen.

Strom und Wärme aus Mist. Bei der Großviehhaltung auf Bauernhöfen entsteht eine ganze Menge Mist. Eine einzige Kuh erzeugt pro Tag 10 bis 20 kg organische Biomasse. In Musterhöfen, wo mit staatlicher Förderung neue Energie- und Verfahrenstechniken in der landwirtschaftlichen Praxis erprobt werden, gewinnt man daraus Energie. In großen, heizbaren Gärbehältern [B2] wird Rinder- und Schweinegülle unter Luftabschluss durch Methanbakterien zersetzt. Dabei bildet sich Biogas, das aus etwa 60 % Methan und 35 % Kohlenstoffdioxid besteht. Es dient als Brennstoff für das hofeigene Kraftwerk. Dort wird von Verbrennungsmotoren mit angekoppelten Generatoren Strom erzeugt. Die Abwärme der Motoren wird für Heizzwecke genutzt. Der Dung einer Kuh liefert auf diese Weise pro Jahr so viel Energie wie 300 Liter Heizöl. Der entgaste Dung wird gesammelt. Er ist praktisch geruchsfrei und als aufgewerteter Naturdünger verwendbar.

In Zusammenhang mit dem Thema hochinteressant sind bestimmte feste, kristalline, am Meeresboden liegende Substanzen, in denen Methan gebunden ist. Diese Verbindungen heißen **Methanhydrate** [B1]. Möglicherweise können sie als neue Energiequelle erschlossen werden. Allerdings ist Methan auch ein Treibhausgas und so könnte die Freisetzung großer Methanmengen aus Methanhydrat den Treibhauseffekt verstärken. Die nähere Zukunft wird zeigen, welchen wirtschaftlichen und ökologischen Weg Methanhydrat nehmen wird.

Wasserstoffperoxid (H_2O_2) wird unter anderem von Tiefseeorganismen in relativ großen Mengen erzeugt. Sie nutzen es zur Erzeugung von Licht (Chemilumineszenz) und locken dadurch Beute an [B3].

Aber auch der Mensch nutzt diese Chemikalie in den vielfältigsten Produkten, wie Bleichmitteln für Haare oder Fleckenentfernern für Kleidung, Polster und Teppiche. Beim so genannten Bleaching wird die Wirkung von Wasserstoffperoxid zum Bleichen von Nikotin- und Coffeinablagerungen genutzt, sodass die Zähne wieder strahlend weiß werden [B4].

B1 Methanhydrate

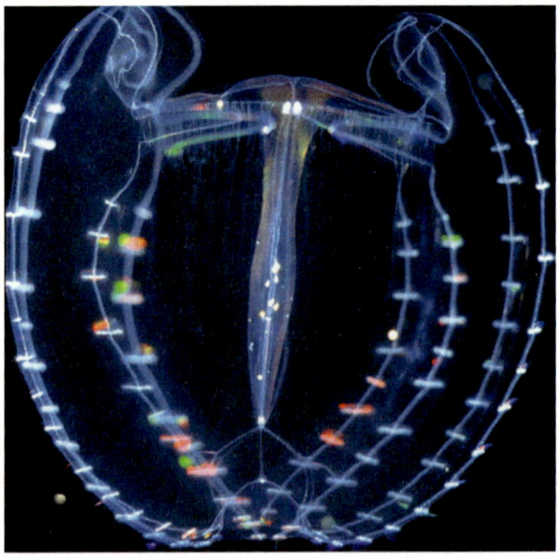

B3 Chemilumineszenz bei einer Tiefseequalle

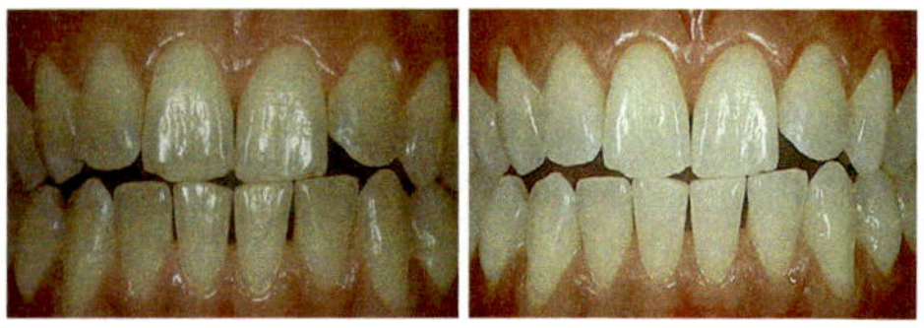

B4 Bleaching durch Wasserstoffperoxid

Essigsäure (CH_3COOH) wird schon seit dem Altertum auf die gleiche Weise hergestellt. Essigsäurebakterien wandeln den Alkohol, der in Wein enthalten ist, in Essig um. Der Hauptbestandteil von Essig ist die Essigsäure. Essig nutzt man seit Jahrhunderten zum Konservieren und Würzen. In Speiseessig hat die Essigsäure einen Volumenanteil von 5 – 8 %, in Essigessenz von ca. 25 %. Heutzutage wird Essigsäure als E 260 in den verschiedensten Lebensmitteln als Konservierungsmittel genutzt, da sie das Wachstum von Mikroorganismen hemmt. Ferner sind Essigreiniger aus dem täglichen Leben nicht mehr wegzudenken. Sie entfernen hartnäckige Kalkflecken in Küche und Bad [B7]. In der chemischen Industrie ist Essigsäure ein wichtiger Ausgangsstoff zur Herstellung von Farben, Arzneimitteln und Kunststoffen.

Aceton (C_3H_6O) ist eine Flüssigkeit, die als Lösungsmittel für Kunststoffe genutzt wird. So kann man auf einfache Art einen Klebstoff herstellen, indem man beispielsweise einen Tischtennisball in Acteon löst. Außerdem können auseinander gebrochene Brillengestelle aus Kunststoff mithilfe von Aceton repariert werden. Dazu müssen die Enden der Bruchstücke in Aceton getaucht und dann zusammengedrückt werden. Auch zum Abbeizen von Öl- und Lackfarben verwendete man Aceton. Wegen dieser Eigenschaften war es früher Hauptbestandteil von Nagellackentfernern [B5]. Da es die Haut reizt, wurde es aber immer mehr durch andere Substanzen ersetzt.

B5 Manche Nagellackentferner enthalten Aceton

B6 Wai-O-Tapu, Thermalwonderland, Champagne Pool

Schwefelwasserstoff (H_2S) ist ein Stoff, bei dem der bekannte Satz „die Dosis macht das Gift" (PARACELSUS) bestätigt wird. Das Gas ist im Wasser mancher Kurbäder enthalten und soll in geringen Konzentrationen z. B. gegen Hautkrankheiten helfen. In hoher Konzentration dagegen reagiert es unter anderem mit den Schleimhäuten des Körpers und bewirkt sehr starke Reizungen. Da es ein Enzymgift ist, beeinträchtigt es weiterhin wichtige Stoffwechselvorgänge des Körpers. Dieses Gas hat den typischen Geruch von faulen Eiern, sodass man es gewöhnlicherweise sofort riecht. So wird man in Wai-O-Tapu (in Neuseeland) durch den in der Luft liegenden Schwefelwasserstoffgeruch ständig daran erinnert, dass man sich in einer geothermal aktiven Zone befindet. Man findet dort dampfende Schwaden, die über Schlammlöchern wabern. Außerdem sieht man verkrustete Mineralablagerungen, die den Rändern von Wasserbecken wunderbare Farben verleihen.

A1 Erstelle Steckbriefe zu folgenden Stoffen:
a) Kohlenstoffmonooxid, **b)** Butan,
c) Ammoniak, **d)** Kohlenstoffdioxid.

A2 Versuche zu den Molekülformeln dieser Doppelseite jeweils die zugehörige Valenzstrichformel zu zeichnen.
Hilfe: Die Kohlenstoffatome des Acetonmoleküls sind über Einfachbindungen miteinander verbunden.

B7 Essigreiniger

7.4 Durchblick Zusammenfassung und Übung

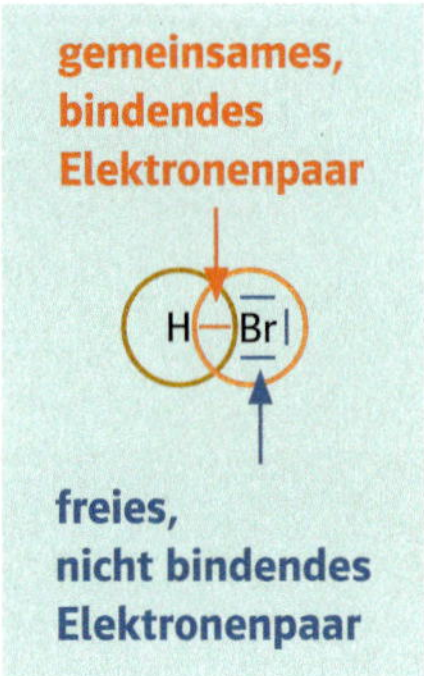

B1 Valenzstrichformel

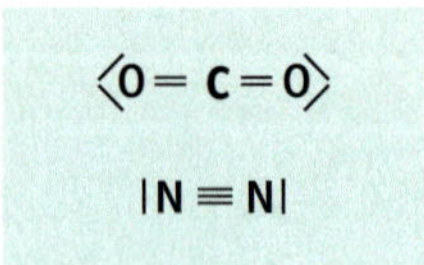

B2 Moleküle mit Mehrfachbindungen: Kohlenstoffdioxid mit zwei Doppelbindungen (oben), Stickstoff mit einer Dreifachbindung (unten)

Schwefel

- ist ein Nichtmetall.
- liegt molekular – als S_8-Ring – vor. Trotzdem schreiben wir in Reaktionsgleichungen nur „S".
- kommt in drei Modifikationen vor: plastischer, monokliner und rhombischer Schwefel.
- wird in Zündhölzern, Medikamenten, in Schwarzpulver und zum Vulkanisieren von Gummi verwendet.

Moleküle und Elektronenpaarbindung

Durch Ausbildung einer Elektronenpaarbindung zwischen zwei Nichtmetallatomen entstehen Moleküle. Für eine einfache Elektronenpaarbindung stellt jedes Atom ein Elektron zur Verfügung. Das Bindungselektronenpaar wird beiden darüber verbundenen Atomen des Moleküls zugeordnet [B1].

Verhältnis- und Molekülformel

Formeln aus Metall- und Nichtmetallsymbolen sind normalerweise als Verhältnisformeln, Formeln aus Nichtmetallsymbolen als Molekülformeln gedacht.

A1 Die Dichte von rhombischem Schwefel ist $\rho = 2{,}07\,g/cm^3$, die von monoklinem Schwefel $\rho = 1{,}96\,g/cm^3$. Erkläre die unterschiedlichen Dichtewerte.

A2 Zeichne die Valenzstrichformeln der folgenden Moleküle und gib an, welche Edelgaskonfigurationen die Bindungspartner jeweils erreichen. Baue die Molekülmodelle anschließend mit einem Molekülbaukasten.
NH_3, CCl_4, H_2O_2, N_2H_4, PF_3.

A3 Man kennt viele Moleküle mit Einfach-, Doppel- und Dreifachbindungen. Moleküle mit Vierfach- oder gar Fünffachbindungen sind jedoch so gut wie unbekannt.
Was könnten Gründe für diese Begrenzung sein?

A4 Verbindungen, die aus drei verschiedenen Elementen bestehen, werden als ternäre Verbindungen bezeichnet. Zeichne die Valenzstrichformeln der folgenden Moleküle und informiere dich kurz über die Bedeutung der angegebenen Stoffe. Baue die Moleküle mit einem Molekülbaukasten.
HCN (Blausäure), $COCl_2$ (Phosgen), $CHCl_3$ (Chloroform), CH_3OH (Methanol).

A5 Kochsalz, Iod und Eisen sind drei Stoffe, die bei Zimmertemperatur fest sind. Damit enden allerdings die Gemeinsamkeiten, denn der erste ist ein Salz, der zweite ein Nichtmetall und der dritte ein Metall. Übertrage nachfolgende Tabelle in dein Heft und fülle die Lücken korrekt aus.

	Kochsalz	Iod	Eisen
Formel, Formeltyp	NaCl, … formel		
Vorliegender Bindungstyp			
Bindungspartner werden zusammengehalten durch:	Gegenseitige Anziehung von …		
Richtung der Bindung	Nach allen Richtungen		
Bindungspartner erreichen die Edelgaskonfiguration durch:			
Abstände zum nächsten gleichartigen Atom/Ion	Dieser Abstand ist immer gleich	Es gibt zwei Abstände, nämlich:	

8 Quantitative Aspekte chemischer Reaktionen

Welche Masse haben Atome?
Wie viele Teilchen befinden sich in einer bestimmten Stoffportion?
Welche Energien werden bei chemischen Reaktionen umgesetzt?
Kann man Atome zählen?

Da Atome winzig klein sind, war JOHN DALTON, der Begründer der modernen Atomtheorie, der Auffassung, dass der Mensch niemals in der Lage sein wird, ihre Masse zu ermitteln. Mithilfe moderner Verfahren, wie der Massenspektrometrie, kann aber heute die Masse von Atomen genau bestimmt werden.

Wir wissen heute, dass in 32 g Sauerstoff genauso viele Moleküle enthalten sind, wie in 2 g Wasserstoff. Diese zwei Gasportionen nehmen, wenn sie jeweils in einen Luftballon gefüllt werden, bei gleicher Temperatur stets das gleiche Volumen ein.

Es ist wichtig, dass die Edukte im richtigen Massenverhältnis eingesetzt werden, damit man genügend große Produktportionen erhält. Durch Berechnung der bei Verbrennungen freigesetzten Energiebeträge, kann man abschätzen, ob z. B. der Bau eines Kohlekraftwerks rentabel ist.

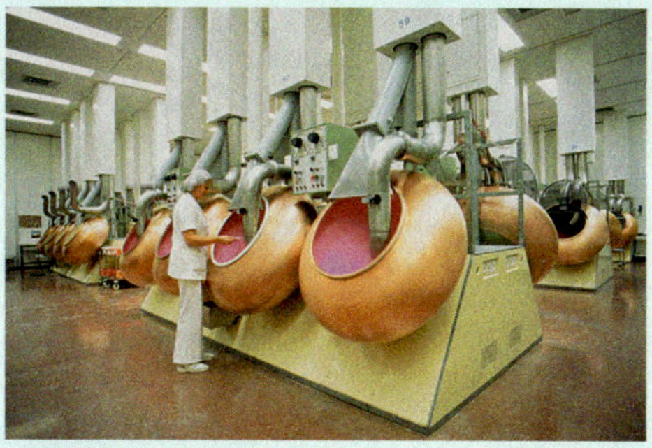

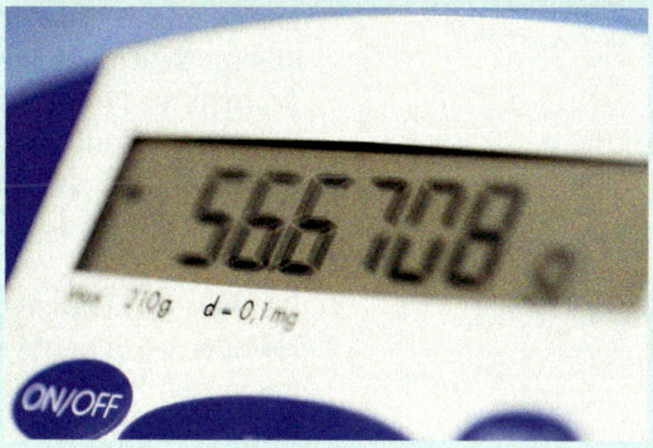

8.1 Isotope

isos (griech.) gleich

topos (griech.) Ort, Platz, Stelle

Protium von griech. to proton, das Erste

Deuterium von griech. to deuteron, das Zweite

Tritium von griech. to triton, das Dritte

Neon sorgt für Überraschung. Die Physiker JOSEPH JOHN THOMSON und FRANCIS WILLIAM ASTON haben elementare Stoffe in einem so genannten Massenspektrometer untersucht. Dabei wurden einfach positiv geladene Teilchen der Elemente in einem elektrischen Feld beschleunigt und durch ein magnetisches Feld geschickt. In diesem werden die Ionen entsprechend ihrer Masse verschieden stark abgelenkt. THOMSON machte dabei erstmals die Entdeckung, dass das Edelgas Neon aus drei verschiedenen **Nukliden** (Kap. 3.3) bestehen muss, da seine Atome im Magnetfeld jeweils unterschiedliche Ablenkung erfahren und sie drei unterschiedliche Flugbahnen beschreiben. Das war für ihn eine große Überraschung, da die Forscher bislang davon ausgegangen waren, dass jeder elementare Stoff aus gleichen Atomen besteht.

Weil die Anzahl der Protonen das Wesen eines Elements bestimmt, müssen sich die Nuklide des Neons in der *Neutronenzahl* und damit in der Nukleonenzahl *unterscheiden*. Alle Atome des Neons haben 10 Protonen im Kern, allerdings gibt es Neonatome mit 20, 21 und 22 Nukleonen.

$^{20}_{10}Ne$, $^{21}_{10}Ne$, $^{22}_{10}Ne$

Die Nuklide des Neons werden als **Isotope** bezeichnet, weil sie im Periodensystem an der gleichen Stelle stehen. Isotope des Neons unterscheiden sich zwar in ihrer Masse, nicht aber in ihrem chemischen Verhalten.

Atome des gleichen Elements, deren Protonenanzahl immer identisch ist, die sich jedoch in ihrer Neutronenanzahl und damit in ihrer Atommasse unterscheiden, werden als Isotope oder auch als isotope Atome bezeichnet. Isotope eines Elements zeigen gleiches chemisches Verhalten.

Die meisten Elemente bestehen aus mehreren Isotopen. Man nennt sie **Mischelemente**. Im ganzen Periodensystem gibt es 19 Elemente, die aus nur einem Nuklid aufgebaut sind. Sie werden als **Reinelemente** bezeichnet.

Isotop	relative Häufigkeit in %
$^{1}_{1}H$	99,98
$^{2}_{1}H$ = D	0,02
$^{3}_{1}H$ = T	< 10^{-10}
$^{12}_{6}C$	98,9
$^{13}_{6}C$	1,1
$^{14}_{6}C$	< 10^{-10}
$^{20}_{10}Ne$	90,9
$^{21}_{10}Ne$	0,3
$^{22}_{10}Ne$	8,8
$^{27}_{13}Al$	100
$^{35}_{17}Cl$	75,5
$^{37}_{17}Cl$	24,5

B1 Relative Häufigkeit von Isotopen

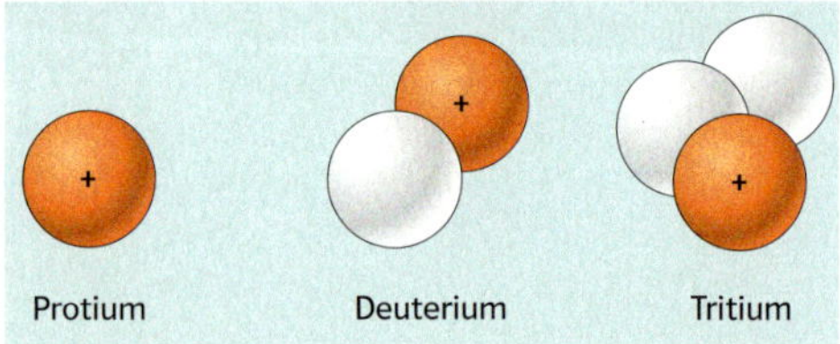

B2 Die Atomkerne der Isotope des Wasserstoffs

Dazu gehören die neun Hauptgruppenelemente Beryllium, Fluor, Natrium, Aluminium, Phosphor, Arsen, Iod, Caesium und Bismut.

Relative Häufigkeit. Moderne Massenspektrometer werden zur Auswertung der Ergebnisse heute auch mit Computern und Druckern verbunden. Sie liefern ein *Massenspektrum*. Dieses ist ein Diagramm, aus dem nicht nur die Massen der Teilchen abgelesen werden können, sondern auch die relativen Häufigkeiten, mit der Isotope eines Elements auftreten [B3]. Die Höhe der Signale (Peaks) sind ein Maß dafür. Forscher haben nachweisen können, dass alle Elemente, wo immer sie auf der Erde auftreten, ungefähr die gleiche Zusammensetzung hinsichtlich ihrer Isotope aufweisen [B1]. Allerdings gibt es regionale Unterschiede, sodass z. B. bei Funden aus der Frühgeschichte der Menschheit entschieden werden kann, aus welchem Gebiet diese stammen müssen.

Isotope des Wasserstoffs. Wasserstoff besteht aus drei Isotopen [B1, B2]. Seinen Nukliden hat man spezielle Namen gegeben. Sie heißen Protium, Deuterium und Tritium. Für die beiden zuletzt genannten Isotope werden die Symbole D und T verwendet.

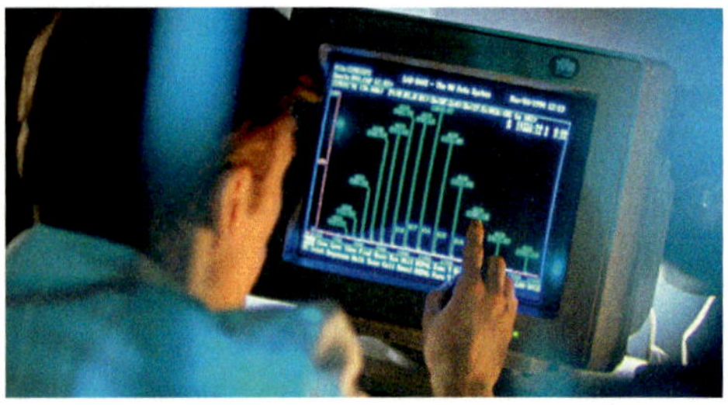

B3 Massenspektrum auf dem Monitor eines Computers

8.2 Die atomare Masseneinheit

Protium, das einfachste Atom. Heute lassen sich die Massen einzelner Atome genau bestimmen, obwohl diese unvorstellbar klein sind. Das Isotop Protium ($^{1}_{1}H$) des Wasserstoffs ist das Atom, das von allen bekannten Nukliden die geringste Masse besitzt. Gibt man seine Masse in Gramm an, so erhält man eine Zahl, die erst an der 24. Stelle nach dem Komma mit einer von Null verschiedenen Ziffer beginnt.

$m_t(H) = 0{,}000\,000\,000\,000\,000\,000\,000\,001\,674\,g$

Meist gibt man den Zahlenwert durch Zehnerpotenzen mit negativen Exponenten an:

$m_t(H) = 1{,}674 \cdot 10^{-24}\,g = 1{,}674 \cdot 10^{-27}\,kg$

Mücke und Elefant. Es ist nicht zweckmäßig, die Masse einer Mücke in Tonnen anzugeben. Auch wird man die Masse eines Elefanten andererseits nicht in Gramm oder Milligramm angeben, sondern besser die Einheit „Tonne" wählen. So ist es auch bei der Atommasse. Die Angabe in Gramm oder Kilogramm ist unzweckmäßig. Deshalb ist eine neue Einheit für die Atommasse eingeführt worden, die *atomare Masseneinheit*. Für diese wird das Einheitensymbol u gewählt (von engl. atomic mass *unit*, Atommasseneinheit).

Das Kohlenstoffisotop C-12. Die in der Natur am häufigsten vorkommende Atomsorte des Kohlenstoffs besitzt 12 Nukleonen. Für dieses Nuklid ist auch die Schreibweise C-12 üblich [B2]. Wie Untersuchungen mithilfe der Massenspektroskopie zeigen, hat es die Masse

$m_t(^{12}_{6}C) = 19{,}9265 \cdot 10^{-24}\,g.$

Zehnerpotenzen ...

a) ... mit positiven Exponenten

$1000 = 10^3$	Tausend
$1\,000\,000 = 10^6$	Million
$1\,000\,000\,000 = 10^9$	Milliarde
$1\,000\,000\,000\,000 = 10^{12}$	Billion
10^{18}	Trillion
10^{24}	Quadrillion

b) ... mit negativen Exponenten

$\frac{1}{1000} = 0{,}001 = 10^{-3}$

$\frac{1}{1\,000\,000} = 0{,}000\,001 = 10^{-6}$

$\frac{1}{1\,000\,000\,000} = 0{,}000\,000\,001 = 10^{-9}$

B1 Zehnerpotenzen

Atomare Masseneinheit. Um „handliche" Zahlenwerte für die Massen von Atomen zu bekommen, wurde 1961 festgelegt, dass das Kohlenstoffisotop C-12 als „Bezugsnuklid" dienen soll. Ihm wurde definitionsgemäß die Masse 12 u zugeordnet.

$12\,u = m_t(^{12}_{6}C) \iff 12\,u = 19{,}9265 \cdot 10^{-24}\,g$

Dividiert man die beiden Gleichungen jeweils durch 12, so folgt daraus:

a) $1\,u = \frac{1}{12} \cdot m_t(^{12}_{6}C)$ ⟹ b) $1\,u = 1{,}66054 \cdot 10^{-24}\,g$

Während der Gleichung (a) die *Definition für die atomare Masseneinheit* entnommen werden kann, stellt die Gleichung (b) den *Umrechnungsfaktor* dar, der verwendet werden muss, wenn man Massen von der Einheit u in die Einheit g umrechnen will.

Wird die Gleichung (b) durch den Faktor $1{,}66054 \cdot 10^{-24}$ dividiert, so erhält man den Umrechnungsfaktor, der benötigt wird, um Massen, die in der Einheit g gegeben sind, in der Atommasseneinheit angeben zu können.

Die atomare Masseneinheit (Symbol: u) ist der zwölfte Teil der Masse eines Atoms des Kohlenstoffisotops C-12.

Teilchenmasse m_t Für die Masse eines Teilchens wählen wir das Symbol m_t, um sie von der Masse m einer bestimmten Stoffportion zu unterscheiden

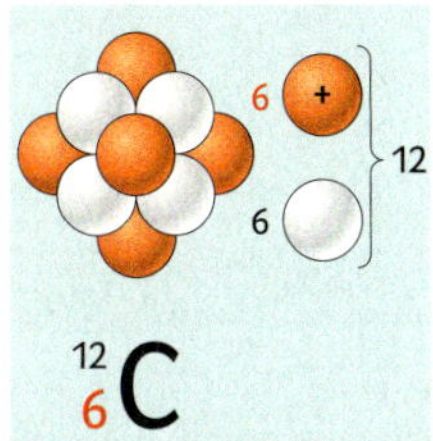

B2 Atomkern des Kohlenstoffisotops C-12

Umrechnungsfaktoren Gramm und atomare Masseneinheit

$1\,u = 1{,}66054 \cdot 10^{-24}\,g$

$1\,g = 6{,}02214 \cdot 10^{23}\,u$

B3 Ein Diamant, der künstlich aus Atomen des Isotops C-12 hergestellt wurde

8.3 Impulse Berechnung von Durchschnittswerten

Provision in €	Modelanzahl
100	4
150	5
300	6
520	3
1200	1
1500	1

Für eine internationale Fashion Show und ein Fotoshooting vermittelt eine Agentur insgesamt 20 weibliche und männliche Models. Je nachdem, in welchem Umfang das Model bei der Modenschau und der Fotosession eingesetzt wird und ob es sich in der Modebranche bereits einen Namen gemacht hat, bekommt die Modelagentur unterschiedliche Provisionen. Diese können beträchtlichen Schwankungen unterliegen. Für den Inhaber der Modelagentur kann es deshalb sinnvoll sein, die *durchschnittliche Provision* zu berechnen. Die durchschnittliche Provision, welche die Agentur für ein Model erhält, wird *mittlere Provision* genannt. Sie ist lediglich ein Durchschnittswert und wird in der Regel nicht tatsächlich für ein Model bezahlt.

Wie groß ist die durchschnittliche Provision für ein Model?

$$\mu = \frac{100\,€ \cdot 4 + 150\,€ \cdot 5 + 300\,€ \cdot 6 + 520\,€ \cdot 3 + 1200\,€ \cdot 1 + 1500\,€ \cdot 1}{20}$$

Zu dieser Gleichung ist die folgende äquivalent.

$$\mu = 100\,€ \cdot \frac{4}{20} + 150\,€ \cdot \frac{5}{20} + 300\,€ \cdot \frac{6}{20} + 520\,€ \cdot \frac{3}{20} + 1200\,€ \cdot \frac{1}{20} + 1500\,€ \cdot \frac{1}{20}$$

$$\mu = 100\,€ \cdot 0{,}20 + 150\,€ \cdot 0{,}25 + 300\,€ \cdot 0{,}30 + 520\,€ \cdot 0{,}15 + 1200\,€ \cdot 0{,}05 + 1500\,€ \cdot 0{,}05$$

$$\mu = 360{,}50\,€$$

Die Bruchzahlen 4/20, 5/20, 6/20, 3/20, 1/20, 1/20 sind die *relativen Häufigkeiten*, die in nebenstehender Tabelle in mehreren Darstellungen angegeben sind.

Die mittlere Provision für ein Model wird berechnet, indem man die Summe aus den jeweiligen Produkten der Provision und der relativen Häufigkeit bildet.

Provision in €	Modelanzahl	relative Häufigkeit
100	4	4/20 = 0,20 = 20 %
150	5	5/20 = 0,25 = 25 %
300	6	6/20 = 0,30 = 30 %
520	3	3/20 = 0,15 = 15 %
1200	1	1/20 = 0,05 = 5 %
1500	1	1/20 = 0,05 = 5 %

A1 Was wird berechnet, wenn die mittlere Provision mit der Modelanzahl multipliziert wird? Führe die Rechnung durch.

A2 Berechne anhand der Notenverteilung die Durchschnittsnote und die relative Häufigkeit für jede Note, die sich bei der letzten Klassenarbeit im Fach Chemie ergeben hat.

8.4 Atom- und Molekülmasse

Isotope	Masse m_t in u	relative Häufigkeit X in %
$^{1}_{1}H$	1,008	99,98
$^{2}_{1}H$	2,015	0,02
$^{3}_{1}H$	3,017	$< 10^{-10}$
$^{6}_{3}Li$	6,017	7,4
$^{7}_{3}Li$	7,018	92,6
$^{20}_{10}Ne$	19,999	90,9
$^{21}_{10}Ne$	21,000	0,3
$^{22}_{10}Ne$	21,998	8,8
$^{24}_{12}Mg$	23,993	78,98
$^{25}_{12}Mg$	24,994	10,05
$^{26}_{12}Mg$	25,991	10,97
$^{28}_{14}Si$	27,986	92,2
$^{29}_{14}Si$	28,986	4,7
$^{30}_{14}Si$	29,983	3,1

B1 Atommasse und relative Häufigkeit der Isotope einiger Elemente

isotope Magnesiumatome	$12e^-$ $12p^+$ $12n$	$12e^-$ $12p^+$ $13n$	$12e^-$ $12p^+$ $14n$
Masse der Atome (gerundet)	24 u	25 u	26 u
relative Häufigkeit (gerundet)	79 %	10 %	11 %
mittlere Atommasse (gerundet)	24,31 u		

B2 Die isotopen Atome des Magnesiums

Mittlere Atommasse. Isotope eines Elements unterscheiden sich zwar in ihrer Masse [B1], haben aber die gleichen chemischen Eigenschaften. Die Anzahl der isotopen Atome eines Elements und deren Massen sind deshalb für den Chemiker nicht von besonderem Interesse. Wichtig für seine Überlegungen ist aber die Kenntnis über die durchschnittliche Masse der Atome eines Elements, weshalb diese im Periodensystem auch für jedes Element angegeben wird. Sie wird als *mittlere Atommasse* bezeichnet.

In gleicher Weise wie in Kap. 8.3 die durchschnittliche Provision berechnet wurde, ermittelt man die mittlere Masse der Isotope eines Elements. Man bildet die Summe aus den jeweiligen Produkten aus der Isotopenmasse und der relativen Häufigkeit [B1].

Lithium und Magnesium. Das Element Lithium (Li) besteht aus zwei Isotopen [B1]. Ihre mittlere Atommasse ist 6,94 u.

$$m_t(\text{Li}) = m_t(^{6}_{3}\text{Li}) \cdot X(^{6}_{3}\text{Li}) + m_t(^{7}_{3}\text{Li}) \cdot X(^{7}_{3}\text{Li})$$
$$m_t(\text{Li}) = 6{,}017\,\text{u} \cdot 0{,}074 + 7{,}018\,\text{u} \cdot 0{,}926$$
$$m_t(\text{Li}) = 0{,}4453\,\text{u} + 6{,}4987\,\text{u}$$
$$m_t(\text{Li}) = 6{,}944\,\text{u}$$
$$m_t(\text{Li}) \approx 6{,}94\,\text{u}$$

Es gibt drei Isotope des Magnesiums [B1, B2]. Weil das Magnesiumisotop mit der Masse 24 u (gerundet) am häufigsten auftritt, muss die Durchschnittsmasse der Magnesiumatome zwischen 24 u und 25 u liegen. Dies wird durch die mittlere Masse von 24,31 u auch bestätigt. Umgekehrt kann man anhand der mittleren Atommasse oft auch abschätzen, welches Isotop die größte relative Häufigkeit besitzt.

Atommasse eines Elements. Bei *Reinelementen* ergibt es keinen Sinn, von einer mittleren Atommasse zu sprechen, weil sie ohnehin nur aus einem Nuklid bestehen.
Um nicht ständig zwischen Rein- und Mischelementen unterscheiden zu müssen, spricht der Chemiker auch bei Mischelementen nicht von der „mittleren Atommasse der Atome des Elements", sondern kurz von der *Atommasse des Elements* [B4]. Wir sagen künftig, dass z. B. Magnesium die Atommasse 24,31 u hat.

A1 Berechne die durchschnittliche Masse der Siliciumatome aus den Massen und relativen Häufigkeiten der Siliciumisotope [B1].

A2 Berechne die Atommasse des Elements Neon [B1].

A3 Gib die Masse eines Aluminiumatoms in Gramm und Kilogramm an [B4].

A4 Ein Eisenkügelchen hat die Masse 1 g. Gib seine Masse in der Einheit u an.

Elementname	Zeichen für das Element	(mittlere) Atommasse in u
Wasserstoff	H	1,01
Lithium	Li	6,94
Kohlenstoff	C	12,01
Stickstoff	N	14,01
Sauerstoff	O	16,00
Neon	Ne	20,18
Natrium	Na	22,99
Magnesium	Mg	24,31
Aluminium	Al	26,98
Schwefel	S	32,07
Chlor	Cl	35,45
Calcium	Ca	40,08
Eisen	Fe	55,85
Kupfer	Cu	63,55
Zink	Zn	65,41
Silber	Ag	107,87
Blei	Pb	207,20

B4 Einige Elemente und ihre Atommassen

Masse der Elementarteilchen. Ein Wasserstoffatom, das aus einem Proton und einem Elektron besteht, hat die Masse $m_t(H) = 1{,}008\,u \approx 1\,u$ [B1]. Die Masse des Elektrons ist sehr klein und kann deshalb vernachlässigt werden. Ein Proton hat also ca. die Masse 1 u. Der Kern des Deuteriumatoms (D) besteht aus einem Neutron und einem Proton, in der Hülle ist ein Elektron. Dieses Isotop hat die Masse $m_t(D) = 2{,}015\,u \approx 2\,u$. Damit müssen Proton und Neutron fast die gleiche Masse besitzen, nämlich jeweils 1 u. Genauere Zahlenwerte für die Elementarteilchen sind in B3 dargestellt.

	Elektron	Proton	Neutron
Zeichen	e^-	p^+	n
Masse in kg	$9{,}109 \cdot 10^{-31}$	$1{,}673 \cdot 10^{-27}$	$1{,}675 \cdot 10^{-27}$
Masse in u	0,0005	1,0073	1,0087
Ladung in Elementarladungen	−1	+1	0

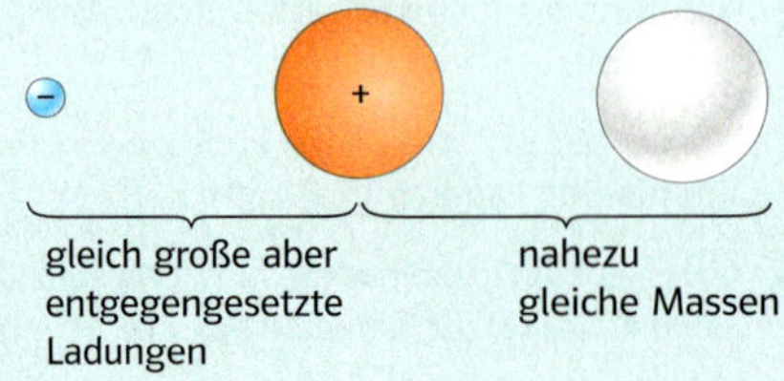

B3 Masse und Ladung der Elementarteilchen

Vergleich zum Wasserstoffatom. Während die mittlere Masse eines Wasserstoffatoms 1,01 u ist, hat z. B. ein Aluminiumatom die Atommasse 26,98 u [B4]. Damit besitzt dieses eine Masse, die 26,7-mal so groß ist wie die mittlere Masse eines Wasserstoffatoms. Geht man von der Masse 1 u für ein Wasserstoffatom aus, so kann man sagen, dass die Masse eines Aluminumatoms etwa 27-mal so groß ist wie die eines Wasserstoffatoms.

Molekülmasse. Man berechnet die Masse eines Moleküls, indem man die Massen der Atome, die das Molekül bilden, addiert. Auch bei der Molekülmasse handelt es sich um eine durchschnittliche Masse. Ein Wassermolekül hat die Molekülmasse 18,02 u ≈ 18 u.

$$m_t(H_2O) = 2 \cdot m_t(H) + m_t(O)$$
$$m_t(H_2O) = 2 \cdot 1{,}01\,u + 16\,u$$
$$m_t(H_2O) = 18{,}02\,u$$

A5 Berechne die Masse von $6{,}022 \cdot 10^{23}$ Magnesiumatomen. Gib das Ergebnis in Gramm an. Was stellst du fest?

A6 Berechne die Masse von $2{,}5 \cdot 10^{19}$ Zuckermolekülen ($C_{12}H_{22}O_{11}$) in Milligramm.

A7 Wie viele Eisenatome sind in 125 g Eisen enthalten?

A8 Wie viele Liter Wasser bilden $3{,}3418 \cdot 10^{25}$ Wassermoleküle? (ϱ(Wasser) = 1 kg/l)

A9 Wasserstoff kommt molekular vor. Aus wie viel verschiedenen Molekülen besteht Wasserstoff, wenn man seine Isotope berücksichtigt? Welche Formeln müssen für diese Moleküle geschrieben werden?

A10 Es gibt die Schwefelmoleküle S_2 und S_8. Ermittle von diesen die Molekülmasse in der atomaren Masseneinheit und in Gramm.

A11 Berechne die Molekülmassen von Ammoniak (NH_3), Methan (CH_4) und Ethanol (C_2H_5OH). Gib sie jeweils in u an.

8.5 Die Formelmasse

Natriumchlorid. Im festen Natriumchlorid sind die Natrium- und Chloridionen in einem Kristallgitter angeordnet [B1]. Dabei ist jedes Natriumion von sechs Chloridionen und jedes Chloridion von sechs Natriumionen umgeben. Weil in diesem Gitter das Anzahlverhältnis der Kationen zu den Anionen 1:1 ist, wird die *Verhältnisformel* von Kochsalz mit NaCl angegeben. Ein Natriumion bildet mit einem benachbarten Chloridion eine *Elementargruppe* [B1], welche die kleinste, immer wiederkehrende Baueinheit des Ionenverbandes darstellt. B2 zeigt die Anordnung der Ionen innerhalb einer Ebene des Kochsalzgitters.

Formelmasse. Weil Salze im festen Aggregatzustand nicht in molekularer Form vorliegen, ergibt es keinen Sinn, bei ihnen von einer Molekülmasse zu sprechen. Um aber auch bei *Salzen* die für chemische Reaktionen erforderlichen Rechnungen durchführen zu können, ermittelt man bei einem Salz die Masse einer Elementargruppe und bezeichnet diese als *Formelmasse.*

Die Masse einer Elementargruppe wird als Formelmasse bezeichnet.

Die Formelmasse von Natriumchlorid ist demnach die Summe aus der Masse eines Natriumions und der Masse eines Chloridions. Ein Natriumkation unterscheidet sich von einem neutralen Natriumatom zwar durch ein Elektron, dieses aber wurde von einem

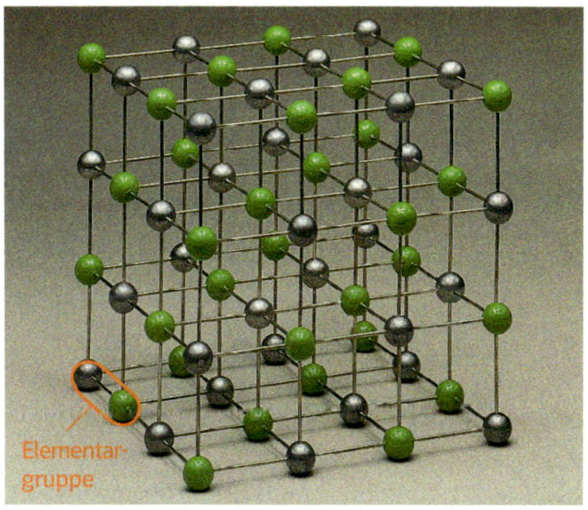

B1 Aufbau von Natriumchlorid (Modell)

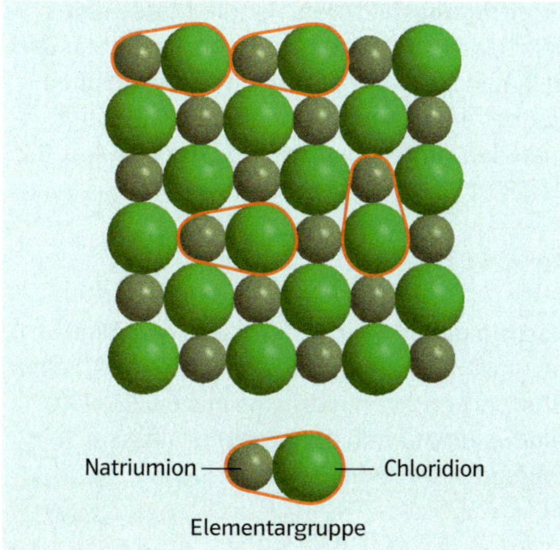

B2 Anordnung der Ionen innerhalb einer Ebene des Kochsalzkristallgitters

Chloratom unter der Bildung eines Chloridions aufgenommen. Insofern kann die Masse einer Elementargruppe in der gleichen Weise berechnet werden wie dies auch bei Molekülen geschieht.

$m_t(\text{NaCl}) = m_t(\text{Na}^+) + m_t(\text{Cl}^-)$
$m_t(\text{NaCl}) = m_t(\text{Na}) + m_t(\text{Cl})$
$m_t(\text{NaCl}) = 22{,}99\,\text{u} + 35{,}45\,\text{u}$
$m_t(\text{NaCl}) = 58{,}44\,\text{u}$

A1 Berechne die Masse einer Elementargruppe von schwarzem Kupferoxid (CuO). Gib diese in der Einheit u an.

A2 Berechne die Formelmassen von rotem Eisenoxid (Hämatit, Fe_2O_3), Silber(I)-sulfid und von Calciumcarbonat (Kalkstein). Verwende dabei jeweils die atomare Masseneinheit.

A3 Gegeben ist Lithiumchlorid. **a)** Berechne die Masse der Elementargruppe von Lithiumchlorid in u. **b)** Wie groß wäre die Formelmasse, wenn Lithiumchlorid aus den Ionen $^{6}_{3}Li^+$ und $^{37}_{17}Cl^-$ aufgebaut wäre? **c)** Welche der in (a) und (b) betrachteten Elementargruppen hat die größere Masse? Berechne die Massendifferenz. **d)** Um wie viel Prozent unterscheidet sich die größere Masse von der kleineren?

8.6 Die Loschmidtzahl und das Mol

B1 Briefmarke der Republik Österreich aus dem Jahr 1995

Umrechnungsfaktoren. Ist die Masse eines Teilchens in der Einheit „Gramm" gegeben und will man sie in der atomaren Masseneinheit (Einheitenzeichen: u) angeben, so benötigt man den Umrechnungsfaktor, der aus Kap. 8.2 bekannt ist.

$$1\,g = 6{,}022 \cdot 10^{23}\,u$$

Loschmidtzahl. Die Atommasse von Aluminium ist $m_t(Al) = 26{,}98\,u$. Die Masse $m(Al)$ einer Stoffportion Aluminium, die aus $6{,}022 \cdot 10^{23}$ Aluminiumatomen aufgebaut ist, lässt sich in folgender Weise berechnen.

$$m(Al) = m_t(Al) \cdot 6{,}022 \cdot 10^{23}$$
$$m(Al) = 26{,}98\,u \cdot 6{,}022 \cdot 10^{23}$$
$$m(Al) = 26{,}98 \cdot (6{,}022 \cdot 10^{23}\,u)$$
$$m(Al) = 26{,}98 \cdot 1\,g$$
$$m(Al) = 26{,}98\,g$$

B2 Wir zwei sind ein Paar

Der Zahlenwert der Masse eines Atoms in der Einheit u ist offensichtlich der gleiche wie der der Masse einer Stoffportion in Gramm, in der sich $6{,}022 \cdot 10^{23}$ Atome befinden. Wenn die Atommasse von Aluminium 26,98 u ist, so heißt dies, dass $6{,}022 \cdot 10^{23}$ Aluminiumatome eine Masse von 26,98 g besitzen.

Am Rechengang ändert sich prinzipiell auch dann nichts, wenn wir statt der Atommasse von der Molekül- oder Formelmasse ausgehen. Insofern gilt die aufgezeigte Gesetzmäßigkeit auch für Verbindungen, deren kleinste Teilchen die Moleküle oder Ionen sind.

B3 Wer hat hier genascht? Das ist kein Dutzend mehr

Einheit	Zeichen	Anzahl	Beispiele
1 Paar	Paar	2	Schuhe, Ringe
1 Dutzend	Dtzd.	12 = 6 Paar	Eier, Bälle
1 Schock	Schock	60 = 5 Dtzd.	Schrauben
1 Gros	Gros	144 = 12 Dtzd.	Nadeln
1 Million	Mio.	10^6	Einwohner
1 Milliarde	Mrd.	10^9	Menschen
1 Mol	mol	$6{,}022 \cdot 10^{23}$	Teilchen

B4 Einheiten für die Anzahl von Objekten

Die Zahl $6{,}022 \cdot 10^{23}$ wird zu Ehren des österreichischen Physikers JOSPEH LOSCHMIDT [B1] als *Loschmidtzahl* bezeichnet und erhält das Symbol N_L.

Die Masse eines Teilchens in der atomaren Masseneinheit hat den gleichen Zahlenwert wie die Masse von $6{,}022 \cdot 10^{23}$ Teilchen, die in Gramm angegeben wird.
Die Zahl $N_L = 6{,}022 \cdot 10^{23}$ heißt Loschmidtzahl.

Einheiten für Stückzahlen. Kauft man Nadeln, Schrauben oder Batterien in einem Geschäft, so sind diese oft nur in ganz bestimmten Stückzahlen erhältlich. Befinden sich beispielsweise 12 Objekte in einer Verpackung, so spricht man von einem Dutzend. In Deutschland war früher das „Schock" geläufig. Sprach man von einem Schock Eier, so waren damit 60 Eier gemeint. Auch die „Million" kann als ein solches Zählmaß angesehen werden. So wie die Masse in den Einheiten Gramm, Kilogramm, Zentner, Tonne, usw. angegeben werden kann, können für Anzahlen Einheiten wie Stück, Paar, Dutzend, Schock, Gros usw. verwendet werden [B4].

Das Mol. Weil die Stückzahl $6{,}022 \cdot 10^{23}$ in der Chemie eine wichtige Rolle spielt, hat man eine weitere Einheit für die Anzahl von Objekten eingeführt. Die Einheit heißt Mol, sie steht für die Anzahl $6{,}022 \cdot 10^{23}$ so, wie ein Dutzend für die Anzahl 12 steht [B4].

Für die Masseneinheit „Kilogramm" wird das Einheitenzeichen „kg" gewählt. In gleicher Weise wird für die Anzahleneinheit „Mol" ein solches Einheitenzeichen bereitgestellt, nämlich „mol".

Das Mol ist eine Einheit für die Anzahl von Teilchen. Unter einem Mol versteht man die Zahl $6{,}022 \cdot 10^{23}$.

Aus den obigen Ausführungen folgt:

In einer Stoffportion, deren Masse in Gramm angegeben ist und deren Zahlenwert mit der Atom-, Molekül- oder Formelmasse übereinstimmt, befinden sich 1 mol Teilchen.

Es ist sinnvoll, die Massen von Teilchen in der atomaren Masseneinheit, die Massen von Stoffportionen in Gramm anzugeben. Im Folgenden zeigen wir auf, dass es für die Einheit u wiederum eine äquivalente Umformung gibt.

Unter einem Mol verstehen wir die Zahl $6{,}022 \cdot 10^{23}$.

$1\,\text{mol} = 6{,}022 \cdot 10^{23}$

Wir wissen bereits, dass eine Stoffportion von 26,98 g Aluminium aus $6{,}022 \cdot 10^{23}$ Aluminiumatomen aufgebaut ist. Entsprechend befinden sich in 18,02 g Wasser 1 mol Wassermoleküle und in 87,92 g Eisensulfid sind so viele Elementargruppen enthalten, wie die Loschmidtzahl angibt [B5].

In Kap. 8.2 haben wir erstmals den Umrechnungsfaktor $1\,\text{g} = 6{,}022 \cdot 10^{23}\,\text{u}$ kennengelernt. Die Division mit der Loschmidtzahl ergibt die folgende Gleichung.

$$1\,\text{u} = \frac{1}{6{,}022 \cdot 10^{23}}\,\text{g}$$

Die Masse eines Teilchens kann in der atomaren Masseneinheit (u) und im Prinzip auch in der Einheit Gramm (g) angegeben werden. Letzteres wäre jedoch unzweckmäßig.

Es ist zweckmäßig, eine Einheit so festzulegen, dass sie selbst in der Größenordnung des zu messenden Objekts liegt. Dann erhalten die Messwerte bequem handhabbare Zahlenwerte.
So wurde das Kilogramm (und mit ihm das Gramm) so festgelegt, dass normale Stoffportionen Massenwerte von einigen Kilogramm oder einigen Gramm erhalten.

Die Masse eines Teilchens wird üblicherweise in der Einheit u angegeben.

Am Beispiel des Aluminiums fassen wir zusammen: 1 mol Aluminiumatome bilden eine Stoffportion mit der Masse $m(\text{Al}) = 26{,}98\,\text{g}$. Die Masse eines Aluminumatoms ist $m_t(\text{Al}) = 26{,}98\,\text{u}$.

Masse Stoff	26,98 g Aluminium	12,01 g Graphit	18,02 g Wasser	32,00 g Sauerstoff	87,92 g Eisensulfid
Stoffportion	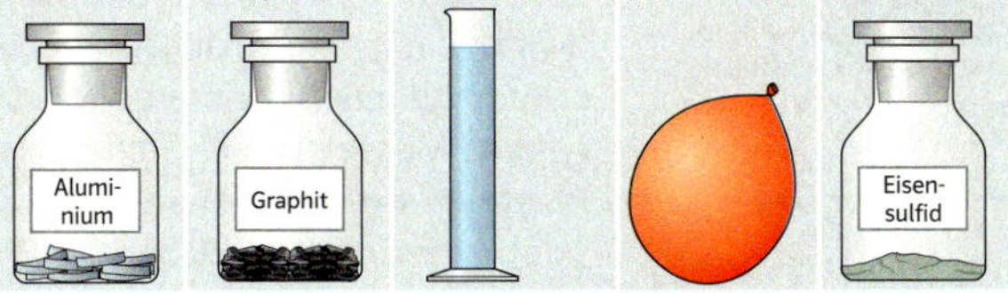				
Stoffmenge	1 mol	1 mol	1 mol	1 mol	1 mol
Teilchenanzahl	$6{,}022 \cdot 10^{23}$	$6{,}022 \cdot 10^{23}$	$6{,}022 \cdot 10^{23}$	$6{,}022 \cdot 10^{23}$	$6{,}022 \cdot 10^{23}$
Teilchenart	Al-Atome	C-Atome	H_2O-Moleküle	O_2-Moleküle	FeS-Gruppen
Teilchenmasse	26,98 u	12,01 u	18,02 u	32,00 u	87,92 u

B5 Verschiedene Stoffportionen enthalten Teilchen in gleicher Anzahl

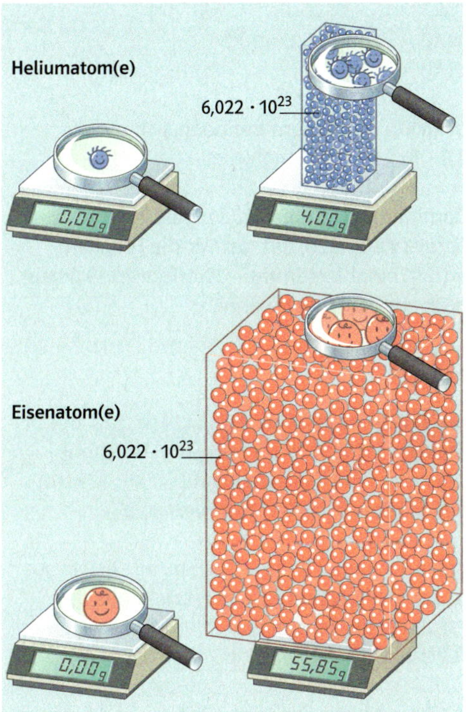

B6 Gedankenexperiment für die Masse von Stoffportionen mit $6{,}022 \cdot 10^{23}$ Teilchen, oben Heliumatome, unten Eisenatome

B7 Veranschaulichung der Loschmidtzahl

A1 Wie groß ist das Verhältnis g/u?

A2 In einem Artikel befindet sich die Aussage, dass die Loschmidtzahl der Quotient aus der atomaren Masseneinheit und der Einheit „Gramm" ist. Stimmt das? Stelle die Aussage ggf. richtig.

8.7 Die Stoffmenge

Der Buchstabe *N* ist ein Zeichen für die Anzahl von Teilchen von lat. numerus, Zahl, Anzahl, Menge

Wie viele Teilchen sind in 1000 g Aluminium enthalten? Es wird nach der Teilchenanzahl (Symbol: *N*) gefragt, die sich in der Aluminiumportion befindet. Dividieren wir die angegebene Masse *m* einer Stoffportion durch die Masse m_t eines einzelnen Aluminiumatoms, so erhalten wir die Teilchenzahl *N*.

$$N(\text{Al}) = \frac{m(\text{Al})}{m_t(\text{Al})} = \frac{1000\,\text{g}}{26{,}98\,\text{u}}$$

Weil $1\,\text{g} = 6{,}022 \cdot 10^{23}\,\text{u}$ ist, folgt weiter:

$$N(\text{Al}) = \frac{1000 \cdot 6{,}022 \cdot 10^{23} \cdot \text{u}}{26{,}98\,\text{u}}$$

$$N(\text{Al}) = 37{,}06 \cdot 6{,}022 \cdot 10^{23}$$
$$N(\text{Al}) = 2{,}232 \cdot 10^{25}$$

In 1000 g Aluminium befinden sich also ca. $2{,}2 \cdot 10^{25}$ Aluminiumatome.

Damit haben wir die *Größengleichung* bzw. *Formel* gefunden, mit der wir die Teilchenanzahl einer bestimmten Stoffportion künftig bequem berechnen können.

$$N = \frac{m}{m_t} \qquad (1)$$

Die Teilchenzahl *N* ist der Quotient aus der Masse *m* einer Stoffportion und Teilchenmasse m_t. Die Teilchenanzahl ist zur Masse der Stoffportion direkt proportional.

Aus Gleichung (1) ergibt sich auch: Die Masse *m* der Stoffportion ist das Produkt aus der Anzahl *N* der Teilchen und der Masse m_t eines Teilchens: $m = N \cdot m_t$.

Weil die Masse der in der Chemie vorkommenden Stoffportionen normalerweise im Grammbereich liegt, sind die Teilchenanzahlen in der Größenordnung der Einheit Mol, also in der Größenordnung von $6 \cdot 10^{23}$. Verwendet man die Einheit Mol, so nennt man die zugehörige Größe **Stoffmenge** *n*. Es gilt:

$$n = \frac{N}{6{,}022 \cdot 10^{23}}\,\text{mol} \qquad (2)$$

Die Stoffmenge *n* ergibt sich aus der Teilchenanzahl *N* bei Verwendung der Einheit Mol.

N	N_A	$n = N/N_A$
$6{,}022 \cdot 10^{23}$	$6{,}022 \cdot 10^{23}\,\text{mol}^{-1}$	1 mol
$12{,}044 \cdot 10^{23}$	$6{,}022 \cdot 10^{23}\,\text{mol}^{-1}$	2 mol
$3{,}011 \cdot 10^{23}$	$6{,}022 \cdot 10^{23}\,\text{mol}^{-1}$	0,5 mol

B1 Quotienten aus Teilchenanzahl und Avogadrokonstante bei drei verschiedenen Stoffportionen

Avogadrokonstante. Will man die Anzahl von Teilchen, die in der Zehnerpotenz gegeben ist, in mol angeben, so benötigt man die *Avogadrokonstante*. Für sie wird das Symbol N_A gewählt. Sie stellt einen Umrechnungsfaktor dar.

$N_A = 6{,}022 \cdot 10^{23}\,\text{mol}^{-1}$ heißt Avogadrokonstante.

Aus B1 geht hervor, dass man die Stoffmenge *n* dadurch erhält, dass man die Teilchenanzahl *N*, die in der Zehnerpotenz gegeben ist, durch die Avogadrokonstante N_A dividiert.

$$n = \frac{N}{N_A} \qquad (3)$$

Die Stoffmenge *n* ist der Quotient aus der Teilchenzahl *N* und der Avogadrokonstante N_A.

A1 Berechne jeweils die Stoffmenge von 363,09 g Eisen und von einem Liter Wasser.

A2 Berechne die Masse, die 12,5 mol Benzolmoleküle (C_6H_6) bilden (Einheit: kg).

A3 Wie viele Moleküle sind in 544 g Chlor enthalten? Gib die Anzahl mithilfe einer Zehnerpotenz an.

A4 Wie viel Gramm Kohlenstoff enthalten dieselbe Anzahl von Atomen wie 432,14 g Kupfer?

A5 Welche Masse haben $8{,}45 \cdot 10^{26}$ Ammoniakmoleküle? Gib sie in kg an.

A6 Welche Masse besitzen jeweils 1 mol der Teilchen S_2, S_8, O_2, O_3?

A7 In einer Aluminiumportion befinden sich $3{,}38 \cdot 10^{24}$ Aluminiumatome. Gib die Stoffmenge der Atome in mol an.

8.8 Die molare Masse

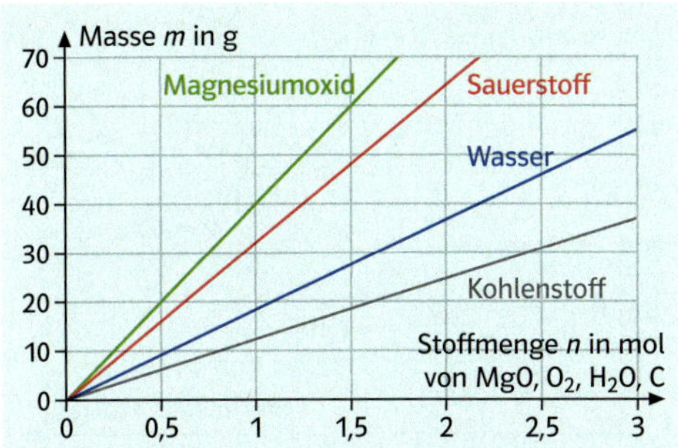

B1 Zusammenhang zwischen Stoffmenge und Masse bei verschiedenen Reinstoffen

Trägt man in einem Koordinatensystem auf der waagrechten Achse die Stoffmenge n und auf der senkrechten Achse die Masse m von verschiedenen Portionen eines Reinstoffs an, so erhält man eine Gerade. Die Masse ist also zur Stoffmenge direkt proportional. Der Proportionalitätsfaktor ist die Steigung der Geraden. Wie B1 zeigt, hat dieser für jeden Stoff einen charakteristischen Wert. Er wird als molare Masse des Reinstoffs bezeichnet und erhält das Symbol M. Aus $m = M \cdot n$ folgt durch äquivalente Umformung:

$$M = \frac{m}{n} \qquad (4)$$

Die molare Masse M eines Reinstoffs ist der Quotient aus der Masse m und der Stoffmenge n. Die molare Masse hat die Einheit g/mol.

Die molare Masse M kann als Produkt der Avogadrokonstante N_A und der Teilchenmasse m_t geschrieben werden.

$$M = N_A \cdot m_t$$

Da man üblicherweise die Teilchenmasse in u und die molare Masse in g/mol angibt, stellt sich der genannte Zusammenhang am Beispiel des Sauerstoffmoleküls O_2 wie folgt dar:

$$M(O_2) = 6{,}022 \cdot 10^{23} \cdot \frac{1}{\text{mol}} \cdot 32\,\text{u}$$

$$M(O_2) = \underbrace{6{,}022 \cdot 10^{23}\,\text{u}}_{} \cdot 32 \cdot \frac{1}{\text{mol}}$$

$$M(O_2) = \quad 1\,\text{g} \quad \cdot 32 \cdot \frac{1}{\text{mol}}$$

$$M(O_2) = \quad 32 \ \frac{\text{g}}{\text{mol}}$$

Teilchen	C	O_2	H_2O	MgO
Atommasse	12,01 u			
Molekülmasse		32,00 u	18,02 u	
Formelmasse				40,31 u
molare Masse	12,01 g/mol	32,00 g/mol	18,02 g/mol	40,31 g/mol
Masse von 1 mol Teilchen	12,01 g	32,00 g	18,02 g	40,31 g

B2 Massen von Teilchen und Stoffportionen

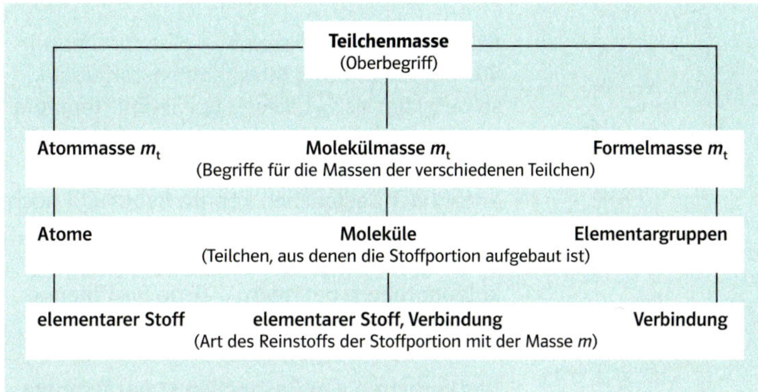

B3 Verschiedene Teilchenmassen m_t

Der molaren Masse können verschiedene Arten von Teilchenmassen zugrunde liegen, so die *Masse eines Atoms, eines Moleküls oder einer Elementargruppe* [B2, B3].
Aus Gleichung 4 folgt für die Stoffmenge n unmittelbar:

$$n = \frac{m}{M} \qquad (5)$$

Die Stoffmenge n ist der Quotient aus der Masse m und der molaren Masse M.

A1 Ermittle jeweils die molare Masse von Zink (Zn), Argon (Ar), Stickstoff (N_2), Aluminiumchlorid ($AlCl_3$), Schwefelwasserstoff (H_2S) und Eisen(II)-sulfid (FeS).

A2 Bei einem bestimmten Metall bilden 1,5 mol Atome eine Stoffportion mit der Masse 60,12 g. Welches Metall liegt vor?

A3 Eine Verbindung der Zusammensetzung C_nH_{2n} hat die molare Masse $M = 84{,}18$ g/mol. Wie lautet ihre Formel?

8.9 Das molare Volumen

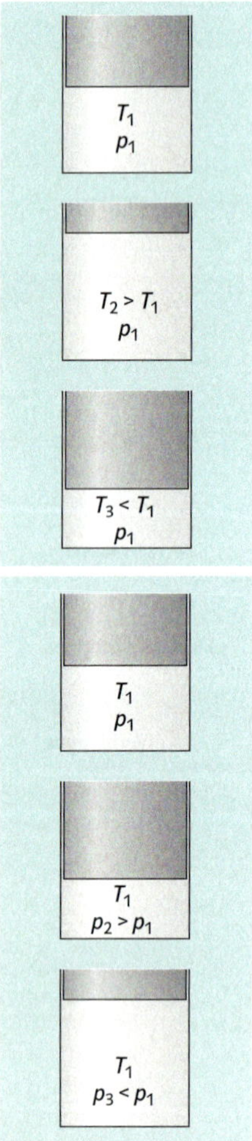

B1 Oben: Volumen einer Gasportion bei Temperaturänderung (Druck ist konstant). Unten: Volumen einer Gasportion bei Druckänderung (Temperatur ist konstant)

Der Satz von Avogadro. Im Jahr 1811 stellte der italienische Physiker Amedeo Avogadro die Hypothese auf, dass gleiche Volumina verschiedener Gase bei gleichem Druck und gleicher Temperatur gleich viele Teilchen enthalten. Dieser Satz von Avogadro ist ein wichtiges *Grundgesetz der Chemie*. Umgekehrt besagt es aber auch, dass Gasportionen mit gleichen Teilchenanzahlen bzw. Stoffmengen bei gleichen Bedingungen gleiche Volumina besitzen.

Füllt man z. B. jeweils einen Kolbenprober mit 40 ml Stickstoff und 40 ml Kohlenstoffdioxid, so befinden sich in diesen bei Zimmertemperatur (ϑ = 20 °C) und Normdruck (p = 1013 hPa) jeweils gleich viele Teilchen. Über die genaue Anzahl der Gasteilchen konnte Avogadro noch keine Aussage machen. Es stellt sich für uns aber die Frage, wie viele Teilchen sich in den Kolbenprobern befinden. Welche Stoffmenge ist vorhanden [A1]?

Das Verhalten von Gasportionen bei Temperatur- und Druckänderungen. Erwärmt man eine Gasportion in einem Kolbenprober, so kommt es zu einer Volumenzunahme [B1, oben]. Man stellt darüber hinaus fest, dass Gasportionen mit gleichem Volumen bei gleicher Temperaturerhöhung die gleiche Volumenvergrößerung erfahren. Kühlt man die Kolbenprober ab, so beobachtet man eine Volumenverminderung [B1, oben]. Wird andererseits bei gleichbleibender Temperatur auf den Kolben eine Kraft ausgeübt und dadurch der Druck auf das Gas erhöht, verringert sich das Volumen der Gasportion [B1, unten]. Druckverminderung wiederum ist mit einer Volumenvergrößerung verbunden [B1, unten].

Molares Volumen. Misst man das Volumen eines beliebigen Gases mit verschiedenen Stoffmengen z. B. bei Normbedingungen (p = 1013 hPa und ϑ = 0 °C) und trägt man die Ergebnisse in ein Koordinatensystem ein, so ergibt sich eine Gerade. In B3 ist die Stoffmenge n auf der waagrechten und das festgestellte Volumen V auf der senkrechten Koordinatenachse aufgetragen. Offensichtlich ist V zu n direkt proportional. Die Steigung der Geraden ist der Proportionalitätsfaktor. Er lässt sich aus B3 ablesen und wird molares Volumen (Symbol: V_m) genannt. Man findet $V_m = 22{,}4\,\text{l} \cdot \text{mol}^{-1}$. Aus $V = V_m \cdot n$ folgt:

$$V_m = \frac{V}{n}$$

Das molare Volumen V_m ist der Quotient aus dem Volumen V und der Stoffmenge n. Bei Normbedingungen ist $V_m = 22{,}4\,\text{l} \cdot \text{mol}^{-1}$.

Bei Normdruck und Zimmertemperatur ist das molare Volumen $V_m = 23{,}9\,\text{l} \cdot \text{mol}^{-1}$. Eine Gasportion mit der Stoffmenge 1 mol nimmt bei 20 °C ein Volumen von 23,9 l ≈ 24 l ein [B2].

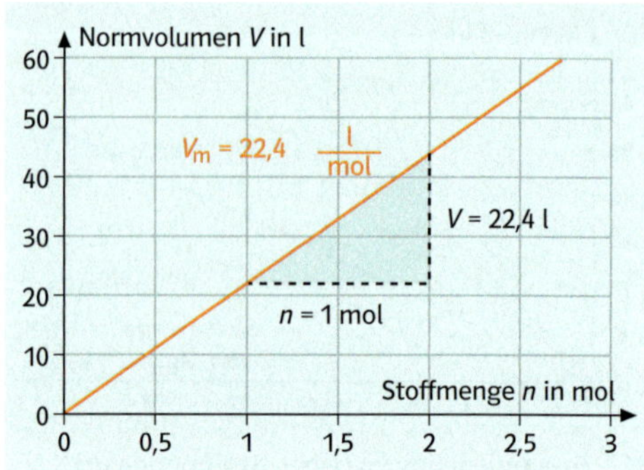

B3 Zusammenhang zwischen Stoffmenge und Volumen bei Gasen

Temperatur	0 °C	10 °C	15 °C	20 °C	25 °C	30 °C
Volumen	22,4 l	23,2 l	23,5 l	23,9 l	24,5 l	24,7 l

B2 Volumina von Gasportionen (mit der Stoffmenge n = 1 mol) bei verschiedenen Temperaturen und Normdruck (p = 1013 hPa)

A1 Gegeben sind 40 ml Stickstoff bei Normbedingungen. Berechne die Stoffmenge dieser Gasportion.

A2 Welches Volumen nehmen 10 Gramm Kohlenstoffdioxid bei 20 °C und Normdruck ein?

A3 Wie groß ist die Dichte von Fluor unter Normbedingungen?

8.10 Erstellen einer Verhältnisformel

Massenverhältnis. Werden verschiedene Stoffportionen von Kupfer und Schwefel miteinander erhitzt, so entsteht dabei jeweils schwarzes Kupfersulfid. Dabei reagieren Kupfer und Schwefel immer nur in dem konstanten Massenverhältnis 3,97 : 1.

$$\frac{m(\text{Kupfer})}{m(\text{Schwefel})} = \frac{3{,}97}{1} = 3{,}97 \qquad (1)$$

Dieses Versuchsergebnis lässt sich nur dadurch erklären, dass Kupfer- und Schwefelatome in einem bestimmten Anzahlverhältnis miteinander reagieren und dieses dann auch für die Kupfer- und Sulfidionen im Kupfersulfid gilt.

Verhältnisformel. Das Kupfersulfid ist eine Ionenverbindung. Auch das Massenverhältnis für die Ionenmassen ist 3,97 : 1. Es gilt also:

$$\frac{m(\text{Kupferionen})}{m(\text{Sulfidionen})} = \frac{3{,}97}{1} = 3{,}97 \qquad (2)$$

Im Folgenden wollen wir ergründen, welche Verhältnisformel das schwarze Kupfersulfid hat. Dazu müssen wir wissen, in welchem Anzahlverhältnis die Kupferionen zu den Sulfidionen in einer Elementargruppe vorliegen. Da dieses noch nicht bekannt ist, schreiben wir dafür allgemein $x : y$ und für die Verhältnisformel Cu_xS_y. Das bedeutet, dass durch Reaktion von x Kupferatomen mit y Schwefelatomen eine Elementargruppe von schwarzem Kupfersulfid entsteht.

$$x\,\text{Cu} + y\,\text{S} \longrightarrow \text{Cu}_x\text{S}_y \qquad (3)$$

Eine Kupferportion ist ein Verband von Kupferatomen. Multipliziert man die Masse m_t eines Kupferatoms mit der in der Stoffportion vorhandenen Anzahl N der Kupferatome, so erhält man die Masse m der Kupferportion. Entsprechendes gilt für die im Salz gebundenen Kupferionen. Insofern gilt Gleichung 4 auch für diese.

$$m(\text{Cu}) = N(\text{Cu}) \cdot m_t(\text{Cu}) \qquad (4)$$

Entsprechendes gilt für die Schwefelportion bzw. für die im Salz gebundenen Sulfidionen:

$$m(\text{S}) = N(\text{S}) \cdot m_t(\text{S}) \qquad (5)$$

Aus den Gleichungen 4 und 5 folgt weiter:

$$\frac{m(\text{Cu})}{m(\text{S})} = \frac{N(\text{Cu}) \cdot m_t(\text{Cu})}{N(\text{S}) \cdot m_t(\text{S})}$$

$$\frac{m(\text{Cu})}{m(\text{S})} = \frac{N(\text{Cu})}{N(\text{S})} \cdot \frac{m_t(\text{Cu})}{m_t(\text{S})} \qquad (6)$$

In Gleichung 6 steht auf der linken Seite ein Quotient, der *im Experiment ermittelt* wird. Bei der Bildung von schwarzem Kupfersulfid ist sein Wert 3,97. Der zweite Quotient auf der rechten Seite der Gleichung 6 kann *mithilfe einer Atommassentabelle berechnet werden*, der man die Atommassen $m_t(\text{Cu}) = 63{,}55\,\text{u}$ und $m_t(\text{S}) = 32{,}07\,\text{u}$ entnimmt.

Weil das Atomanzahlverhältnis $N(\text{Cu}) : N(\text{S}) = x : y$ gesucht ist, wird Gleichung 6 in die äquivalente Gleichung 7 umgeformt.

$$\frac{N(\text{Cu})}{N(\text{S})} = \frac{m(\text{Cu})}{m(\text{S})} \cdot \frac{m_t(\text{S})}{m_t(\text{Cu})} \qquad (7)$$

$N(\text{Cu}) : N(\text{S})$ kann nun berechnet werden.

$$\frac{N(\text{Cu})}{N(\text{S})} = 3{,}97 \cdot \frac{32{,}07\,\text{u}}{63{,}55\,\text{u}}$$

$$\frac{N(\text{Cu})}{N(\text{S})} = 3{,}97 \cdot 0{,}5046 = 2$$

Das Anzahlverhältnis, in dem die Atome der Kupferportion mit den Atomen der Schwefelportion reagieren, ist also 2 : 1. Damit sind aber auch die Koeffizienten x und y in der Reaktionsgleichung 3 bekannt. Zwei Kupferatome reagieren mit einem Schwefelatom und bilden eine Elementargruppe im schwarzen Kupfersulfid (Verhältnisformel Cu_2S) [B1].

$$2\,\text{Cu} + \text{S} \longrightarrow \text{Cu}_2\text{S}$$

A1 Experimentell findet man, dass Blei und Sauerstoff im Massenverhältnis 6,48 : 1 miteinander reagieren. Ermittle die Verhältnisformel von Bleioxid.

A2 Beim Erhitzen einer bestimmten Quecksilberoxidportion entstehen 4,0 g Quecksilber und 241 ml Sauerstoff, dessen Dichte bei 20 °C und Normdruck 1,33 g/l ist. Ermittle die Verhältnisformel von Quecksilberoxid.

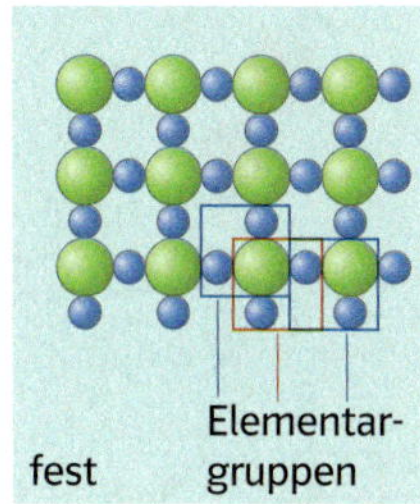

B1 Elementargruppen innerhalb einer Ebene des Ionengitters von schwarzem Kupfersulfid

8.11 Exkurs Reaktionsgleichung und Stoffmenge

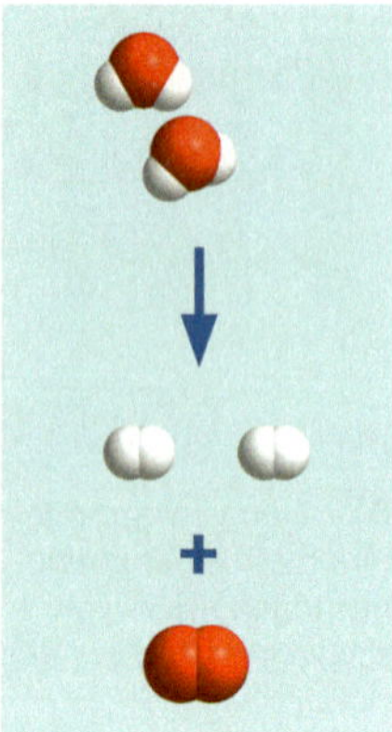

B1 Die Zerlegung von zwei Wassermolekülen

Chemische Reaktionen werden im Labor und in der Technik durchgeführt, um neue Stoffe wie z. B. Farben und Medikamente zu gewinnen. Bevor der Chemiker mit der praktischen Umsetzung beginnt, formuliert er zuerst die Reaktionsgleichung. Er muss aber auch wissen, in welchem Massenverhältnis er die Edukte miteinander mischt und zur Reaktion bringt. In Kap. 8.10 wurde gezeigt, dass bei der Herstellung von schwarzem Kupfersulfid das Verhältnis *m*(Kupfer) : *m*(Schwefel) = 3,97 ist. Die Reaktionsgleichung mit ihren Koeffizienten ist ein wichtiges Hilfsmittel für diese Entscheidung. Auch kann mit ihr vorausgesagt werden, wie groß die Massen der Stoffportionen der Produkte maximal ausfallen können.

Berechnungen zu Stoffumsätzen sind von großer Bedeutung. Die Edukte müssen so abgewogen werden, dass ein möglichst vollständiger Stoffumsatz erfolgt. Es ist ungeschickt, wenn ein Teil der Edukte an der Reaktion nicht teilnimmt. Dies gilt besonders dann, wenn es sich um teuere Edukte handelt. Auch spart man sich durch exakte Massenberechnung u. U. aufwändige Trennverfahren.

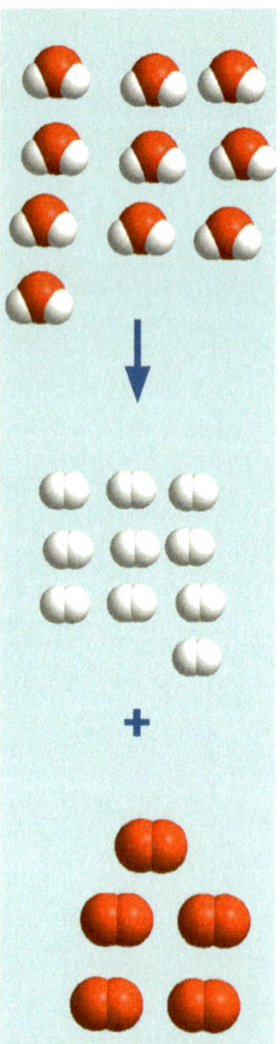

B2 Die Zerlegung von zehn Wassermolekülen

Elektrolyse von Wasser. Im *Hofmann´schen Zersetzungsapparat* kann Wasser mithilfe des elektrischen Stroms in die elementaren Stoffe Wasserstoff und Sauerstoff zersetzt werden. Dafür lautet die *Reaktionsgleichung*:

$$2\,H_2O \longrightarrow 2\,H_2 + O_2 \qquad (1)$$

Diese kann so gelesen werden, dass zwei Wassermoleküle bei ihrer Zerlegung zwei Wasserstoffmoleküle und ein Sauerstoffmolekül liefern [B1]. Bei der Elektrolyse von Wasser ist aber eine riesengroße Anzahl von Wassermolekülen beteiligt. Auch das ist letzten Endes aus der Reaktionsgleichung 1 ersichtlich, wie wir noch sehen werden.

Wenn wir in der Reaktionsgleichung 1 die beteiligten Koeffizienten mit 5 multiplizieren, so bekommen wir die Reaktionsgleichung 2, die besagt, dass aus 10 Wassermolekülen genau 10 Wasserstoff- und 5 Sauerstoffmoleküle entstehen [B2].

$$10\,H_2O \longrightarrow 10\,H_2 + 5\,O_2 \qquad (2)$$

Wir können die Koeffizienten in der Reaktionsgleichung 1 aber auch allgemein mit dem Faktor *x* multiplizieren und bekommen dann die Reaktionsgleichung 3.

$$2 \cdot x\,H_2O \longrightarrow 2 \cdot x\,H_2 + x\,O_2 \qquad (3)$$

Für *x* kann jede beliebige natürliche Zahl eingesetzt werden. Die Reaktionsgleichung 3 ist in jedem Fall immer richtig ausgezählt. Nun kann für *x* aber auch die Loschmidtzahl geschrieben werden.

$$2 \cdot 6{,}022 \cdot 10^{23}\,H_2O \longrightarrow$$
$$2 \cdot 6{,}022 \cdot 10^{23}\,H_2 + 6{,}022 \cdot 10^{23}\,O_2 \qquad (4)$$

Weil $6{,}022 \cdot 10^{23} = 1\,\text{mol}$ ist, ist Reaktionsgleichung 4 zu 5 äquivalent.

$$2\,\text{mol}\ H_2O \longrightarrow 2\,\text{mol}\ H_2 + 1\,\text{mol}\ O_2 \qquad (5)$$

Würde man nun wiederum die Koeffizienten in Reaktionsgleichung 5 durch mol dividieren, so erhielte man die Reaktionsgleichung 1, von der wir ausgegangen sind. Demnach können wir diese auch wie folgt lesen: *Bei der elektrolytischen Zersetzung von 2 mol Wasser entstehen 2 mol Wasserstoff und 1 mol Sauerstoff.*

Weil 2 mol Wassermoleküle eine Masse von 36,04 g bilden und 2 mol Wasserstoffmoleküle eine Masse von 4,04 g haben, müssen nach dem Gesetz von der Erhaltung der Masse 36,04 g − 4,04 g = 32 g Sauerstoff entstehen. In der Tat ist die molare Masse von Sauerstoff $M(O_2) = 32\,\text{g/mol}$. In einem letzten Schritt könnten die beteiligten Massen unter die Reaktionsgleichung, geschrieben werden.

$$2\,H_2O(l) \longrightarrow 2\,H(g) + O(g) \qquad (6)$$
$$36{,}04\,\text{g} \longrightarrow 4{,}04\,\text{g} \quad 32\,\text{g}$$

Werden die Koeffizienten einer Reaktionsgleichung als Zahlenwerte der Stoffmenge gedeutet, so kann man eine Aussage zur Massenbeteiligung der Edukte und Produkte machen.

8.12 Massen- und Volumenberechnungen

Welche Masse hat eine Wasserportion, die bei der Elektrolyse 88,8 kg Sauerstoff liefert? Mit folgendem Rechenschema können Aufgaben dieser Art berechnet werden:

1. Schritt: Aufstellen der Reaktionsgleichung.
$2\,H_2O \longrightarrow 2\,H_2 + O_2$

2. Schritt: Anschreiben des Verhältnisses der Stoffmengen vom gegebenen und gesuchten Stoff. Dieses Stoffmengenverhältnis kann der Reaktionsgleichung entnommen werden.
$n(O_2) : n(H_2O) = 1 : 2 = 0{,}5 \iff$
$\frac{n(O_2)}{n(H_2O)} = \frac{1}{2} = 0{,}5$

3. Schritt: Auflösen der Verhältnisgleichung nach der Stoffmenge des gesuchten Stoffes.
$n(H_2O) = 2 \cdot n(O_2)$

4. Schritt: Muss man mit Massen rechnen, so wird die Stoffmenge n durch $\frac{m}{M}$ ersetzt.
$\frac{m(H_2O)}{M(H_2O)} = 2 \cdot \frac{m(O_2)}{M(O_2)}$

5. Schritt: Auflösen nach der gesuchten Größe.
$m(H_2O) = \frac{2 \cdot m(O_2) \cdot M(H_2O)}{M(O_2)}$

6. Schritt: Einsetzen der Zahlenwerte.

$m(H_2O) = \frac{2 \cdot 88{,}8\,\text{kg} \cdot 18{,}02\,\text{g} \cdot \text{mol}^{-1}}{32\,\text{g} \cdot \text{mol}^{-1}}$

$m(H_2O) = 100\,\text{kg}$

Elektrolysiert man 100 kg Wasser, so entstehen 11,2 kg Wasserstoff und 88,8 kg Sauerstoff. Die Elektrolyse von Wasser wird zur Herstellung von Wasserstoff großtechnisch eingesetzt. Man benötigt diesen z. B. für die Ammoniaksynthese, zum Schweißen, zur Herstellung von Metallen und um pflanzliche Öle in streichbare Fette wie z. B. Margarine umzuwandeln.

A1 Wie viel m³ Sauerstoff entstehen bei 20 °C und Normdruck bei der Elektrolyse von 100 kg Wasser? Begründe, ohne das Rechensschema durchzuführen.

Welches Volumen hat Wasserstoff, der bei der Elektrolyse von 100 kg Wasser bei Zimmertemperatur entsteht? Die Lösung dieser Aufgabenstellung erfolgt nach dem gleichen bereits aufgezeigten Schema.

1. Schritt: Aufstellen der Reaktionsgleichung
$2\,H_2O \longrightarrow 2\,H_2 + O_2$

2. Schritt: Anschreiben des Verhältnisses der Stoffmengen vom gegebenen und gesuchten Stoff. Dieses Stoffmengenverhältnis kann der Reaktionsgleichung entnommen werden.

$n(H_2O) : n(H_2) = 2 : 2 = 1 \iff \frac{n(H_2O)}{n(H_2)} = 1$

3. Schritt: Auflösen der Verhältnisgleichung nach der Stoffmenge des gesuchten Stoffes.
$n(H_2) = n(H_2O)$

4. Schritt: Muss man bei gasförmigen Stoffen mit Volumina rechnen, so wird die Stoffmenge n durch $\frac{V}{V_m}$ ersetzt.
$\frac{V(H_2)}{V_m(H_2)} = \frac{m(H_2O)}{M(H_2O)}$

5. Schritt: Auflösen der Gleichung nach der gesuchten Größe.
$V(H_2) = \frac{m(H_2O) \cdot V_m(H_2)}{M(H_2O)}$

6. Schritt: Einsetzen der Zahlenwerte und Berechnung.
$V(H_2) = \frac{100\,\text{kg} \cdot 24\,\text{l} \cdot \text{mol}^{-1}}{18{,}02\,\text{g} \cdot \text{mol}^{-1}}$

$V(H_2) = \frac{10^5 \cdot 24\,\text{dm}^3}{18{,}02} = 133\,185\,\text{dm}^3$

Bei der Elektrolyse von 100 kg Wasser entstehen ca. 133,2 m³ Wasserstoff.

A2 Wie viel Gramm Schwefel benötigt man zur vollständigen Umsetzung von 37,4 g Barium zu Bariumsulfid?

A3 Wie viel kg und m³ Kohlenstoffdioxid entstehen bei der Verbrennung von 100 l Heptan (C_7H_{16}), das (bei 20 °C und Normdruck) eine Dichte von 0,68 g/cm³ hat?

Molares Volumen bei Zimmertemperatur Bei Normdruck und Zimmertemperatur nimmt ein Gas mit 1 mol Teilchen ein Volumen von ungefähr 24 l ein

8.13 Durchblick Zusammenfassung und Übung

Isotope
Isotope sind Atome eines Elements mit der gleichen Protonenanzahl im Kern, die sich aber in der Neutronenanzahl und damit in der Atommasse unterscheiden. Isotope Atome zeigen gleiches chemisches Verhalten.

Atomare Masseneinheit
Die atomare Masseneinheit ist der zwölfte Teil der Masse eines Kohlenstoffatoms, dessen Kern aus 6 Protonen und 6 Neutronen aufgebaut ist.

$1\,u = \frac{1}{12} \cdot m_t(^{12}_{6}C)$

Umrechnungsfaktoren
$1\,g = 6{,}022 \cdot 10^{23}\,u$ $\quad$ $1\,u = \frac{1}{6{,}022 \cdot 10^{23}}\,g$

Loschmidtzahl und Mol
Für die Anzahl gibt es neben der Einheit 1 noch weitere Einheiten wie etwa Paar oder Dutzend. In der Chemie wird für die Anzahl von Teilchen die Einheit Mol (Zeichen: mol) gewählt. Es gilt: $1\,mol = 6{,}022 \cdot 10^{23}$.
Die Zahl $6{,}022 \cdot 10^{23}$ heißt Loschmidtzahl.

Stoffmenge
Wird die Anzahl von Teilchen in der Einheit Mol angegeben, so wird die Anzahl als Stoffmenge bezeichnet. Eine Stoffportion, die 1 mol Teilchen enthält, hat die Masse in Gramm, deren Zahlenwert mit der Atom-, Molekül- oder Formelmasse übereinstimmt.

Molares Volumen
1 mol Teilchen eines Gases nimmt bei Normbedingungen (0 °C und 1013 hPa) ein Volumen von 22,4 l ein. Bei 20 °C und Normdruck beträgt dieses Volumen ca. 24 l.

Der Satz von Avogadro
Gleiche Volumina unterschiedlicher Gase enthalten bei gleichem Druck und gleicher Temperatur gleich viele Teilchen.

Molare Masse
$M = \frac{m}{n}$ $\quad$ Einheit: $\frac{\text{Gramm}}{\text{Mol}}$ $(\frac{g}{mol})$

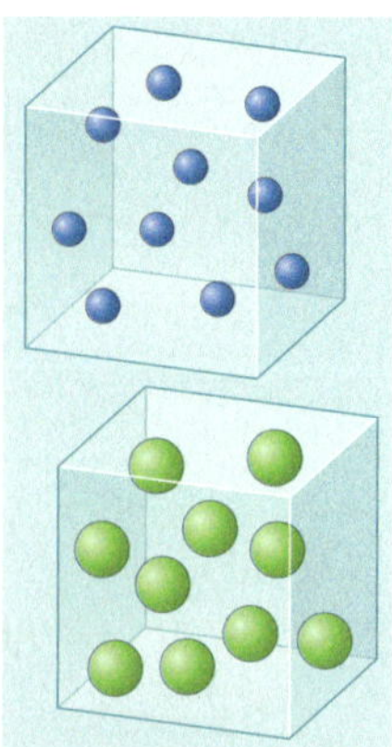

B1 Zum Satz von Avogadro

Koeffizienten der Reaktionsgleichung
Die Koeffizienten in einer Reaktionsgleichung werden normalerweise als Zahlenwerte der Stoffmengenänderungen gedeutet. Besonders bei der Betrachtung der Reaktionsenergie ist eine solche Interpretation üblich. Sind die Edukte und Produkte gasförmige Stoffe, so stehen die Koeffizientenverhältnisse auch für deren Volumenanteile.

A1 Erläutere jeweils anhand eines von dir gewählten Beispiels die Begriffe
a) Mischelement und Gemisch,
b) Reinelement und Reinstoff.

A2 Die Nukleonenzahl wird in der Literatur oft auch als **Massenzahl** bezeichnet. Erläutere an einem von dir gewählten Beispiel den Unterschied zwischen der Massenzahl und der Atommasse. Versuche eine Erklärung zu finden, warum für die Nukleonenzahl auch der Begriff Massenzahl üblich ist.

A3 Silber ist ein Mischelement. Die Atommassen der beiden Silberisotope sind $m_t = 106{,}91\,u$ und $m_t = 108{,}91\,u$. Berechne jeweils die relative Häufigkeit, mit der die beiden Isotope in einer Silberportion auftreten. Die mittlere Atommasse ist $m_t(Ag) = 107{,}87\,u$.

A4 Die Moleküle einer Verbindung haben die Masse 142,32 u und bestehen nur aus Kohlenstoff- und Wasserstoffatomen. Man weiß, dass die Moleküle die Zusammensetzung C_nH_{2n+2} haben. Welche chemische Formel hat die Verbindung?

A5 In dem 1972 in Ottobrunn entwickelten Airbag wird festes Natriumazid (NaN_3) verwendet, das bei einem Fahrzeugaufprall in die elementaren Stoffe zerfällt.
a) Berechne die Masse der Stickstoffportion, wenn 160 g Natriumazid eingesetzt werden.
b) Um welches Volumen bläht sich der Airbag bei Verwendung von 160 g Natriumazid bei 20 °C und Normdruck auf?

A6 „Bei einer chemischen Reaktion muss 1 mol Schwefel eingesetzt werden." Warum ist diese Aussage ungenau?

Basiskonzepte

Stoff-Teilchen-Konzept

In der Chemie werden konsequent zwei Betrachtungsweisen unterschieden. Auf der Stoffebene werden die Phänomene wie Aggregatzustände, elektrische Leitfähigkeit oder Verformbarkeit wahrgenommen. Die Teilchenebene liefert Erklärungshilfen für die beobachteten Phänomene. Dies gelingt mithilfe von Modellvorstellungen.

Der Stoff Natrium ist aus Atomrümpfen und Elektronengas aufgebaut. Der Stoff Chlor besteht aus zweiatomigen Molekülen. Natriumchlorid setzt sich aus Natriumkationen und Chloridanionen zusammen. Atome haben einen Atomkern und eine Atomhülle. Der Kern ist aufgebaut aus Protonen und Neutronen, die Hülle dagegen aus Elektronen. Die Atome verschiedener Elemente unterscheiden sich in der Anzahl der Protonen, der Kernladungszahl.

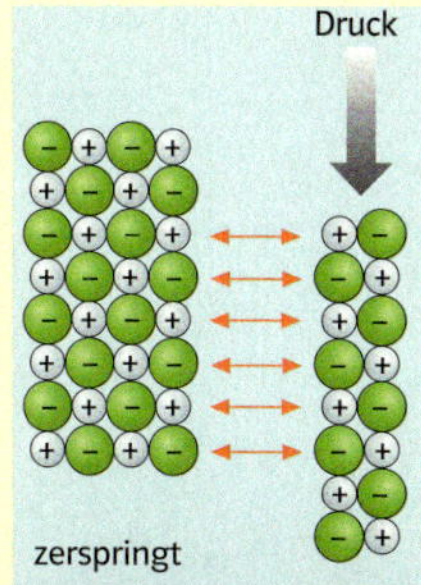

Salz

Stoffebene	Elektrische Leitfähigkeit des Natriums	Elektrische Leitfähigkeit von Natriumchloridlösung	Verformbarkeit von Natrium	Sprödigkeit von Natriumchloridkristallen
Teilchenebene	Elektronen	Ionen	Atomrümpfe und Elektronengas	Ionengitter

Donator-Akzeptor-Konzept

Chemische Reaktionen beruhen auf der Übertragung von Teilchen. Bei der Salzbildung werden Elektronen von einem Metallatom (Elektronendonator) auf ein Nichtmetallatom (Elektronenakzeptor) übertragen. Das Metallatom wird dabei zu einem positiv geladenen Kation, das Nichtmetallatom zu einem negativ geladenen Anion. Die beiden Teilreaktionen (Teilchenabgabe bzw. -aufnahme) treten nicht für sich einzeln auf. Sie sind miteinander gekoppelt, weil Elektronen von einem Donator nur dann abgegeben werden können, wenn ein Akzeptor vorhanden ist.

Bei der Reaktion von Natrium mit Chlor sind die Natriumatome die Elektronendonatoren und die Chloratome die Elektronenakzeptoren.

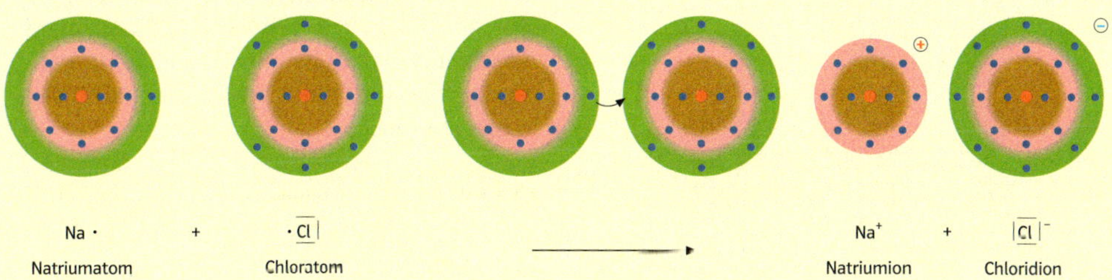

Struktur-Eigenschafts-Konzept

Die Eigenschaften eines Stoffes werden neben der Art und Wechselwirkung vor allem durch die Anordnung der Teilchen (Struktur) bestimmt.
Nach Ablauf einer chemischen Reaktion unterscheiden sich Edukte und Produkte hinsichtlich ihrer Stoffeigenschaften. Auf der Teilchenebene wird dies durch eine Umgruppierung von Atomen und Bindungen und damit eine Strukturänderung erklärt.

Obwohl die Modifikationen des Elements Kohlenstoff aus der gleichen Atomart aufgebaut sind, haben sie ganz verschiedene Eigenschaften. Dies muss daher auf einer unterschiedlichen Anordnung der Atome beruhen.

Die beiden Gase Wasserstoff und Sauerstoff reagieren zu flüssigem Wasser mit völlig anderen Eigenschaften.

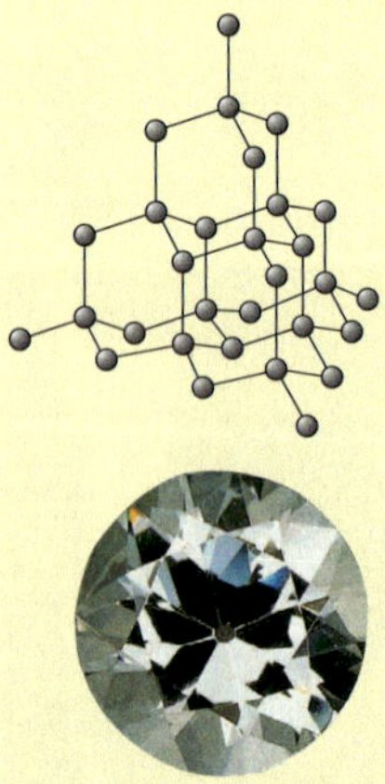

Diamant

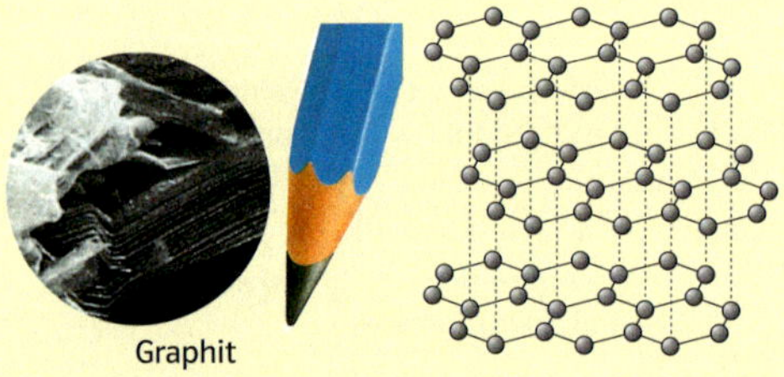

Graphit

Diamant	Graphit
elektrischer Nichtleiter	elektrischer Leiter
ϱ(Diamant) = 3,5 g/cm³	ϱ(Graphit) = 2,2 g/cm³
sehr hart	sehr weich

Energie-Konzept

Bei allen chemischen Reaktionen findet ein Energieumsatz statt. Haben die Produkte einen kleineren Energieinhalt als die Edukte, wird die Energiedifferenz an die Umgebung abgegeben. Man spricht von einer exothermen Reaktion. Im umgekehrten Fall muss Energie von außen zugeführt werden, man spricht von einer endothermen Reaktion. Diese Energie kann in Form von Wärme, Licht oder elektrischer Energie auftreten. Die abgegebene bzw. aufgenommene Energie heißt Reaktionsenergie. Zum Starten von chemischen Reaktionen ist Aktivierungsenergie nötig, die durch den Einsatz von Katalysatoren verringert werden kann. Dadurch wird der Reaktionsablauf beschleunigt oder bei niedrigerer Temperatur ermöglicht. Die Reaktionsenergie ändert sich dabei aber nicht.

Die Bildung von Wasser aus den elementaren Stoffen ist eine exotherme Reaktion, während die Elektrolyse von Wasser endotherm verläuft. Die Wassersynthese kann durch den Einsatz von Platin als Katalysator beschleunigt werden.

Tabellen

Name der chemischen Elemente	Zeichen	Ordnungszahl	Atommasse in u [4]	Dichte [1] in g/cm^3 (Gase: g/l)	Schmelztemperatur in °C	Siedetemperatur in °C
Actinium	Ac	89	227,0277	10,1	1050	3200
Aluminium	Al	13	26,981538	2,70	660	2467
Antimon	Sb	51	121,760	6,68	630	1750
Argon	Ar	18	39,948	1,66	−189	−186
Arsen	As	33	74,92160	5,72	613 s	—
Astat	At	85	219,9871	—	302	337
Barium	Ba	56	137,327	3,51	725	1640
Beryllium	Be	4	9,012182	1,85	1278	2970
Bismut	Bi	83	208,98038	9,8	271	1560
Blei	Pb	82	207,2	11,4	327	1740
Bor	B	5	10,811	2,34	2300	2550
Brom	Br	35	79,904	3,12	−7	59
Cadmium	Cd	48	112,411	8,65	321	765
Caesium	Cs	55	132,90545	1,88	28	669
Calcium	Ca	20	40,078	1,54	839	1484
Cer	Ce	58	140,116	6,65	799	3426
Chlor	Cl	17	35,4527	2,99	−101	−35
Chrom	Cr	24	51,9961	7,20	1857	2672
Cobalt	Co	27	58,933200	8,9	1495	2870
Eisen	Fe	26	55,845	7,87	1535	2750
Fluor	F	9	18,9984032	1,58	−219	−188
Francium	Fr	87	223,0197	—	27	677
Gallium	Ga	31	69,723	5,90	30	2403
Germanium	Ge	32	72,61	5,32	937	2830
Gold	Au	79	196,96655	19,32	1064	3080
Hafnium	Hf	72	178,49	13,3	2227	4602
Helium	He	2	4,002602	0,17	−272 p	−269
Indium	In	49	114,818	7,30	156	2080
Iod	I	53	126,90447	4,93	113	184
Iridium	Ir	77	192,217	22,41	2410	4130
Kalium	K	19	39,0983	0,86	63	760
Kohlenstoff	C	6	12,0107	2,25 [2]	3650 s [2]	—
Krypton	Kr	36	83,798	3,48	−157	−152
Kupfer	Cu	29	63,546	8,92	1083	2567
Lanthan	La	57	138,9055	6,17	921	3457
Lithium	Li	3	6,941	0,53	180	1342
Magnesium	Mg	12	24,3050	1,74	649	1107
Mangan	Mn	25	54,938049	7,20	1244	1962
Molybdän	Mo	42	95,94	10,2	2610	5560
Natrium	Na	11	22,989770	0,97	98	883

Name der chemischen Elemente	Zeichen	Ordnungszahl	Atommasse in u [4]	Dichte [1] in g/cm^3 (Gase: g/l)	Schmelztemperatur in °C	Siedetemperatur in °C
Neon	Ne	10	20,1797	0,84	−249	−246
Nickel	Ni	28	58,6934	8,90	1455	2730
Niob	Nb	41	92,90638	8,57	2468	4742
Osmium	Os	76	190,23	22,5	2700	5300
Palladium	Pd	46	106,42	12,0	1554	2970
Phosphor	P	15	30,973761	1,82 [3]	44 [3]	280
Platin	Pt	78	195,078	21,4	1772	3827
Polonium	Po	84	208,9824	9,4	254	962
Praseodym	Pr	59	140,90765	6,77	931	3512
Protactinium	Pa	91	231,03588	15,4	—	—
Quecksilber	Hg	80	200,59	13,55	−39	356
Radium	Ra	88	226,0254	5,0	700	1140
Radon	Rn	86	222,0176	9,23	−71	−62
Rhenium	Re	75	186,207	20,5	3180	5627
Rhodium	Rh	45	102,90550	12,4	1966	3727
Rubidium	Rb	37	85,4678	1,53	39	686
Ruthenium	Ru	44	101,07	12,3	2310	3900
Sauerstoff	O	8	15,9994	1,33	−219	−183
Scandium	Sc	21	44,955910	3,0	1541	2831
Schwefel	S	16	32,066	2,07 (rh)	119 (mo)	444
Selen	Se	34	78,96	4,81	217	685
Silber	Ag	47	107,8682	10,5	962	2212
Silicium	Si	14	28,0855	2,32	1410	2355
Stickstoff	N	7	14,00674	1,17	−210	−196
Strontium	Sr	38	87,62	2,60	769	1384
Tantal	Ta	73	180,9479	16,6	2996	5425
Technetium	Tc	43	97,9072	11,5	2172	4877
Tellur	Te	52	127,60	6,0	449	990
Thallium	Tl	81	204,3833	11,8	303	1457
Thorium	Th	90	232,0381	11,7	1750	4790
Titan	Ti	22	47,867	4,51	1660	3287
Uran	U	92	238,0289	19,0	1132	3818
Vanadium	V	23	50,9415	5,96	1890	3380
Wasserstoff	H	1	1,00794	0,083	−259	−253
Wolfram	W	74	183,84	19,3	3410	5660
Xenon	Xe	54	131,29	5,49	−112	−107
Yttrium	Y	39	88,90585	4,47	1522	3338
Zink	Zn	30	65,409	7,14	419	907
Zinn	Sn	50	118,710	7,30	232	2270
Zirconium	Zr	40	91,224	6,49	1852	4377

Die Elemente mit den Ordnungszahlen 60 bis 71 und ab 93 sind nicht aufgeführt.
Eine Zusammenstellung aller Elemente befindet sich im Periodensystem am Ende des Buches.

s = sublimiert
p = unter Druck
— = Werte nicht bekannt

1) Dichteangaben für 20 °C und 1013 hPa
2) Angaben gelten für Graphit; Diamant: Schmelztemperatur 3550, Dichte 3,51
3) Angaben gelten für weißen Phosphor; roter Phosphor: Schmelztemperatur 590 p, Dichte 2,34
4) Atommasseneinheit u: 1 u = 0,000 000 000 000 000 000 000 001 660 54 g

Symbol	Kennbuchstabe	Gefahrenbezeichnung	Gefährlichkeitsmerkmale	Symbol	Kennbuchstabe	Gefahrenbezeichnung	Gefährlichkeitsmerkmale
	T+	Sehr giftig	Sehr giftige Stoffe können schon in sehr geringen Mengen zu schweren Gesundheitsschäden führen.		E	Explosionsgefährlich	Dieser Stoff kann unter bestimmten Bedingungen explodieren.
	T	Giftig	Giftige Stoffe können in geringen Mengen zu schweren Gesundheitsschäden führen.		O	Brand fördernd	Brand fördernde Stoffe können brennbare Stoffe entzünden, Brände fördern und Löscharbeiten erschweren.
	Xn	Gesundheitsschädlich	Gesundheitsschädliche Stoffe führen in größeren Mengen zu Gesundheitsschäden.		F+	Hochentzündlich	Hochentzündliche Stoffe können schon bei Temperaturen unter 0 °C entzündet werden.
	Xi	Reizend	Dieser Stoff hat Reizwirkung auf Haut und Schleimhäute, er kann Entzündungen auslösen.		F	Leicht entzündlich	Leicht entzündliche Stoffe können schon bei niedrigen Temperaturen entzündet werden. Mit der Luft können sie explosionsfähige Gemische bilden.
	C	Ätzend	Dieser Stoff kann lebendes Gewebe zerstören.		N	Umweltgefährlich	Wasser, Boden, Luft, Klima, Pflanzen oder Mikroorganismen können durch diesen Stoff so verändert werden, dass Gefahren für die Umwelt entstehen.

Dezimale Vielfache und Teile von Einheiten

Vorsatz		Faktor
p	Piko	10^{-12}
n	Nano	10^{-9}
µ	Mikro	10^{-6}
m	Milli	10^{-3}
c	Zenti	10^{-2}
d	Dezi	10^{-1}
da	Deka	10
h	Hekto	10^{2}
k	Kilo	10^{3}
M	Mega	10^{6}
G	Giga	10^{9}

Griechische Zahlwörter (nach chemischer Nomenklatur)

½	hemi	11	undeca
1	mono	12	dodeca
2	di	13	trideca
3	tri	14	tetradeca
4	tetra	15	pentadeca
5	penta	16	hexadeca
6	hexa	17	heptadeca
7	hepta	18	octadeca
8	octa	19	enneadeca
9	nona	20	eicosa
10	deca		

Griechisches Alphabet (nach chemischer Nomenklatur)

Α	α	Alpha	Ν	ν	Ny
Β	β	Beta	Ξ	ξ	Xi
Γ	γ	Gamma	Ο	ο	Omikron
Δ	δ	Delta	Π	π	Pi
Ε	ε	Epsilon	Ρ	ρ	Rho
Ζ	ζ	Zeta	Σ	σ(ς)	Sigma
Η	η	Eta	Τ	τ	Tau
Θ	ϑ (θ)	Theta	Υ	υ	Ypsilon
Ι	ι	Jota	Φ	φ	Phi
Κ	κ	Kappa	Χ	χ	Chi
Λ	λ	Lambda	Ψ	ψ	Psi
Μ	μ	My	Ω	ω	Omega

Name	Größenzeichen	Beziehung	Erläuterung	Einheitenname	Einheitenzeichen
Masse	m			[Kilo]gramm Atomare Masseneinheit	[k]g $1\,u = 1{,}661 \cdot 10^{-24}\,g$
Volumen	V		Produkt aus drei Längen	Kubik[zenti]meter Liter Milliliter	$[c]m^3$ $1\,l = 1\,dm^3$ $1\,ml = 1\,cm^3$
Dichte	ϱ	$\varrho = \frac{m}{V}$	m: Masse der Stoffportion V: Volumen der Stoffportion		
Massenanteil	w	$w_1 = \frac{m_1}{m_S}$	m_1: Masse des Bestandteils 1 m_S: Summe aller Massen (Gesamtmasse)	Prozent	1 $1\% = \frac{1}{100}$
Volumenanteil	φ	$\varphi_1 = \frac{V_1}{V_S}$	V_1: Volumen des Bestandteils 1 V_S: Summe aller Volumina vor dem Mischen	Prozent	1 $1\% = \frac{1}{100}$
Celsiustemperatur	t, ϑ			Grad Celsius	°C

U1.1 Corbis (Zefa/S. Hammid), Düsseldorf – **U1.2** Avenue Images GmbH (Corbis/RF), Hamburg – **U1.3** Stockbyte – **6.V1** Avenue Images GmbH (Radius Image/Chris Hendrickson), Hamburg – **7.V2** Foto-search RF (Digital Vision), Waukesha, WI – **7.V3** Trans-portEnergy, London – **7.V4** CDZ-FILM, Stuttgart – **7.V5** Dr. Helmut Länge, Stuttgart – **7.V6** Corbis (W. Cody), Düsseldorf – **8.3** Sascha Reuen, Essen – **9.1** Digital-Vision, Maintal-Dörnigheim – **11.6** Getty Images (photonica), München – **12.2** Klett-Archiv, Stuttgart – **17.1** Corbis (Tom Stewart), Düsseldorf – **17.2** Getty Images (Anthony Johnson), München – **17.3** Avenue Images GmbH (Pixtal), Hamburg – **17.4** Getty Images (Stuart Westmorland), München – **17.5** f1 online digitale Bildagentur (Steeger/mm-images), Frankfurt – **17.6** vario images (Ritterbach), Bonn – **18.1** Klett-Archiv (Thomas Seilnacht), Stuttgart – **18.3** Okapia (Manfred Metzger), Frankfurt – **18.3** (rechts) Thomas Seilnacht, Bern – **19.3** Getty Images (Jennifer Levy), München – **19.4** MEV, Augsburg – **19.5** Kage Mikrofotografie, Lauterstein – **20.6** Corbis (RF), Düsseldorf – **20.7** Bilderberg, Hamburg – **20.8** Fotex (Lehner), Hamburg – **20.9**, **20.10** Mauritius (age), Mittenwald – **20.11** StockFood (Element Photo), München – **21.1** plainpicture (Kuttig), Hamburg – **21.2** Getty Images (Tony Craddock), München – **21.3** Avenue Images GmbH (JupiterImages), Hamburg – **21.4** Getty Images (PhotoDisc), München – **22.2** Klett-Archiv, Stuttgart – **23.1** Corbis (Stephanie Maze), Düsseldorf – **24.5** Thomas Seilnacht, Bern – **24.7** Klett-Archiv, Stuttgart – **25.2** (oben) Klett-Archiv (Zuckerfabrik Digital), Stuttgart – **25.2** (unten), **26.3** Klett-Archiv, Stuttgart – **27.1** MEV, Augsburg – **27.3** AKG, Berlin – **28.1** Avenue Images GmbH (Ingram), Hamburg – **28.2** Klett-Archiv, Stuttgart – **28.4** FOCUS, Hamburg – **29.2** Klett-Archiv (Zuckerfabrik Digital), Stuttgart – **30.1** StockFood (Eising), München – **31.1** Mauritius (Lindner), Mittenwald – **31.2** Creativ Collection Verlag GmbH, Freiburg – **31.3** Picture-Alliance (dpa), Frankfurt – **31.4** Avenue Images GmbH (PhotoDisc), Hamburg – **31.5** Getty Images (Frank Cezus), München – **31.6** Corbis (Darrell Gulin), Düsseldorf – **32.1** Avenue Images GmbH (Corbis), Hamburg – **32.2** Klett-Archiv (Hartmut Fahrenhorst), Stuttgart – **32.3** Mauritius (Mitterer), Mittenwald – **32.4** f1 online digitale Bildagentur (Prisma/Prisma), Frankfurt – **33.6**, **34.1** Klett-Archiv, Stuttgart – **35.2** Picture-Alliance (dpa), Frankfurt – **36.1** (links) Kage Mikrofotografie, Lauterstein – **36.1** (rechts) Thomas Seilnacht, Bern – **36.2** (links) Klett-Archiv, Stuttgart – **36.2** (rechts) Superbild, Taufkirchen – **37.4** Getty Images (Terje Rakke), München – **38.4**, **39.5** Picture-Alliance, Frankfurt – **39.6** FIRE Foto Thomas Gaulke (Thomas Gaulke), München – **39.8** Höllerer, Stuttgart – **42.1**, **42.2**, **42.3** Klett-Archiv, Stuttgart – **43.5** Klett-Archiv (Peter Zehentmeier), Stuttgart – **44.1** (links) MEV, Augsburg – **44.1** (rechts) Klett-Archiv (Silberzahn), Stuttgart – **44.2** Klett-Archiv (Peter Zehentmeier), Stuttgart – **45.3** Klett-Archiv, Stuttgart – **46.1** Deutsches Museum, München – **46.3** MEV, Augsburg – **46.4** Klett-Archiv, Stuttgart – **47.L1** Getty Images (Sorensen), München – **48.6** Klett-Archiv (Edgar Brückl), Stuttgart – **49.9** Klett-Archiv (Zuckerfabrik Digital), Stuttgart – **50.1** Deutsches Museum, München – **50.2** Corbis (Underwood & Underwood), Düsseldorf – **50.3** Picture-Alliance (AKG), Frankfurt – **50.4** Corbis (Bettmann), Düsseldorf – **50.5**, **50.6** Deutsches Museum, München – **50.7** Picture-Alliance (dpa/Oliver Berg), Frankfurt – **50.8** Deutsches Museum, München – **52.2** Okapia (P. K. Sharpe/OSF), Frankfurt – **52.3** Getty Images (VEER), München – **53.5** Okapia (K. Porter/NASA), Frankfurt – **53.6** (links) Bilderberg (M. Kirchgessner), Hamburg – **53.6** (Mitte) Picture-Alliance (dpa), Frankfurt – **53.6** (rechts) DaimlerChrysler, Stuttgart – **54.2** Klett-Archiv (Aribert Jung), Stuttgart – **56.1** Klett-Archiv, Stuttgart – **56.3** AKG, Berlin – **57.4** RTL NEWMEDIA GmbH, Köln – **58.1**, **59.1** Klett-Archiv, Stuttgart – **63.1** Avenue Images GmbH (PhotoDisc), Hamburg – **63.2** Okapia (Science Source), Frankfurt – **63.3** IBM Deutschland GmbH, Stuttgart – **63.4** Corbis (Streichan), Düsseldorf – **64.2** The Mansell Collection Ltd., London, Großbritannien – **65.3**, **65.5** Deutsches Museum, München – **66.1** IMAGO (Ulmer), Berlin – **68.1** Getty Images (Patricia Doyle), München – **77.1** Corbis (Hackenberg), Düsseldorf – **77.2** Klett-Archiv (Gert Elsner), Stuttgart – **77.3** Getty Images (Mel Yates), München – **77.4** Avenue Images GmbH (Rubberball), Hamburg – **77.5** Getty Images (Matthew Antrobus), München – **77.6** Ulrike Medenbach, Witten – **77.7** Getty Images (Andy Bullock), München – **78.1** Klett-Archiv, Stuttgart – **78.2** Deutsches Museum, München – **78.3** Universität Tübingen, Institut für Ur- und Frühgeschichte, Tübingen – **78.4** Bernhard Heinze, Stuttgart – **84.1**, **84.2** Klett-Archiv, Stuttgart – **84.3** Osram, München – **84.4** Picture-Alliance (dpa), Frankfurt – **85.5** Getty Images (Antonio Saba), München – **85.7** Getty Images (altrendo images), München – **85.8** Getty Images (Holloway), München – **86.9** (links) Getty Images (Iconica/George Diebo), München – **86.9** (Mitte) ddp Deutscher Depeschendienst GmbH (Pevzner), Berlin – **86.9** (rechts) Avenue Images GmbH (Digital Vision), Hamburg – **89.1** Helga Lade (Mula), Frankfurt – **89.2** Klett-Archiv (Hartmut Fahrenhorst), Stuttgart – **89.3** StockFood (Buntrock), München – **89.4** Getty Images, München – **89.5** Klett-Archiv, Stuttgart – **89.6** Getty Images (John W. Banagan), München – **89.7** Corbis (Raga), Düsseldorf – **89.8** Getty Images (Ben Edwards), München – **90.1** StockFood (Maximilian Stock LTD), München – **90.2** (links) Florian Karly, München – **90.2** (rechts), **90.3** Klett-Archiv, Stuttgart – **90.4** Klett-Archiv (Edgar Brückl), Stuttgart – **91.2** Klett-Archiv, Stuttgart – **91.3** Mauritius, Mittenwald – **92.2**, **93.3**, **95.2**, **95.3**, **97.3** Klett-Archiv, Stuttgart – **99.1** Getty Images, München – **99.2** Avenue Images GmbH (Corbis/RF), Hamburg – **99.3** Getty Images (Wilfried Krecichwost), München – **99.4** Getty Images (Alan Thornton), München – **99.5** Getty Images (Mario Lalich), München – **99.6** Getty Images, München – **99.7** Getty Images (Gianni Cigolini),

München – **100.1** Elmar Hahn Studios, Veitshöchheim und Mainfränkisches Museum, Würzburg – **100.2**, **100.3** Wolfram Schmidt Fotografie, Regensburg – **100.4** Uni-Dia Verlag A. und M. Burges, Großhesselohe – **101.6** (oben) Hermann Eisenbeiss, Bad Kohlgrub – **101.6** (Mitte) Klett-Archiv, Stuttgart – **101.6** (unten) Museum für Naturkunde der Universität (H. Nier), Berlin – **102.1** Landesgendarmeriekommando für Tirol (Anton Koler, Sölden), Innsbruck – **102.2** Südtiroler Archäologiemuseum (Augustin Ochsenreite), Bozen – **102.2** (Hintergrund) Avenue Images GmbH (imageshop), Hamburg – **102.3** Römisch-Germanisches Zentralmuseum (Christian Beck), Mainz – **102.4** Avenue Images GmbH (imageshop), Hamburg – **103.5** Klett-Archiv (Aribert Jung), Stuttgart – **105.E1** Mauritius (Rosenfeld), Mittenwald – **105.E2** Mauritius (age), Mittenwald – **105.E3** Helga Lade (JOF), Frankfurt – **105.E4** Helga Lade (TPH), Frankfurt – **105.E5**, **105.E6** Klett-Archiv (Silberzahn), Stuttgart – **105.E7** Das Fotoarchiv (Yavuz Arslan), Essen – **105.E8** Helga Lade, Frankfurt – **105.E9** Picture Press, Hamburg – **106.2** Getty Images (Julia Fullerton-Batten), München – **107.4**, **107.6** BMW AG, München – **107.7** Conrad Höllerer, Stuttgart – **108.2** Thomas Seilnacht, Bern – **109.3** Klett-Archiv (Zuckerfabrik Digital), Stuttgart – **110.1**, **110.2** Klett-Archiv, Stuttgart – **111.3a** Helga Lade, Frankfurt – **111.3b** Klett-Archiv (Thomas Seilnacht), Stuttgart – **111.3c** Mauritius (Poehlmann), Mittenwald – **111.3d** Klett-Archiv (Industrie Design), Stuttgart – **111.3e** Klett-Archiv (Zuckerfabrik Digital), Stuttgart – **111.3f** Thomas Seilnacht, Bern – **111.4** Harald Kaiser, Alfdorf-Vordersteinenberg – **113.1** Getty Images (Rex Stucky), München – **113.2** Getty Images, München – **113.3** Klett Archiv (Bettina Sommer), Stuttgart – **113.4** Fotosearch RF (PhotoDisc), Waukesha, WI – **113.5** Corbis (Horowitz), Düsseldorf – **113.6** Bildmaschine (Begsteiger), Berlin – **114.1** Getty Images (Rex Stucky), München – **114.3** Klett-Archiv, Stuttgart – **114.4** Sulfur Institut, Washington – **115.5** Getty Images (Norbert Rosing), München – **115.6**, **115.7**, **115.8** Klett-Archiv, Stuttgart – **118.1** Japan Oil, Gas and Metals National, Chiba – **118.2** Picture-Alliance (ADN/Zentralbild), Frankfurt – **118.3** Steven Haddock, Moss Landing, CA – **118.4** www.skySmile.com, Zürich – **119.5** Klett-Archiv (Bettina Sommer), Stuttgart – **119.6** Getty Images (Martin Ruegner), München – **119.7** Klett-Archiv, Stuttgart – **121.1** iStockphoto, Calgary, Alberta – **121.2** Avenue Images GmbH (Getty/PhotoDisc), Hamburg – **121.4** Getty Images (Stone/Rosenfeld), München – **121.5** Avenue Images GmbH (GlowImages), Hamburg – **122.3** Getty Images (Stone/Poulides), München – **123.3** Mauritius (Phototake), Mittenwald – **124.I1** Caro Fotoagentur (Oberhäuser), Berlin – **124.I2** Mauritius (age), Mittenwald – **127.1** Klett-Archiv, Stuttgart – **128.1** Adolf Tuma, Haslau an der Donau – **128.2** MEV, Augsburg – **128.3** Mauritius (Foodpix), Mittenwald – **137.B1** Klett-Archiv, Stuttgart – **138.B2** Mauritius (Blockhuis), Mittenwald – **138.B3** Graphitwerk Kropfmühl, München

Gestaltung Bildperiodensystem: normaldesign, Schwäbisch Gmünd, Thomas Seilnacht, Bern

Nicht in allen Fällen war es möglich, den uns bekannten Rechteinhaber der Abbildungen ausfindig zu machen. Berechtigte Ansprüche werden selbstverständlich im Rahmen der üblichen Vereinbarungen abgegolten.

Periodensystem der Elemente

mittlere Atommasse in u — 186,2
Ordnungszahl — 75
Re — Elementsymbol
Metalle
Halbmetalle
Nichtmetalle
Elementname — Rhenium

fest
gasförmig
flüssig

	I (1)	II (2)	III A (3)	IV A (4)	V A (5)	VI A (6)	VII A (7)	VIII A (8/9/
1	1,0 1 H  Wasserstoff							
2	6,9 3 Li  Lithium	9,0 4 Be  Beryllium						
3	23,0 11 Na  Natrium	24,3 12 Mg  Magnesium						
4	39,1 19 K  Kalium	40,1 20 Ca  Calcium	45,0 21 Sc  Scandium	47,9 22 Ti  Titan	50,9 23 V  Vanadium	52,0 24 Cr  Chrom	54,9 25 Mn  Mangan	55,8 26 Fe  Eisen
								58,9 27 Co  Cobalt
5	85,5 37 Rb  Rubidium	87,6 38 Sr  Strontium	88,9 39 Y  Yttrium	91,2 40 Zr  Zirconium	92,9 41 Nb  Niob	95,9 42 Mo  Molybdän	98 43 Tc $4{,}2 \cdot 10^6$ a Technetium	101,1 44 Ru  Ruthenium
								102,9 45 Rh  Rhodium
6	132,9 55 Cs  Caesium	137,3 56 Ba  Barium	57–71 Lanthanoide	178,5 72 Hf  Hafnium	180,9 73 Ta  Tantal	183,8 74 W  Wolfram	186,2 75 Re 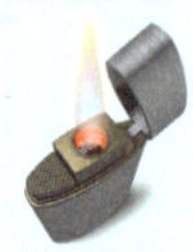 Rhenium	190,2 76 Os  Osmium
								192,2 77 Ir 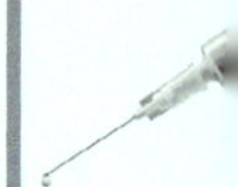 Iridium
7	223 87 Fr 22 min Francium	226 88 Ra 1600 a Radium	89–103 Actinoide	261 104 Rf 78 s Rutherfordium	262 105 Db 34 s Dubnium	266 106 Sg 21 s Seaborgium	267 107 Bh 17 s Bohrium	269 108 Hs 9 s Hassium
								268 109 M 70 Meitneriu
Lanthanoide			138,9 57 La Lanthan	140,1 58 Ce Cer	140,9 59 Pr Praseodym	144,2 60 Nd Neodym	145 61 Pm 17,7 a Promethium	150,4 62 Sm Samarium
								152,0 63 Eu Europiu
Actinoide			227 89 Ac 22 a Actinium	232 90 Th $1{,}4 \cdot 10^{10}$ a Thorium	231 91 Pa $3{,}3 \cdot 10^4$ a Protactinium	238 92 U $4{,}5 \cdot 10^9$ a Uran	237 93 Np $2{,}1 \cdot 10^6$ a Neptunium	244 94 Pu $8{,}0 \cdot 10^7$ a Plutonium
								243 95 Am 7370 a Americiu